应用型本科信息大类专业"十三五"系列教材

C语言程序设计

（第2版）

主　编　王海文　李　涛　毛锦庚

副主编　宋　伟　李建锋　冯家乐

中国·武汉

内 容 简 介

本书主要讲述数据类型、运算符与表达式、顺序结构、选择结构、循环结构、函数、数组、指针、编译预处理、结构体和共用体、位运算、文件等内容。

本书作为C语言程序设计的入门教材，一方面，内容由浅入深、通俗易懂，循序渐进地将各个知识点讲解清楚，引导学生顺利学习并掌握；另一方面，特别强调对学生程序设计能力的培养，主要是通过提供典型并具有一定趣味性的例题以及大量的习题，提高学生学习兴趣，进而达到刻苦专研、自觉学习的目的。

为了方便教学，本书还配有电子课件等教学资源包，可以登录“我们爱读书”网（www. ibook4us. com）浏览，任课教师可以发邮件至 hustpeiit@163. com 索取。

本书可以作为普通高等院校相关专业的教学用书，也可作为编程爱好者的自学参考书。

图书在版编目(CIP)数据

C语言程序设计/王海文，李涛，毛锦庚主编. —2版. —武汉：华中科技大学出版社，2022. 1(2024. 2重印)
ISBN 978-7-5680-3284-1

Ⅰ. ①C… Ⅱ. ①王… ②李… ③毛… Ⅲ. ①C语言-程序设计 Ⅳ. ①TP312

中国版本图书馆 CIP 数据核字(2022)第 007390 号

C语言程序设计(第2版)
C Yuyan Chengxu Sheji (Di-er Ban)

王海文 李 涛 毛锦庚 主编

策划编辑：康 序
责任编辑：史永霞
封面设计：孢 子
责任监印：朱 玢
出版发行：华中科技大学出版社（中国·武汉） 电话：(027)81321913
武汉市东湖新技术开发区华工科技园 邮编：430223
录 排：武汉创易图文工作室
印 刷：武汉开心印印刷有限公司
开 本：787mm×1092mm 1/16
印 张：18.25
字 数：491千字
版 次：2024年2月第2版第3次印刷
定 价：48.00元

前言 PREFACE

C语言是一种结构化程序设计语言，具有编程方便、语句简练、功能强、移植性好等特点，是软件开发中最常用的计算机语言。它既具有高级语言的特点，又具有汇编语言的特点；既适用于系统软件的开发，也适合于应用软件的开发，而且其编写不依赖于计算机硬件。因此，C语言以其自身的特色和优势，在工业控制、嵌入式系统开发、单片机编程、系统底层开发等领域应用非常广泛。

大多数院校都将C语言作为入门的程序设计教学语言，同时将C语言程序设计作为计算机专业学生最重要的专业基础课程之一，因此对教师和学生都提出了较高的要求，并寄予厚望。目前，国内已经出版的C语言教材非常多。作者在充分吸收这些教材的优点的同时，又将丰富的教学经验融入写作之中，以期达到教材充实、完整和便于学习的目的。

本书作为C语言程序设计入门教材，一方面，做到深入浅出、循序渐进地将各个知识点讲解清楚，引导学生顺利学习并掌握；另一方面，特别强调对学生程序设计能力的培养，提供典型和具有一定趣味性的例题以及大量的习题，提高学生学习兴趣，进而达到刻苦钻研、自觉学习的目的。

本书中的所有案例程序代码均在Visual C++ 6.0环境下调试通过。语法知识点均符合C99标准。本书在教学使用过程中，可根据专业特点和课时安排选取教学内容。每章后面附有习题，可供学生课后练习。为了便于教学，本书有配套教材——《C语言程序设计实验指导与习题选解》。

需要特别指出的是，大部分同学都是第一次接触到C语言程序设计，而程序设计思想的建立和形成并非一日之功。因此，建议本课程除了理论学时之外，应该设置比较充足的实验学时，或者提供大量的课外上机时间。唯有这样，才能充分理解、巩固、强化和掌握课程的主要知识点，进而达到灵活自如地进行程序设计的目的。如果有条件，最好在学完本教材后安排一次课程设计，要求学生独立完成一个有一定规模的程序设计，这是一个重要的教学实践环节，能大大提高学生的独立编程能力。

本书由大连工业大学王海文、哈尔滨远东理工学院李涛、中山大学南方学院毛锦庚担任主编，由南通理工学院宋伟、桂林理工大学南宁分校李建锋、广西外国语学院冯家乐担任副主编，全书由王海文审核并统稿。

在编写本书的过程中，我们参考了兄弟院校的资料及其他相关教材，并得到许多同人的关心和帮助，在此谨致谢意。

为了方便教学，本书还配有电子课件等教学资源包，可以登录“我们爱读书”网(www.ibook4us.com)浏览，任课教师可以发邮件至 hustpeiit@163.com 索取。

限于篇幅及编者的业务水平，虽然我们付出了最大努力，但是书中难免存在不足甚至错误之处，敬请广大读者批评指正。

编者

2021 年 11 月

目录 CONTENTS

第1章 C语言程序设计基础

本章介绍了计算机程序设计语言的功能、算法的概念及其描述、C语言的发展历史、C语言的特点、C程序的结构和C程序的上机步骤。学习本章,要求重点掌握算法的描述、C程序的结构和上机运行C程序的方法。学完本章之后,读者将对程序设计以及C语言有一个初步的完整印象。

1.1 程序与程序设计语言

程序是一个非常普遍的概念:为解决某些问题,用计算机可以识别的代码编排的、按照一定的顺序安排的工作步骤。计算机严格按照这些步骤去做,包括计算机对数据的处理。程序的执行过程实际上是对程序所表达的数据进行处理的过程。一方面,程序设计语言提供了一种表达数据与处理数据的功能;另一方面,编程人员必须按照语言所要求的规范(即语法规则)进行编程。

1.1.1 程序与指令

计算机处理数据的基本单元是计算机指令。单独的一条指令本身只能完成计算机的一个最基本的功能,计算机所能实现的指令的集合称为计算机的指令系统。虽然一条计算机指令只能实现一个简单的功能,而且指令系统的指令数目也是有限的,但是一系列有序的指令组合却能完成很复杂的功能。一系列计算机指令的有序组合就构成了程序。

一般情况下,程序的执行是按照指令的排列顺序一条一条地执行的,但是有的程序往往需要通过判断不同的情况,执行不同的指令分支,还有些指令需要被反复执行。

程序在计算机中是以0、1组成的指令码(即机器语言)来表示的,即程序是0、1组成的序列,这个序列能被计算机所识别。一般情况下,程序和数据均存储在存储器中(这种结构称为冯·诺依曼结构,而程序和数据分开存储的结构称为哈佛结构)。当程序要运行的时候,当前准备运行的指令从内存中被调入CPU,由CPU处理该指令。

1.1.2 程序设计语言

语言是人们交换思想的工具,我们日常生活中使用的汉语、英语等称为自然语言。计算机诞生以后,人们要指挥计算机工作就产生了计算机语言。用于程序设计的计算机语言基本上可分为三种:机器语言、汇编语言和高级语言。

1. 机器语言

计算机诞生的初期,人们使用的计算机语言仅由计算机能够识别的0和1代码组成,被称为机器语言。下面是某CPU指令系统中的两条指令:

10000000(进行一次加法运算)

10010000(进行一次减法运算)

用机器语言编程序,就是从所使用的CPU的指令系统中挑选合适的指令,组成一个指令序列。这种程序虽然可以被机器直接理解和执行,却由于它们不直观、难记、难认、难理解、不易查错,只能被少数专业人员掌握,并且编写程序的效率很低,质量难以保证,这使计算机的推广使用受到了极大的限制。

2. 汇编语言

为减轻人们在编程中的劳动强度,20 世纪 50 年代中期人们开始用一些英文助记符号来代替 0、1 代码编程,于是便产生了符号语言(或称汇编语言)。如前面的两条机器指令可以写为

```
ADD A,B
SUB A,B
```

用汇编语言编程,程序的编写效率及质量都有所提高。但是,汇编语言指令是机器不能直接识别和执行的,而要先翻译成机器语言,程序才能被机器识别和执行。将汇编语言程序转换成二进制代码表示的机器语言的程序(称为汇编程序),经汇编程序"汇编(翻译)"得到的机器语言程序称为目标程序,原来的汇编语言程序称为源程序。由于汇编语言指令与机器语言指令基本上具有一一对应的关系,所以汇编语言源程序的代换可以由汇编系统以查表的方式进行。用汇编语言编写的程序效率高,占用存储空间小,运行速度快,而且用汇编语言能编写出非常优良的程序。

汇编语言和机器语言都不能脱离具体机器即硬件,均是面向机器的语言。不同类型的计算机所用的汇编语言和机器语言是不同的,缺乏通用性,因此,汇编语言被称为低级语言。用面向机器的语言编程,可以编出效率极高的程序,但是程序员用它们编程时,不仅要考虑解题思路,还要熟悉机器的内部结构,并且要"手工"地进行存储器分配,因而其劳动强度仍然很大,给计算机的普及推广造成了很大的障碍。

3. 高级语言

1954 年出现的 FORTRAN 语言以及随后相继出现的其他高级语言,开始使用接近人类自然语言的但又消除了自然语言中的二义性的语言来描述程序。高级语言不受具体机器的限制,使用了许多数学公式和数学计算上的习惯用语,非常擅长于科学计算。用高级语言编写的程序通用性强,直观、易懂、易学,可读性好。到目前为止,世界上有数百种高级语言,常用的有几十种,如 FORTRAN、PASCAL、C、LISP、COBOL 等。这些高级语言使人们开始摆脱进行程序设计必须先熟悉机器的桎梏,把精力集中于解题思路和方法上,使计算机的使用得到了迅速普及。

1.1.3 高级语言程序的开发过程

高级语言程序的开发过程主要包括如下五大步骤。

1. 分析和建立模型

一般来说,一个具体的问题会涉及许多方面,这是问题的复杂性所在。为了便于求解,往往要忽略一些次要方面。这种通过忽略次要方面从而找出解题规律的过程,称为建立模型。

2. 表现模型

表现模型就是用一种符号语言系统来描述模型。一般来说,模型的表现会随着人们对问题抽象程度的加深和细化,不断由领域特色向计算机可解释、可执行的方向靠近(中间也可能采用一些其他的符号系统,如流程图等),直到最后用一种计算机程序设计语言将其描

述出来。

3. 源程序的编辑

源程序的编辑就是在某种字处理环境下,用具体的程序设计语言编写源程序的过程。这不仅要掌握一种计算机程序设计语言,还要应用一种专用程序编辑器或通用的文字编辑器。

4. 程序的编译(或解释)与链接

写出一个高级语言程序后,并不是可以立即拿来执行的。要让机器执行,还要将它翻译成由机器可以直接辨认并可以执行的机器语言程序。为区别它们,把用高级语言编写的程序(文件)称为源程序(文件),把机器可以直接辨认并执行的程序(文件)称为可执行程序(文件)。这一过程一般分为两步。

第 1 步,在程序编辑过程中输入到源文件中的是一些字符码,但是机器可以直接处理的是 0、1 信息。为此,首先要将源程序文件翻译成 0、1 码表示的信息,并用相应的文件保存。这种保存 0、1 码信息的文件称为目标程序文件。由源文件翻译成目标文件的过程称为编译。在编译过程中,还要对源程序中的语法和逻辑结构进行检查。编译任务是由称为编译器(compiler)的软件完成的。目标程序文件还不能被执行,它们只是一些不连续的目标程序模块。

第 2 步,将目标程序模块以及程序所需的系统中固有的目标程序模块(如执行输入、输出操作的模块)链接成一个完整的程序。经正确链接所生成的文件才是可执行文件。完成链接过程的软件称为链接器(linker)。

图 1-1 为编译和链接过程示意图。

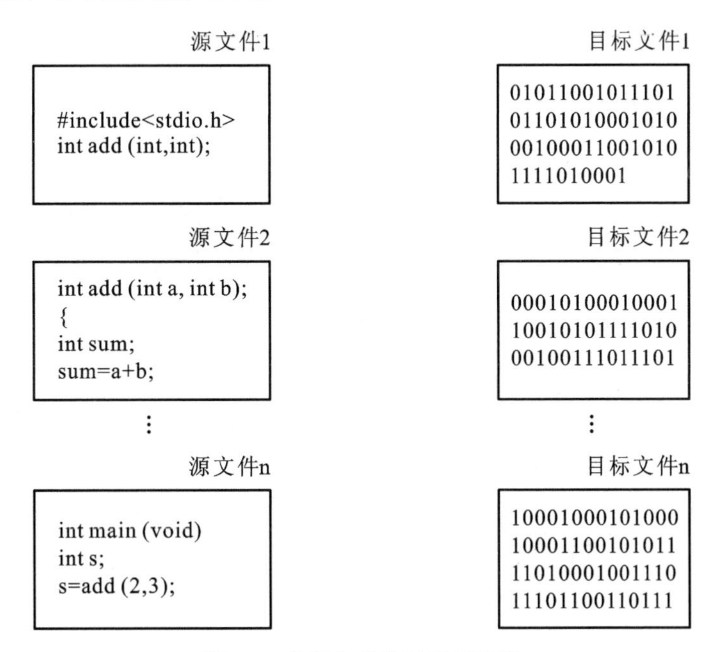

图 1-1 编译和链接过程示意图

5. 程序的测试与调试

程序文件经编译、链接之后,生成可执行文件,这就可以让计算机执行了。但是,并不是一定就可以得到预期的结果,因为程序仍然可能会存在某些错误。因此,每一个人编写出一个程序后，在正式交付使用前，总要试运行该程序，也就是对程序进行测试。

测试是以程序通过编译后没有语法和链接上的错误为前提的，目的是找出程序中可能存在的错误并加以改正。因此，应该测试程序在不同情况下运行的情况，输入不同的数据可以检测出程序在不同情况下运行的情况。测试的数据应是以“程序是会有错误的”为前提精心设计出来的，而不是随心所欲地乱凑而成的。它们不仅应含有被测程序的输入数据，而且还应包括程序执行它们后所得预期的结果。每次测试都要把实际的结果与预期的结果相比较，以观察程序是否出错。

1.2 C语言概述

1.2.1 C语言的产生与发展

C语言的祖先是BCPL语言。1967年，剑桥大学的Martin Richards对CPL语言进行了简化，于是产生了BCPL(basic combined programming language)语言。1970年，美国贝尔实验室的Ken Thompson以BCPL语言为基础，设计出很简单且很接近硬件的B语言（取BCPL的首字母），并且他用B语言写了第一个UNIX操作系统。1972年，美国贝尔实验室的D. M. Ritchie在B语言的基础上最终设计出了一种新的语言，他取了BCPL的第二个字母作为这种语言的名字，这就是C语言。

为了推广UNIX操作系统，1977年Dennis M. Ritchie发表了不依赖于具体机器系统的C语言编译文本《可移植的C语言编译程序》。1978年美国电话电报公司（AT&T）、贝尔实验室正式发表了C语言。同时，由B. W. Kernighan和D. M. Ritchie合著了著名的《The C Programming Language》一书，通常简称为《K&R》，也有人称之为《K&R》标准。但是，在《K&R》中并没有定义一个完整的标准C语言，后来由美国国家标准化协会（American National Standards Institute）在此基础上制定了一个C语言标准，于1983年发表，通常称之为ANSIC。

《K&R》第一版在很多语言细节上不够精确，甚至没有很好表达它所要描述的语言，把后续扩展扔到了一边。C语言在早期项目中的使用受商业和政府合同支配，这意味着一个认可的正式标准是必需的。因此，ANSI于1983年夏天，在CBEMA的领导下建立了X3J11委员会，目的是产生一个C语言标准。X3J11委员会在1989年末提出了“ANSI89”，后来这个标准被ISO接受，即ISO/IEC 9899—1990。

1990年，国际标准化组织ISO（International Organization for Standards）接受了ANSIC89为ISO C的标准（ISO 9899—1990）。1994年，ISO修订了C语言的标准。1995年，ISO对C90做了一些修订，即“1995基准增补1（ISO/IEC/9899/AMD1：1995）”。1999年，ISO又对C语言标准进行修订，在基本保留原来C语言特征的基础上，针对应该的需要，增加了一些功能，尤其是对C＋＋中的一些功能，命名为ISO/IEC 9899—1999。2001年和2004年先后进行了两次技术修正。

目前流行的C语言编译系统大多是以ANSI C为基础进行开发的，但不同版本的C语言编译系统所实现的语言功能和语法规则又略有差别。2011年12月，ISO正式公布C语言新的国际标准草案：ISO/IEC 9899—2011。

新的标准提高了对C＋＋的兼容性，并将新的特性增加到C语言中。新功能包括支持多线程，基于ISO/IEC TR 19769—2004规范下支持Unicode，提供更多用于查询浮点数类型特性的宏定义和静态声明功能。

1.2.2 C语言的特点

1. 简洁紧凑、灵活方便

C语言一共只有32个关键字，9种控制语句，程序书写形式自由，区分大小写。把高级语言的基本结构和语句与低级语言的实用性结合起来。C语言可以像汇编语言一样对位、字节和地址进行操作，而这三者是计算机最基本的工作单元。

2. 运算符丰富

C语言的运算符包含的范围很广泛，共有34种运算符。C语言把括号、赋值、强制类型转换等都作为运算符处理，从而使C语言的运算类型极其丰富，表达式类型多样化。灵活使用各种运算符可以实现在其他高级语言中难以实现的运算。

3. 数据类型丰富

C语言的数据类型有整型、实型、字符型、数组类型、指针类型、结构体类型、共用体类型等，能用来实现各种复杂的数据结构的运算，并引入了指针概念，使程序效率更高。另外，C语言具有强大的图形功能，支持多种显示器和驱动器，且计算功能、逻辑判断功能强大。

4. C语言是结构式语言

结构式语言的显著特点是代码及数据的分隔化，即程序的各个部分除了必要的信息交流外彼此独立。这种结构化方式可使程序层次清晰，便于使用、维护以及调试。C语言是以函数形式提供给用户的，这些函数可方便地调用，并具有多种循环、条件语句控制程序流向，从而使程序完全结构化。

5. 语法限制不太严格，程序设计自由度大

C语言是强类型语言，但它的语法比较灵活，允许程序编写者有较大的自由度。

6. 允许直接访问物理地址，对硬件进行操作

由于C语言允许直接访问物理地址，可以直接对硬件进行操作，因此它既具有高级语言的功能，又具有低级语言的许多功能，能够像汇编语言一样对位、字节和地址进行操作，而这三者是计算机最基本的工作单元，可用来编写系统软件。

7. 生成目标代码质量高，程序执行效率高

一般C语言程序只比汇编程序生成的目标代码效率低10%～20%。

8. 适用范围大，可移植性好

C语言有一个突出的优点就是适合于多种操作系统，如DOS、UNIX、Windows XP、Windows NT，也适用于多种机型。C语言具有强大的绘图能力，可移植性好，并具备很强的数据处理能力，因此适于编写系统软件，三维、二维图形和动画。

1.2.3 C语言的应用

C语言的特长不在科学计算和管理领域。对操作系统和系统应用程序以及需要对硬件进行操作的场合，使用C语言会明显地优越于使用其他高级语言。C语言是当前比较流行的一种编程语言，常被用于系统软件和应用软件的开发之中。

下面简单介绍C语言应用较多的几个方面。

1. 数据库管理系统及应用程序方面

C语言具有汇编语言的特点,比较适合编写系统软件,因而常被广泛用于开发数据库管理系统和应用软件。在很长一段时间里,大多数关系数据库管理系统软件都是用C语言开发的,如dBASE、FoxBASE、ORACLE;大多数数据库系统软件也是用C语言开发的。目前,随着面向对象语言的发展,C语言主要用于实现数据库与前台之间的连接。

2. 图形图像系统和应用程序方面

C语言在图形图像的开发中有着广泛的应用。很多图形图像系统软件包都是采用C语言编写的。例如,被广泛使用的通用图形软件系统AutoCAD就是用C语言开发的,并直接支持C语言程序。C语言编译系统本身带有许多具有绘图功能的函数,利用这些函数开发图形应用软件十分方便,如许多人直接使用C语言编译系统提供的绘图环境实现不同领域的专业绘图设计。

3. 编写与设备的接口程序方面

C语言在创建友好的交互式图形界面上有着广泛应用。使用C语言可以方便地实现下拉式菜单、弹出式菜单和多窗口技术等功能,并且在编写设备接口程序方面也有着广泛的应用。通常人们喜欢用汇编语言编写设备接口程序,这样效率较高。由于C语言既具有高级语言的特性又具有汇编语言的部分功能,因此,使用C语言和汇编语言混合编写接口程序也很方便。

4. 数据结构方面

C语言本身提供了十分丰富的数据类型,包括基本数据类型和构造数据类型。使用C语言提供的数据类型可以很方便地解决复杂的数据结构问题。例如,可以方便地编写关于链表结构、队列结构、栈结构以及树结构的程序,而且在许多方面也有成熟的程序供选择使用。

5. 排序和检索方面

在大量的数据处理问题中,排序和检索是重要的处理方法。使用C语言来编写排序和检索程序既方便又简洁,因为C语言支持递归算法,使用递归函数编写排序程序,程序显得清晰明了。所以,使用C语言进行繁杂的数据处理有时会得心应手。

以上列举了C语言在五个方面的应用,而C语言的应用远不止这些。

1.3 C语言开发程序

1.3.1 用C语言开发程序的过程

C语言是一种高级计算机语言,是人们借助计算机解决问题的一种工具。使用C语言编写程序的最终目的就是解决实际问题。既然要解决实际问题,显然只有工具是不够的,我们需要有效地、合理地使用工具才能更好地解决实际问题。

使用C语言解决实际问题时,通常分为以下几个阶段:

(1) 分析问题;

(2) 设计算法;

(3) 编写代码;

(4) 编译与调试;

(5) 运行程序,分析结果。

1. 分析问题

要解决问题,首先就要将问题分析清楚,分析明白。如果问题都还没有完全弄明白,就很难找到解决问题的方法了。借助计算机解决实际问题时,通常是从已知求未知的过程,大致分成三个步骤,即输入已知的数据、对输入的数据进行处理(也称之为计算)、输出计算的结果。例如,要求三角形的周长,输入为三角形的边,输出为三角形的周长,计算方法为求和。又如,要求全班同学C语言程序设计课程期末考试的总分和平均分,输入为期末成绩的分数,输出总分和平均分,计算方法是求和和除法。

当然,借助C语言解决实际问题时,并不总是这么简单。开始学习C语言时,就要养成良好的习惯:在分析问题的过程中,先分析问题需要输入什么,也就是已知哪些条件;然后分析需要得到什么结果;最后确定大致采用什么样的方式对数据进行处理才能得到最后的结果。只有养成了良好的习惯,才能够快速入门,达到事半功倍的效果。

2. 设计算法

分析清楚问题,并确定大致采用什么方式处理数据之后,并不能急于将这个大致的想法变成C语言的代码。其实,用C语言解决问题的过程中,我们有可能还会碰到很多细节的问题。如果将这些解决问题的细节与C语言程序本身的一些语言搅在一起,最后再来解决问题,将会浪费大量的人力和物力,也会给编程人员很大的打击。为了改变这种局面,用C语言解决实际问题的第二步是精密地设计算法。

所谓算法,是指解决问题的步骤与方法。设计算法时,用自然语言或"1.3.4 算法的表示"中介绍的各种工具将解决问题的详细步骤表示出来。在设计算法的过程中,把碰到的问题都解决了,找到一种可行的解决问题的方法,为后续的编写代码工作打好基础。

3. 编写代码

第三步是在算法的基础上编写代码。采用C语言的各种语法单位编写出能够实现算法的C语言程序。

编写代码最关键的是要按照C语言的语法规定,正确地使用C语言的语法实现算法。因此,学习C语言的语法是学习C语言程序设计的关键。C语言的语法细节比较多,这一点对于C语言程序设计的初学者来说是比较难的。因此,在学习C语言的语法时一定要记清语法的要点,并勤于练习,以便更快地掌握C语言这个工具。

4. 编译与调试

编写完代码后,需要对C语言代码进行编译,让编译程序检查在编写代码过程中出现的部分错误。根据编译过程中提示的错误,逐步修改和完善自己的程序,最后通过编译,得到目标代码。

编译得到的目标代码并不是真正的可执行程序。要得到可执行的程序,还需要将编译的目标代码和库文件等进行连接。

5. 运行与测试

修改完程序中存在的语法错误之后,运行程序,并分析程序的结果是否正确。在运行程序的过程中,为了测试程序是否正确,应该设计多种数据进行测试,以确定程序运行不存在问题。例如,最大值、最小值、满足条件的值、不满足条件的值,测试的值越多,程序存在问题的可能性越小。

另外,在测试程序时,很多人不经过仔细的分析,往往会修一下这里,补一下那里,这样会浪费很多时间,并且得不到想要的结果。在分析程序的过程中,如果程序运行不正确,也无法判断程序错在哪里,最好是手动检查程序,即采用某个特殊的输入,人工分析程序执行的流程,观察程序在哪里出现了问题,最后逐步改正错误。

1.3.2 算法的概念和特征

上一节已经强调过,借助计算机解决问题时,需要首先确定解决问题的方法,详细设计解决问题的步骤之后,再将这些方法和步骤转化成C语言的代码。这里所说的解决问题的方法和步骤就称为算法。

现在,通常将借助计算机解决的问题分为两大类,一类是数值计算,另一类是数据处理。所谓数值计算,是指通过数学运算解决问题,例如,求某个公式的值等。数据处理是更常见到的一类问题,我们日常生活中几乎每天都要接触到数据处理的计算机程序,例如,学生报到注册、银行账户管理、各种网络应用程序等。在学习C语言之初,为了更快地掌握相关语法,通常以简单的数值计算为例。

算法是解决问题的步骤和方法,现在要使用C语言实现算法,并能将其编译成可以解决实际问题的可执行程序。适合于计算机实现的算法通常具有以下特征。

(1) 有穷性:通常一个算法应包含有限的操作步骤,而不能让其无限地运行下去。

(2) 确定性:算法中每一个步骤应当是确定的,而不应当是含糊的、模棱两可的。我们设计的算法是要通过计算机来执行的,计算机只能按照算法中的步骤一步一步地执行,无法自动地进行逻辑判断,因此算法的每个步骤完成之后,下一步应该做什么应该是确定的,只能是唯一的选择。

(3) 有零个或多个输入。

(4) 有一个或多个输出。

(5) 有效性:算法中每一个步骤应当能有效地执行,并得到确定的结果。

(6) 算法必须足够详细和明确,以便编程人员能够根据算法写出程序。这要求算法必须适合于C语言表示,并且足够详细,以便编程人员能够顺利地将其转换成C语言程序代码。

1.3.3 结构化程序设计方法

20世纪50年代至60年代初,程序设计出现之初,由于程序的规模比较小,编写程序通常都是个人行为,每个人都按照自己的风格来编写程序。这种程序设计方法被称为手工艺式的程序设计方法,有些人甚至将自己的程序看成是艺术品,是极富个性的。

但是随着程序规模越来越大,参与到单个软件产品中的编程人员越来越多,编程人员之间的交流越来越多,而且软件编制的周期也越来越长,软件的可靠性和可维护性显得越来越重要了。结构清晰、可读性强、易于修改、易于验证的软件成了编程人员追求的目标。

20世纪60年代末,人们提出了采用"工程学"的方法来研制和生产软件,这是软件发展史上的一个重要的里程碑。这一阶段,出现了结构化程序设计方法,其采用的基本原则是"自顶向下、逐步求精、分而治之",即从欲求解的原问题出发,将其分解成若干独立的小问题,然后将这些小问题再逐步地细化,直到每个小问题能够得到解决为止。

具体到采用C语言解决实际问题,结构化程序设计方法即是将碰到的问题先进行分解,将其分解成数个独立的小问题,如果这些小问题足够简单,能够很快地用C语言的语法工具解决,可写出解决的步骤。如果其中有些小问题还不能简单地解决,继续将其细分,直到能用 C 语言工具将其解决为止。

以日常生活中碰到的问题来说明结构化程序设计的方法。例如,采用“自顶向下、逐步求精、分而治之”的原则解决到图书馆借书的问题。首先可以大致将到图书馆借书这个大问题分成两个小的问题:

(1) 到书库中找书;

(2) 到工作人员处登记。

如果图书馆的馆藏非常丰富,到书库中找要借的书的过程可能不是那么简单的。也就是说,这个问题不能很快得到解决,因此,可以将“到书库中找书”这个问题分成更小的步骤。

(1) 查看图书分类编码与位置的对应表,找到自己想找的图书所在位置。例如,计算机类的图书的编码一般为 TP3,假设将其放在 10~20 号书架上。

(2) 到 10~20 号书架找到自己想要借的计算机类图书。

同样,到工作人员处登记的问题也需要分成若干个小问题。

(1) 核实借书人的身份,如果是能够借书,继续下面的步骤,否则不能借书。

(2) 检查借书人是否还能借书。例如,借书人是否有逾期图书未还,或已借满最高上限。如果还能借书,继续下面的步骤,否则结束借书过程。

(3) 登记借阅的图书,完成登记过程。

至此,每个小问题都能够简单地解决了,所以逐步细化结束,可以开始解决每个小问题了。解决完这些小问题后,整个大问题也就解决了。

当然,这个问题仅仅是为了说明自顶向下、逐步细化、分而治之的结构化程序设计方法,还有待完善。

1.3.4 算法的表示

采用结构化程序设计方法将大问题分解成能够解决的小问题之后,接着需要完成的工作就是将解决问题的步骤表示出来,以便将其转化成 C 语言的代码。

借助计算机解决实际问题时,通常按照语句执行的流程,将程序分成 3 种基本的控制结构,即顺序结构、选择结构和循环结构,任何算法都可以采用这 3 种基本的控制结构来完成。

(1) 顺序结构:程序中的语句按照先后顺序依次执行。

(2) 选择结构:依据条件,有选择地执行某些语句。

(3) 循环结构:重复执行某些语句。

这 3 种结构具有以下共同特征:

(1) 只有一个入口;

(2) 只有一个出口;

(3) 结构内的每一部分都应该有可能被执行到;

(4) 结构内不应该存在无限循环,也就是所谓的“死循环”。

表示算法的方式有很多,主要包括用自然语言表示算法、用流程图表示算法、用 N-S 流程图表示算法、用伪代码表示算法。这些表示方法各自特点不同,分别描述如下。

1. 用自然语言表示算法

用自然语言表示算法即用人们平时交流的语言来说明算法的步骤。用自然语言表示算法是最简单、最易于理解的方法,但它的缺点是过于随意,缺乏规范的格式,通常表述不够准确,容易引起很多歧义。通常将这种方法用于和软件开发的客户(即软件需求方)进行初步交流使用,在实际软件开发中,应用很少。

2. 用流程图表示算法

在生产领域,流程图通常是表示生产过程中各个环节进行顺序的简图。流程图能准确地表述工作流的顺序和逻辑,并且使用标准化的符号代表特定类型的动作。例如,用棱形框表示条件判断,用方框表示具体要实现的功能等。

程序流程图借用了生产领域中流程图的各种表示方法,采用标准化的符号表示程序中语句的执行顺序。流程图的表述形象直观、容易理解,可以描述复杂问题,因此使用较为广泛。

1)常见的流程图图例

通常,流程图主要采用图1-2中所示的图例。

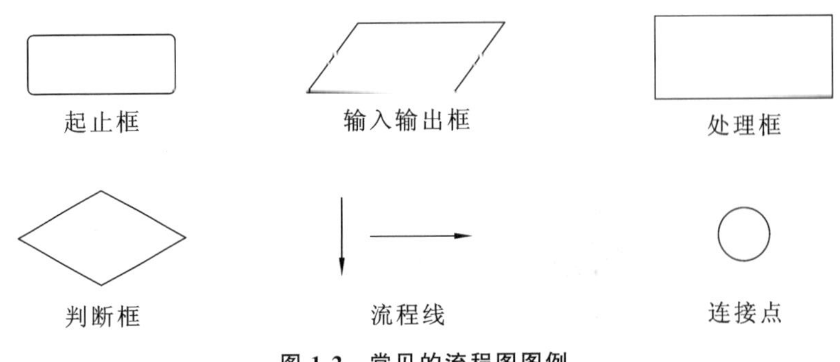

图1-2 常见的流程图图例

2)采用流程图表示3种基本的控制结构

顺序结构是指按照语句的先后顺序依次执行,图1-3所示为采用流程图表示顺序结构。

选择结构是指根据条件进行判断,然后根据判断的结果有选择性地执行后续语句。图1-4所示为用流程图表示的一种选择结构。其中P表示需要判断的条件,如果条件P成立,选择执行语句段A,否则选择直接退出选择结构。

循环结构是指重复执行某段语句。因为程序中一般不应该存在死循环,因此循环结构都会有一个循环条件,如果满足循环条件,则执行某段语句,执行完成后再次判断循环条件。如此反复,直到循环条件结束时为止。图1-5所示为流程图表示的一种循环结构。当条件P成立时,执行语句段A。执行完语句段A后,接着再次判断条件,如果条件成立,则重复执行语句段A。如此反复,直到条件不成立时退出循环结构。

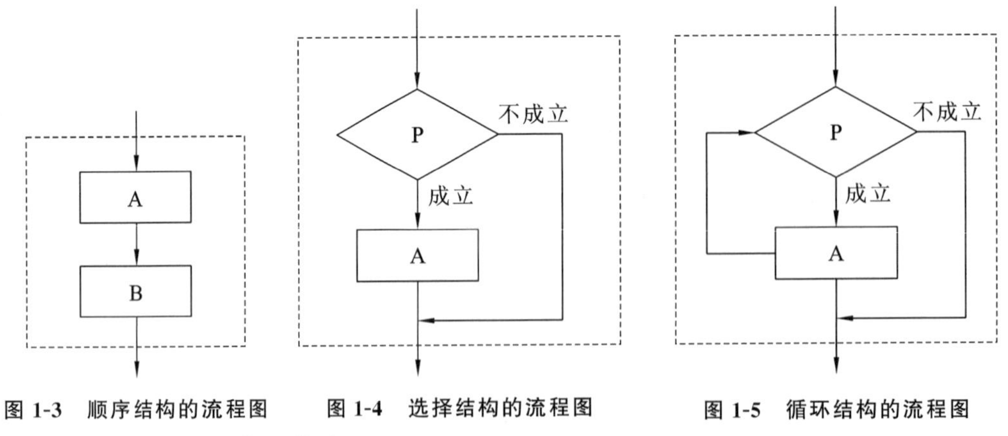

图1-3 顺序结构的流程图 **图1-4 选择结构的流程图** **图1-5 循环结构的流程图**

3. 用N-S流程图表示算法

1973年美国学者提出了一种新型的流程图:N-S流程图。N-S流程图的表示与流程图类似,但它去掉了流程图中的流程线,使得功能模块的分界和层次关系更加清晰,而且不可能任意地转移控制。

使用N-S流程图表示顺序结构、选择结构和循环结构分别如图1-6、图1-7和图1-8所示。

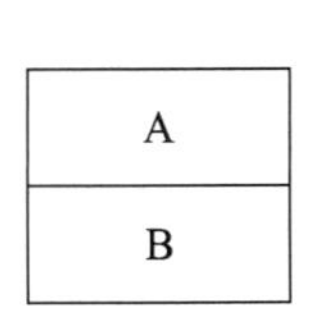

图1-6　顺序结构的N-S流程图

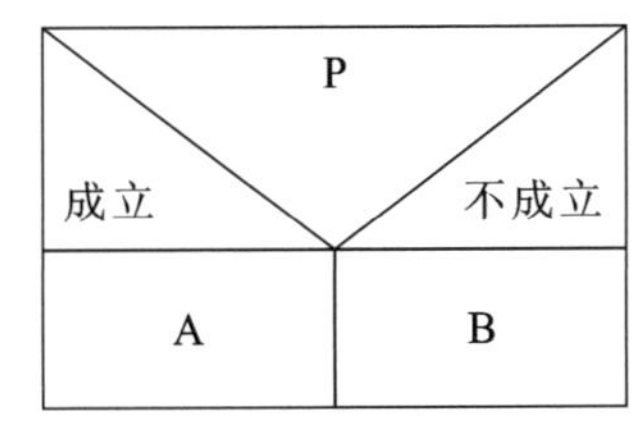

图1-7　选择结构的N-S流程图

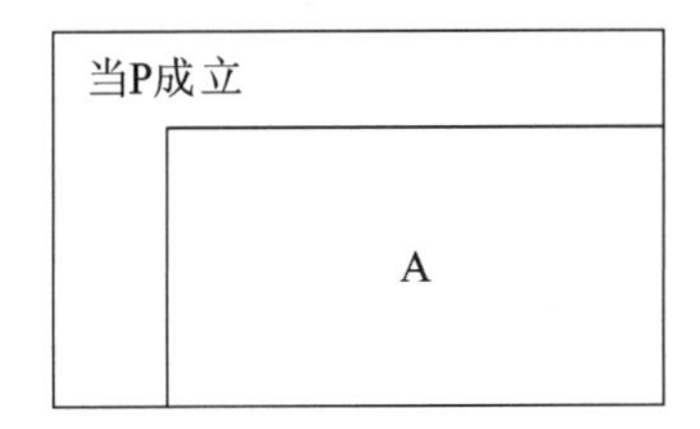

图1-8　循环结构的N-S流程图

4. 用伪代码表示算法

通常将解决问题的算法描述出来后，不同的程序员会采用不同的语言来实现此算法，因此出现了算法的伪代码表示法。伪代码表示法通常会以某种通行的语言为基础（如Pascal、C、Java），但在涉及不同语言的差异部分时使用自然语言描述。例如，大多数语言表示选择结构时都用if来表示，因此采用伪代码表示算法时就用if表示选择结构，每个程序员看到if时都知道是选择结构。但if后面的条件（通常为表达式）在不同的语言中表示方法不一致，因此，这部分通常用自然语言表示，让所有的程序员都能看明白。例如，设计判断输入的学生的分数是否及格的算法时，用伪代码表示如下：

```
输入学生分数
if(分数大于60)
{
输出“及格”
}
else
{
输出“不及格”
}
```

从语法来看，伪代码在逻辑上已经基本与实际的源代码一致了，很接近最终的源代码。通常，在实际项目设计阶段的后期会使用伪代码技术来表述算法和逻辑。

1.3.5　C语言程序的结构

用C语言编写的程序称为C语言源程序。下面是几个简单的C语言源程序。

【例1-1】　输出一行信息的C程序。

```
 #include <stdio.h>
void main()
  {
     printf("Hello! \n");     //输出引号中的字符串
  }
```

程序的运行结果：

```
Hello!
```

【例1-2】　计算两个数的和。

```
#include <stdio.h>
void main()
{
    int a,b,sum;            // 定义变量
    a=123;  b=456;          //变量赋值
    sum=a+b;                //计算结果
    printf("sum is %d\n",sum);       //输出计算结果
}
```

程序的运行结果：

```
sum is 579
```

【例 1-3】 从键盘输入两个整数，并将较大的数显示出来。

```
#include <stdio.h>        //包含预处理语句
int max(int x,int y);   //函数的声明
void main()
{
    int a,b,c;
    printf("Please input two integers:\n");
    scanf("%d,%d",&a,&b);
    c=max(a,b);
    printf("max=%d\n",c);
}
/*比较两个数的大小，并返回较大的数*/
int max(int x,int y)
{
    int z;
    if(x>y)
    z=x;
    else
    z=y;
    return(z);
}
```

程序的运行结果：

```
Please input two integers:
    21,5↙(带下划线部分从键盘输入，↙表示回车键，下同。)
    max=21
```

例 1-1 和例 1-2 相对比较简单，基本能看懂是什么意思。但例 1-3 相对复杂，其中包含两个 C 语言函数，即 main()和 max(int x,int y)。main()函数完成输入、调用函数比较、输出结果。max(int x,int y)函数完成比较。这些涉及 C 语言函数相关的知识，这里读者可以不必深究，能看清楚这两个函数的功能即可。

结合以上的例子，可以总结出 C 语言的源程序具有以下特征。

(1) C 语言程序是由函数构成的。每个程序由一个或多个函数组成，其中必须有且仅有一个主函数 main()。函数容易实现程序的模块化。

(2) 一个可执行的 C 语言程序总是从 main()函数开始执行的，无论其在整个程序中的哪个位置，都是如此。

(3) 源程序中可以有预处理命令(include 命令仅为其中的一种)，预处理命令通常应放

在源文件或源程序的最前面。

（4）每条语句和数据定义的最后必须有一个分号“;”。

（5）C语言程序书写格式自由，一行内可以写几个语句，一个语句也可以分写在多行上。

（6）编写程序时应该给程序写上足够的注释，以增加程序的可读性。C语言中有两种注释方式。一种是使用“/*…… */”，另一种是使用“//”。使用“/*…… */”可以写在程序的任何位置上，“/*”与“*/”也可不在同一行上。“//”注释到本行结束。

（7）在C语言中，大小写字母是有区别的。

从书写清晰，便于阅读、理解、维护的角度出发，在书写程序时应遵循以下规则。

（1）一个说明或一个语句占一行。

（2）用“{}”括起来的部分，通常表示程序的某一层次结构。“{”和“}”一般与该结构语句的第一个字母对齐，并单独占一行。

（3）低一层次的语句或说明可比高一层次的语句或说明缩进若干格后书写，以便看起来更加清晰，增加程序的可读性。

在编程时应力求遵循这些规则，以养成良好的编程风格。

1.4 C语言程序的实现

1.4.1 C语言程序的开发过程

用C语言编写的程序称为“源程序”(source program)。C语言源程序要能让计算机识别和使用，必须用“编译程序”软件把源程序翻译成二进制形式的“目标程序”，然后将该目标程序与系统的函数库和其他目标程序连接起来，形成可执行的目标程序。

具体地说，写好一个C语言程序后，要经过图1-9所示的几个步骤才能在计算机上运行程序并最终得到结果。

编辑源程序→对源程序进行编译→与库函数连接→运行可执行的目标程序

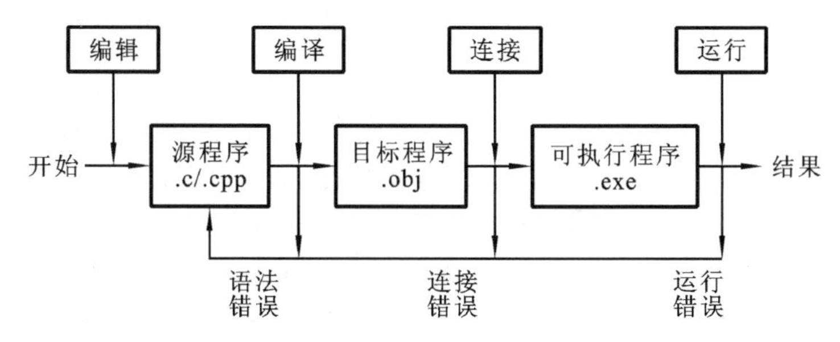

图1-9 C语言程序的开发过程

1. 编辑程序

在编程环境中，应用编辑功能直接编写程序，然后生成程序的源文件。C语言源文件的后缀一般为.c，在VC++ 6.0中默认的后缀为.cpp，但它也能识别以.c为后缀的C语言源文件。

2. 程序的编译

要使计算机能识别程序设计语言编写的程序，需要对程序进行“翻译”。将高级语言程序翻译成机器语言一般有两种做法，即编译方式和解释方式，其相应的翻译程序称为编译程序和解释程序。

C语言采用编译方式生成目标程序。编辑程序后，用C语言的编译程序对其进行编译，主要是进行词法分析、语法分析以及代码优化，生成二进制代码表示的目标程序(.obj)。

3. 程序的连接

编译以后产生的是目标程序，这些目标程序还要与编程环境提供的库函数进行连接(link)，形成可执行的程序(.exe)。

4. 运行与调试

经过编辑、编译、连接，生成执行文件后，就可以在编程环境或操作系统环境中运行该程序。如果程序运行所产生的结果不是想要的结果，则说明程序有语义错误(逻辑错误)。

如果程序有语义错误，就需要对程序进行调试。调试就是在程序中查找错误并进行修改的过程。调试是一个需要耐心和需要经验的工作，也是程序设计最基本的技能之一。

1.4.2 VC++ 6.0集成开发环境

Visual C++是Microsoft公司的Visual Studio开发工具箱中的一个C++程序开发包。Visual Studio提供了一整套开发Internet和Windows应用程序的工具，包括Visual C++，Visual Basic，Visual Foxpro，Visual InterDev，Visual J++以及其他辅助工具，如代码管理工具Visual SourceSafe和联机帮助系统MSDN。Visual C++包中除包括C++编译器外，还包括所有的库、例子和为创建Windows应用程序所需要的文档。

Visual C++一般分为三个版本：学习版、专业版和企业版。不同的版本适合于不同类型的应用开发。实验中可以使用这三个版本的任意一种。

1. Visual C++集成开发环境

集成开发环境(IDE)是一个将程序编辑器、编译器、调试工具和其他建立应用程序的工具集成在一起的用于开发应用程序的软件系统。Visual C++ 6.0提供了良好的可视化编程环境，该环境集项目建立、打开、浏览、编辑、保存、编译、连接和调试等功能于一体。程序员可以在不离开该环境的情况下编辑、编译、调试和运行一个应用程序。

Visual C++ 6.0可用于Windows 2000及Windows XP环境。将Visual C++ 6.0正确安装到Windows系统中之后，选择开始 \ 程序 \ Microsoft Visual Studio 6.0 \ Microsoft Visual C++ 6.0，即可启动并进入集成开发环境，如图1-10所示。

图1-10为集成开发环境的主窗口，包括标题栏、菜单栏、项目工作区窗口(缺省时处于泊坞状态)、正文窗口(即源代码编辑窗口)、输出窗口(缺省时处于泊坞状态)和状态栏。标题栏用于显示应用程序名和打开的文件名；菜单栏完成Developer Studio中的所有功能；工具栏对应于某些菜单或命令的功能，简化用户操作；项目工作区(workspace)窗口用于组织文件、项目和项目配置。

2. 菜单功能介绍

Visual C++ 6.0的菜单栏包括File、Edit、View、Insert、Project、Build、Tools、Window、Help等菜单，使用方法与Windows常规操作相同。选中某个菜单后，会弹出下拉式子菜单。子菜单中某些常用的菜单右边常常对应着某个快捷键，按下快捷键将直接执行该菜单项操作；菜单项后面带有“…”，表示当选择该菜单项后会弹出一个对话框，供用户做进一步的设置；菜单项后面黑色的三角箭头，表示该菜单项还带有下一级的子菜单。

在窗口的不同位置单击鼠标右键，可以弹出快捷菜单，该菜单中的选项通常都是与当前位置关系密切、需要频繁执行的操作命令。

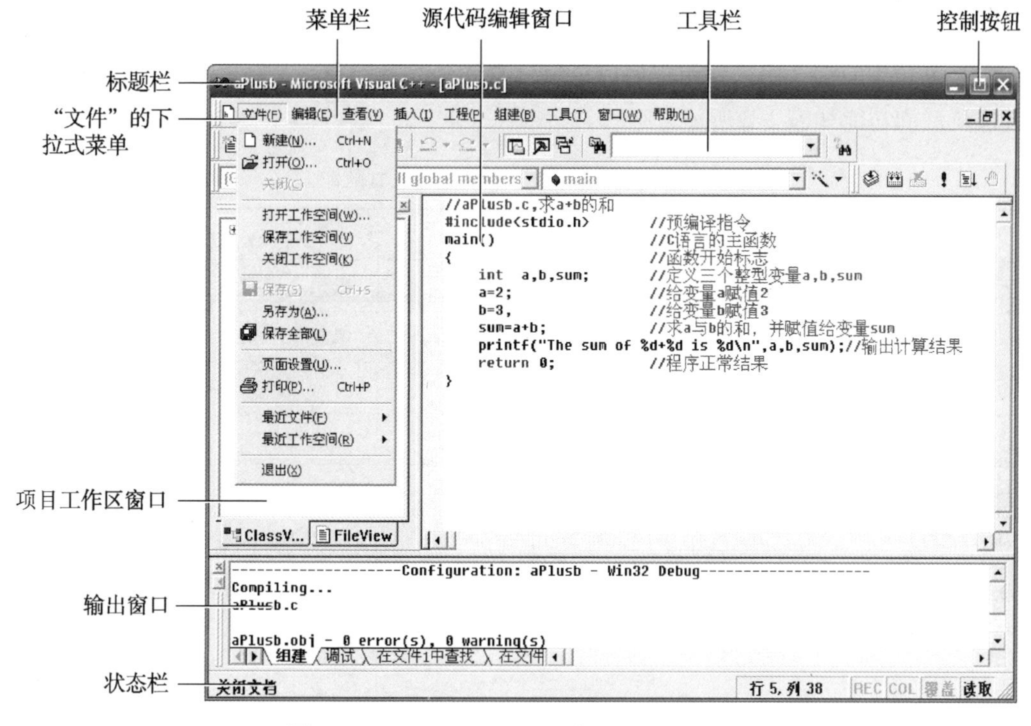

图 1-10　Visual C++ 6.0 的 Developer Studio

1）File 菜单

File 菜单中的命令主要完成文件的建立、保存、打开、关闭以及打印等工作。菜单命令项及其快捷键和功能如表 1-1 所示。

表 1-1　File 菜单命令的快捷键及其功能

菜单命令	快捷键	功能说明
New	Ctrl+N	创建一个新文件或新工程
Open	Ctrl+O	打开一个已存在的文件
Close		关闭当前被打开的文件
Open Workspace		打开一个已存在的 Workspace
Save Workspace		保存当前被打开的 Workspace
Close Workspace		关闭当前被打开的 Workspace
Save	Ctrl+S	保存当前文件
Save As		以新的文件名保存当前文件
Save All		保存所有打开的文件
Page Setup		设置文件的页面
Print	Ctrl+P	打印文件的全部或选定的部分
Recent Files		最近的文件列表
Recent Workspace		最近的 Workspace 列表
Exit		退出集成开发环境

2）Edit 菜单

Edit 菜单中的命令用来使用户便捷地编辑文件，如进行删除、复制等操作。菜单命令项及其快捷键和功能如表 1-2 所示。

表 1-2　Edit 菜单命令的快捷键及其功能

菜单命令	快捷键	功能说明
Undo	Ctrl+Z	撤销上一次编辑操作
Redo	Ctrl+Y	恢复被取消的编辑操作
Cut	Ctrl+X	将选定的文本剪切到剪贴板中
Copy	Ctrl+C	将选定的文本复制到剪贴板中
Paste	Ctrl+V	将剪切板中的内容粘贴到光标处
Delete	Delete	删除选定的对象或光标处的字符
Select All	Ctrl+A	一次性选定窗口中的全部内容
Find	Ctrl+F	查找指定的字符串
Find In Files		在多个文件中查找指定的字符串
Replace	Ctrl+H	替换指定的字符串
Go To	Ctrl+G	光标自动转移到指定位置
Bookmarks	Ctrl+F2	给文本加书签
Advanced\Incremental Search	Ctrl+I	向前搜索
Advanced\Format Selection	Alt+F8	对选中对象进行快速缩排
Advanced\Tabify Selection		在选中对象中用跳格代替空格
Advanced\Untabify Selection		在选中对象中用空格代替跳格
Advanced\Mak Selection Uppercase	Ctrl+Shift+U	把选中部分改成大写
Advanced\Make Selection Lowercase	Ctrl+U	把选中部分改成小写
Advanced\a－b View Whitespace	Ctrl+Shift+8	显示或隐藏空格点
Breakpoints	Alt+F9	编辑程序中的断点
List Members	Ctrl+Alt+T	列出全部关键字
Type Info	Ctrl+T	显示变量、函数或语法
Parameter Info	Ctrl+Shift+Space	显示函数的参数
Complete Word	Ctrl+Space	给出相关关键字的全称

3）View 菜单

View 菜单中的命令主要用来改变窗口的显示方式，激活调试时所用的各个窗口。菜单命令项及其快捷键和功能如表 1-3 所示。

表 1-3　View 菜单命令的快捷键及其功能

菜单命令	快捷键	功能说明
Class Wizard	Ctrl+W	编辑应用程序中的类
Resource Symbols		浏览和编辑资源文件中的符号
Resource Includes		编辑修改资源文件名及预处理指令
Full Screen		切换窗口的全屏幕方式和正常方式
Workspace	Alt+0	激活 Workspace 窗口
Output	Alt+2	激活 Output 窗口
Debug Windows\Watch	Alt+3	激活 Watch 窗口
Debug Windows\Call Stack	Alt+7	激活 Call Stack 窗口
Debug Windows\Memory	Alt+6	激活 Memory 窗口
Debug Windows\Variables	Alt+4	激活 Variables 窗口
Debug Windows\Registers	Alt+5	激活 Registers 窗口
Debug Windows\Disassembly	Alt+8	激活 Disassembly 窗口
Refresh		更新选择域
Properties	Alt+Enter	编辑当前被选中对象的属性

4）Insert 菜单

Insert 菜单中的命令主要用于项目、文件及资源的创建和添加。菜单命令项及其快捷键和功能如表 1-4 所示。

表 1-4　Insert 菜单命令的快捷键及其功能

菜单命令	快捷键	功能说明
New Class		创建新类并加入到项目中
New Form		创建新表并加入到项目中
Resource	Ctrl+R	创建各种新资源
Resource Copy		对选定的资源进行复制
File As Text		在当前源文件中插入一个文件
New ALT Object		在项目中增加一个 ALT 对象

5）Project 菜单

Project 菜单中的命令主要用来对项目进行文件的添加。菜单命令项及其快捷键和功能如表 1-5 所示。

表 1-5 Project 菜单命令的快捷键及其功能

菜单命令	快捷键	功能说明
Set Active Project		激活项目
Add To Project\New		在项目上增加新文件
Add To Project\New Folder		在项目上增加新文件夹
Add To Project\Files		在项目上插入已存在的文件
Add To Project\Data Connection		在当前项目上增加数据连接
Add To Project\Components and Controls		在当前项目上插入库中的组件
Dependencies		编辑项目组件
Settings	Alt+F7	编辑项目编译及调试的设置
Export Makefile		以 Makefile 形式输出可编译项目
Insert Project into Workspace		将项目插入 Workspace 窗口中

6）Build 菜单

Build 菜单中的命令主要用来进行应用程序的编译、连接、调试和运行等。菜单命令项及其快捷键和功能如表 1-6 所示。

表 1-6 Build 菜单命令的快捷键及其功能

菜单命令	快捷键	功能说明
Compile Appmodul. cpp	Ctrl+F7	编译 C 或 C++源代码文件
Build Ex00. exe	F7	编译和连接项目
Rebuild All		编译和连接项目及资源
Batch Build		一次编译和连接多个项目
Clean		删除中间文件及输出文件
Start Debug\Go	F5	开始或继续调试程序
Start Debug\Step Into	F11	单步运行调试
Start Debug\Run to Cursor	Ctrl+F10	运行程序到光标所在行
Start Debug\Attach to Process		连接到正在运行的进程
Debugger Remote Connection		编辑远程调试连接设置
Execute Ex00. exe	Ctrl+F5	运行程序
Set Active Configuration		选择激活的项目及配置
Configurations		编辑项目的配置
Profile		设置 Profile 选项，显示 Profile 数据

7）Tools 菜单

Tools 菜单中的命令主要用于选择或定制集成开发环境中的一些实用工具。

8）Window 菜单

Window 菜单中的命令主要用来排列集成开发环境中的各个窗口、打开或关闭一个窗口、使窗口分离或重组、改变窗口的显示方式、激活调试所用的窗口。

9）Help 菜单

同大多数的 Windows 软件一样，Visual C++ 6.0 提供了大量详细的帮助信息，这些信息都可以在 Help 菜单中得到。

1.4.3 C 语言运行环境

(1) 进入 Visual C++环境，并新建一个 C++源程序文件。

① 双击桌面 Visual C++快捷方式进入 Visual C++环境，或选择“开始”→“程序”→“Microsoft Visual Studio 6.0”→“Microsoft Visual C++ 6.0”命令进入 Visual C++环境。

② 单击“文件”菜单中的“新建”命令。

③ 在打开的“新建”对话框中选择“文件”标签。

④ 选择“C++ Source File”，选择文件保存的位置，然后在“文件”输入栏中输入文件名，并单击“确定”按钮，如图 1-11 所示。

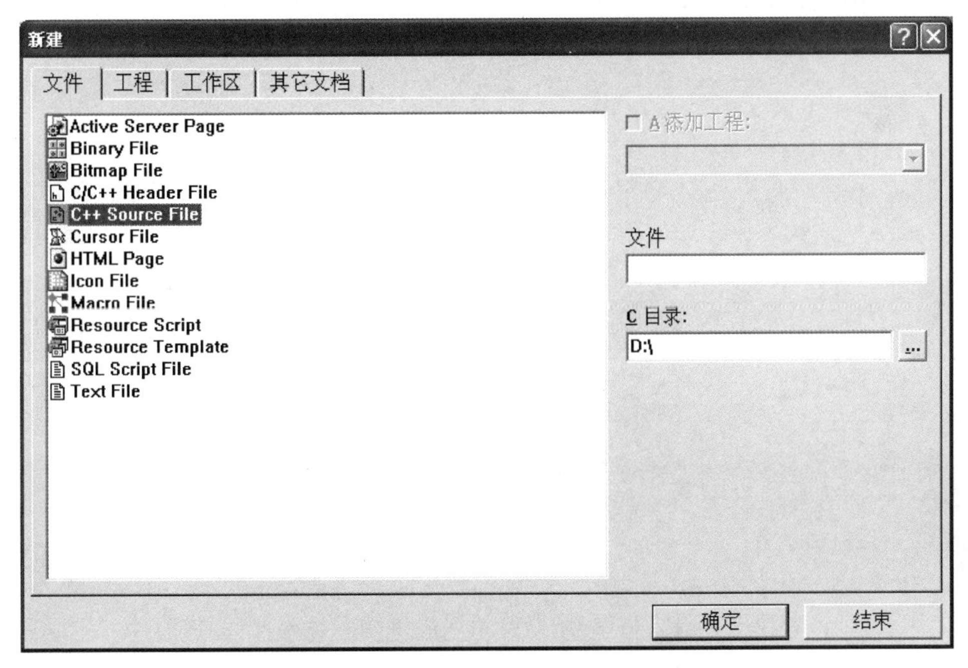

图 1-11 保存文件

(2) 输入下面的程序，注意区分大小写。

```
/*实训程序 sx1.1*/
#include <stdio.h>
void main()
{
    printf("This is a C program.\n");
}
```

(3) 编译程序：按 Ctrl+F7 键或通过“编译”菜单中的“编译”命令，或使用工具栏中的相应工具进行编译，如图 1-12 所示。

若程序有语法错误，则找到出错行修改程序。

编译　　连接　　运行

图 1-12　选择编译工具

(4) 连接:若程序没有语法错误,则可按功能键 F7 或执行"编译"菜单中的"构件"命令,或通过工具栏中的相关工具,进行连接,生成可执行文件。

(5) 运行程序:按组合键 Ctrl+F5,或通过"编译"菜单中的执行命令,或通过工具栏中的按钮! 运行程序。

(6) 关闭工作区,新建一个程序,然后输入并运行一个需要在运行时输入数据的程序。重复第(2)～(5)步。

```
/*实训程序 sx1.1*/
#include <stdio.h>
void main()
{   int a,b,c;
    int max(int x,int y);
    printf("input a and b:");
    scanf("%d,%d",&a,&b);
    c=max(a,b);
    printf("\nmax=%d",c);
}
int max(int x,int y)
{   int z;
    if(x>y) z=x;
    else z=y;
    return(z);
}
```

① 运行程序,若程序有语法错误,则修改错误后继续运行程序,当没有错误信息时输入"2,5"并按 Enter 键,查看运行结果。

② 将程序的第 3 行改为"int a;b;c;",然后按 F9 键看结果如何;再将其修改为"int a,b,c;",并将子程序 max 的第 3、4 行合并为一行。运行程序,看结果是否相同。

(7) 运行一个自己编写的程序,程序的功能是输出两行文字。

习　　题

一、填空题

1. 用于程序设计的计算机语言基本上分为三种:________、________和________。
2. 为了描述算法,人们创建了许多算法描述工具。常用的几种工具是________、________、________、________和________。

3. 一个程序只能由________、________和________三种基本控制结构(或由它们派生出来的结构)组成。

4. 一个C语言源程序可以由一个或多个源文件组成,每个源文件可由一个或多个________组成。

5. 函数一般由________和________组成。

6. 在纸上写好一个C语言程序后,要经过以下几个步骤才能在计算机上运行程序并最终得到结果:________、________、________和________。

7. C语言源文件的后缀一般为________,在VC++ 6.0中默认的后缀为________。

8. ________就是在程序中查找错误并进行修改的过程。

二、选择题

1. 以下叙述中正确的是(　　)。

   A. 用C语言程序实现的算法必须要有输入和输出操作

   B. 用C语言程序实现的算法可以没有输出但必须要有输入

   C. 用C语言程序实现的算法可以没有输入但必须要有输出

   D. 用C语言程序实现的算法可以既没有输入也没有输出

2. C语言具有低级语言的能力,主要指的是(　　)。

   A. 程序的可移植性

   B. 具有控制流语句

   C. 能直接访问物理地址,可进行位操作

   D. 具有现代化语言的各种数据结构

3. 下面关于C语言程序描述不正确的是(　　)。

   A. 每个语句和数据定义的最后必须有个分号

   B. 一个C语言程序的书写格式要求严格,一行只能写一个语句

   C. C语言本身没有输入/输出语句

   D. 一个C语言程序总是从main()函数开始执行的

4. 对于一个正常运行的C语言程序,以下叙述中正确的是(　　)。

   A. 程序的执行总是从main()函数开始,在main()函数结束

   B. 程序的执行总是从程序的第一个函数开始,在main()函数结束

   C. 程序的执行总是从main()函数开始,在程序的最后一个函数中结束

   D. 程序的执行总是从程序中的第一个函数开始,在程序的最后一个函数中结束

5. 以下叙述中错误的是(　　)。

   A. C语言的可执行程序是由一系列机器指令构成的

   B. 用C语言编写的源程序不能直接在计算机上运行

   C. 通过编译得到的二进制目标程序需要连接才可以运行

   D. 在没有安装C语言集成开发环境的机器上不能运行C语言源程序生成的.exe文件

6. 以下叙述中错误的是(　　)。

   A. C语言程序中注释部分可以出现在程序中任意合适的地方

   B. 主函数后面的一对圆括号不能省略

   C. 定义语句用";"结束

D. 分号是C语句之间的分隔符，不是语句的一部分

三、简答题

1. 简述C语言的特点。
2. 参照本章例题，编写一个C语言程序，输出以下信息：

```
* * * * * * * * * * *
  Good morning!
* * * * * * * * * * *
```

3. 简述一个C语言程序的构成。
4. 请设计下列算法，分别画出流程图和对应的N-S流程图。

   (1) 有两盘磁带，A录英语，B录音乐，把它们交换过来。

   (2) 依次输入10个数，找出最大数。

5. 上机运行本章例题，熟悉Visual C++ 6.0的上机方法和步骤。

第2章 数据类型、运算符和表达式

2.1 从数学上的“数”过渡到计算机中的“数”

用计算机编写程序，首先必须解决数据在计算机中的存储问题。如开发一个大学生的学生信息管理系统，这其中肯定需要保存学生的学号、姓名、性别、年龄、家庭住址、各门课程的成绩等数据，这些数据保存在计算机中的什么地方？

数学中，数是一门研究抽象的学科，数和数的运算都是抽象的，数据不分类型，其运算是绝对精确的，如 88－8＝80，1/6＝0.1666 6(循环小数)。当从纯数学的计算过渡到用计算机来解决问题时，数变成了一个实在的工程问题。在计算机中，数值是具体存在的，它存放在计算机的存储器中。

每一个存储单元存放的数据范围都是有限的，不可能无穷大，也不可能无穷小，如前面所说的 1/6＝0.1666 6(循环小数)用计算机是表示不出来的，因为存储器的空间大小是有限的。用计算机的计算不是抽象的理论值的计算，而是用工程的方法实现的计算，在许多情况下只能得到近似的结果。用计算机来计算 1/6：printf("%f",1.0/6.0)，得到的结果为 0.1666 67，而不是无穷的小数位。

实际应用中，不同数据类型其取值范围可能不一样。例如：用 2 个字节可以表示某高校今年新招生的新生人数(假设人数为 5 000 人)，但如果要表示湖南省人口总数(约 6 800 万)，2 个字节就不够了，需 4 个字节。

实际应用中，不同种类数据的表现形式也可能不一样。如学生的年龄和学生的姓名，前者的表现形式是一个整数，而后者是一串字符；又如学生各门课程的成绩，用整数来表示就不合适，需要用一个带小数点的实数来表示。

怎样使计算机合理地表示现实生活中各种类型的数据，也就是说，使计算机能够根据数据的实际表示范围以及数据的表示形式，为数据分配合理的存储空间。计算机存储器的资源是十分宝贵的，如何为存储器做到“量体裁衣”？

为了解决这个问题，计算机对不同种类的数据用不同的数据类型来表示，不同的数据类型有不同的存储空间(所表示的数的范围不相同)和存储形式。数据类型是学习程序设计语言时必须首先明确的问题。

注意：数据在计算机中是以二进制形式存储的，计算机内部的信息都是用二进制来表示的。计算机的存储器包含许多存储单元，操作系统把所有存储单元以字节为单位编号，这些以字节为单位所做的编号也就是通常所说的存储器的地址单元，一个字节(Byte)是 8 位(bit)二进制。

二进制数的特点是“逢二进一”。每一位的值只有 0 和 1 两种可能。例如：十进制数 10，用二进制表示是 1010。它的含义是：

每一个二进位代表不同的幂，最右边一位代表 2 的 0 次方，最右边第二位代表 2 的 1 次方,以此类推。显然一个很大的整数可能需要很多个二进制位来表示。

假如计算机用 1 个字节(8 位)来存储十进制数 10,则在内存中的存储形式如图 2-1 所示。实际上,在 VisualC++ 6.0 中,一个整型数据要占 4 个字节。

0	0	0	0	1	0	1	0

图 2-1　十进制数 10 在内存中的存储形式

在 C 语言中使用的数制还有八进制和十六进制:每 3 位二进制代表一位八进制,八进制数用 0～7 八个数字来表示,逢 8 进 1,如图 2-1 中的数用八进制来表示就是$(12)_8$,为了与十进制数相区别,C 语言中表示八进制数时在数值前加 0,因此,在 C 语言中,图 2-1 中的数用八进制表示为 012;每 4 位二进制代表一位十六进制,十六进制用 0～9、A～F 共 16 个数字来表示,逢 16 进 1,如图 2-1 中的数用十六进制来表示就是$(A)_{16}$。C 语言中表示十六进制数在数值前加 0X 或 0x,因此,在 C 语言中,图 2-1 中的数用十六进制表示为 0xA 或 0XA。

各进制之间的数据可相互转换,具体转换方法,请参考计算机的相关资料。

在 C 语言程序的编写中,习惯用十进制来表示,如果要用八进制或十六进制来表示,一定要记得在数的前面加 0、0X 或 0x,以示区别。

2.2　数据类型概述

数据是程序处理的对象,是程序的必要组成部分。所有高级语言都对数据进行分类处理,不同类型数据的操作方式和取值范围不同,所占存储空间的大小也不同。C 语言提供了丰富的数据类型,包括:

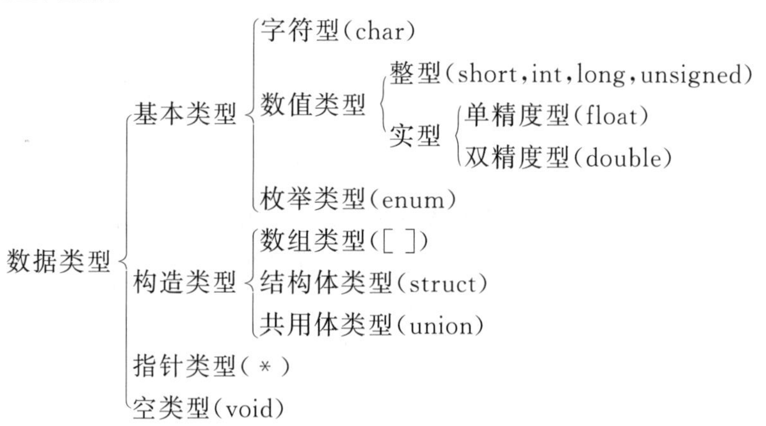

通常将数组类型、结构体类型、共用体类型、指针类型统称为复杂数据类型,这些数据类型在后续的章节再讲述,本章中主要介绍基本数据类型。

不同的数据类型在计算机中占有不同的存储空间和表现形式,如字符型数据占 1 个字节,int 整型占 4 个字节,double 实型(VC++ 6.0 中)占 8 个字节。

> **注意:**C 标准没有规定各种数据类型占有的长度,这是各编译系统自行决定的。如在 Turbo C 2.0 中,int 型占 2 个字节,在 VisualC++ 6.0 中,int 型占 4 个字节。在本书中,如无特殊说明,各种数据类型占有的长度都是指在 VisualC++ 6.0 编译系统中的长度。

2.3 常量和变量

在介绍具体的数据类型之前，先看看常量和变量的概念，因为C语言的数据包括常量与变量，常量与变量都有数据类型。

2.3.1 常量

常量是指直接用于程序中的、不能被程序修改的、固定不变的量。C语言中的常量值是用数值或字符串表示的。

1. 数值常量

数值常量就是数学中的常数。C语言常量包括整数、浮点数、字符、字符串四种类型。如1000、−5、0称为整型常量，123.45、−0.23、3.14称为实型常量，而'a'、'Z'称为字符常量。不同类型的常量在后面讲到不同的数据类型时有详细的说明。

2. 符号常量

有时为了使用方便，可用一个符号名来代表一个常量，这称为符号常量。符号常量一般定义格式如下：

#define　标识符　常量数据

例如：

```
#define PI 3.14
```

一旦某标识符定义成为一个常量后，以后在程序处理时，凡是碰到了该标识符，都将替换成对应的常量。

如2*2.3*PI就等价于2*2.3*3.14。

符号常量的好处是：

(1) 含义清楚，如一看到PI，就大致知道代表圆周率。

(2)"一改全改"，假如程序中有50个地方用到了PI的值，在检查程序时发现，为提高运算精度，需将PI由3.14修改为3.1415926，这时无须对程序中的50个地方进行逐一修改，只需进行符号常量的修改即可：

```
#define PI 3.1415926
```

2.3.2 变量

变量是指C语言程序中合法的标识符，是用来存取某种类型值的存储单元，其中存储的值可以在程序执行的过程中被改变。

在C语言中用到的变量必须先定义后使用。对变量的定义就是给变量分配相应类型的存储空间。

定义变量的一般形式为：

<变量类型说明符><变量列表>[=<初值>]

其中：

(1) 变量类型说明符，确定了变量的取值范围以及对变量所能进行的操作规范，关于变量类型将陆续详细讲解。

(2) 变量列表，由一个或多个变量名组成。当要定义多个变量时，各变量之间用逗号分隔。

(3) 初值是可选项,变量可以在定义的同时赋初值,也可以先定义,在后续程序中赋初值。

2.3.3 变量名规则

变量名是程序引用变量的手段。C语言中的变量名除了符合标识符的条件之外,还必须满足下列约定:

(1) 变量名不能与关键字相同。

(2) C语言对变量名区分大小写。

(3) 变量名应具有一定的含义,以增加程序的可读性。

先介绍标识符的概念。标识符是用来标识对象名字(包括变量、函数、数组、类等)的有效字符序列,也就是说,标识符就是一个名字。变量名是标识符的一种,构造一个标识符的名字,需要按照一定的规则。C语言的标识符的命名规则是:

(1) 由字母或下划线开头,同时由字母、0～9的数字或下划线组成。

(2) 不能与关键字同名。

例如:school_id,_age,es10为合法的标识符;school—id,2year为不合法的标识符。

标识符不宜过短,过短的标识符会导致程序的可读性变差;但也不宜过长,否则将增加录入工作量和出错的可能性。

关键字是构成编程语言本身的符号,是一种特殊的标识符,又称保留字。

ANSIC规定了32个关键字,如表2-1所示。

表2-1 关键字表

auto	break	case	char
const	continue	default	do
double	else	enum	extern
float	for	goto	if
int	long	register	return
short	signed	sizeof	static
struct	switch	typedef	union
unsigned	void	volatile	while

关键字在C语言中,有其特殊的含义,不能用作一般的标识符,即一般的标识符(变量名、类名、方法名等)不能与其同名。

2.3.4 变量的定义

C语言中,必须对所有的变量"先定义,后使用"。

如:int　a定义了一个变量,其变量名为a,变量名代表内存中的存储单元,在对程序进行编译连接时,由系统给每个变量分配存储单元。

变量还可以在定义的同时赋初值。如int a=3;定义了一个变量a,同时给a所对应的地址单元赋初值3,如图2-2所示。请注意区分变量名和变量值,这是两个不同的概念,变量名对应变量的存储地址，而变量值是代表这个地址单元的内容。如果在定义的同时不赋初值，对于自动变量而言，其初值是不确定的。

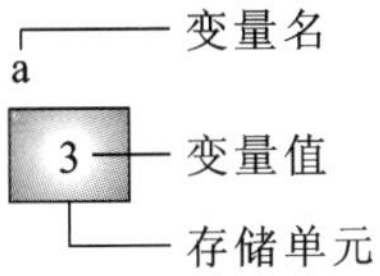

图 2-2　变量名及存储单元

例：

int a,b,c;　　定义了 a,b,c 三个整型变量，其初值是不确定的；

int a=4,b=5,c=6;　　定义了 a,b,c 三个整型变量并分别赋初值 4,5,6；

float a=3.5,b,c;　　定义了 a,b,c 三个单精度型变量，其中只有 a 赋初值 3.5；

c=6.9;　　执行语句，对 c 赋值；

char a,b='A',c;　　定义了 a,b,c 三个字符型变量，其中只有变量 b 赋初值'A'。

C 语言对变量强制定义的目的是：

(1) 因为只有在定义了变量的类型后，系统才知道如何给变量分配存储空间。如指定变量 a 为整型，在编译时就能为其分配相应的 4 个字节的存储空间，并按整数方式存储数据。

(2) 指定一个变量属于一个特定的类型，在编译时，能根据该类型进行运算是否合法的检查。

如：

```
float a=4.5,b=8.9,c;
c=a%b;        //错误
```

求余运算要求两个操作数都是整数，运算结果也要求是整数，而现在 a,b,c 均为实数，在编译时，系统会给出有关的出错信息。

2.4　整数类型

2.4.1　整型常量

整型常量是不带小数的数值，用来表示正负整数。例如 0x55、0x55ff、1000000 都是 C 语言的整型常量。

C 语言的整型常量有 3 种表示形式：十进制、八进制、十六进制。

(1) 十进制整数是由不以 0 开头的 0～9 的数字组成的数据。

(2) 八进制整数是由以 0 开头的 0～7 的数字组成的数据。

(3) 十六进制整数是由以 0x 或 0X 开头的 0～9 的数字及 A～F 的字母组成的数据。

例如：0,63,83 是十进制数；00,077,0123 是八进制数；0x0,0X0,0X53,0x53,0X3f,0x3f 是十六进制数。

整型常量的取值范围是有限的，它的大小取决于此类整型数的类型，与所使用的进制形式无关。尽管整数可以用十进制、八进制、十六进制来表示，但它在内存中都是按二进制来存储的。

2.4.2　整型变量

整型变量类型有 short、int、long、unsigned 四种说明符。整型变量根据实际需求，分为 int 类型(基本整型)、short 类型(短整型)、long 类型(长整型)。不同的整型占有不同的存储空间。

1. int 类型

int 类型说明一个带符号的 32 位整型变量，占 4 个字节。int 类型是一种最丰富、最有效的类型。它最常用于计数、数组访问和整数运算。

整数在存储单元的存放形式是用其补码(complement)的形式存放，补码的概念在这里不详细说明，深入了解可查阅相关的计算机资料。正数的补码比较好理解，就是这个数本身的二进制形式，以正整数为例，说明其在内存中的存储形式。如：

int a=5;　　定义了一个基本类型的 int 变量，VisualC++ 6.0 的编译系统为其分配 4 个字节的存储空间，每个字节 8 位，共 32 位，如图 2-3 所示。

符号位

0	0	0	0	0	0	0	0	0	0	0	0	0	0	0	0	0	0	0	0	0	0	0	0	0	0	0	0	0	1	0	1

图 2-3　正整数 5 在内存中的存储形式

对于正整数，其最高位规定为 0(符号位，不是数值位)，因此，int 型变量的最大值为二进制 01111111111111111111111111111111，此数值是 $2^{31}-1$，对应的十进制数为 2 147 483 647，对于负整数，其最高位规定为 1(符号位，不是数值位)，最小值为 10000000000000000000000000000000，此数值是 -2^{31}，对应的十进制数为 −2 147 483 648，因此其容纳的数值范围为：−2 147 483 648～2 147 483 647。超过此范围，就出现数值的溢出，输出错误的结果。

2. short 类型

short 类型说明一个带符号的 16 位整型变量，占 2 个字节。其数据的存储形式和 int 类型相同，数据的表示范围为：$-2^{15}\sim 2^{15}-1$，即 −32 768～32 767。

3. long 类型

long 类型说明一个带符号的 32 位整型变量，占 4 个字节，数值范围为：−2 147 483 648～2 147 483 647。对于大型计算，常常会遇到很大的整数，并超出 int 所表示的范围，这时要使用 long 类型。

> **说明**：C 标准并没有规定各种类型的数据所占用的存储空间，由编译系统自行决定，仅规定 long 类型数据不短于 int 类型，int 类型不短于 short 类型。

C 语言将整型变量细分为 int 类型、short 类型、long 类型，是为了更合理地分配存储空间，如本章开头所说的表示某高校今年新招收的新生人数(假设人数<5 000 人)，用短整型就可以表示。而湖南省人口总数(约 6 800 万)，2 个字节就不够了，需 4 个字节，需用 int 整型来表示。

为了充分利用变量的数值范围，对于有些不可能出现负数的数据类型，需要时可以将变量定义为“无符号”类型，此时在变量前面加上 unsigned 关键字，即成为无符号整型。这样存储单元数位全部用来存放数值本身，而不包括符号，表示的数值正数范围因此扩大了一倍。如：short[int]数值范围为−32 768～32 767，而 unsigned short[int]数值范围就成为 0～65 535。

如：

```
short  a1;    //定义 a1 为带符号的短整型变量,取值范围为:-32768～32767
unsigned  short  a2;    //定义 a2 为无符号的短整型变量,取值范围为:0～65535
```

如表示某高校今年新招收的新生人数(假设人数<5 000 人),或者是湖南省人口总数(约 6 800 万),用 unsigned 数据类型来表示更好,因为它们不可能出现负数。

由于整数类型具有 unsigned 和 signed 属性,因此,整型变量的类型如表 2-2 所示,表现为 6 种形式,其中最常用的是基本整型(int 类型),各种整数类型之间的取值范围变化很大,请大家仔细阅读表 2-2。图中[]中的内容表示可省略。

表 2-2　整数类型的取值范围(在 VisualC++ 6.0 中)

类　　型	类型标识符	字　　节	取 值 范 围
整型	[signed]int	4	−2 147 483 648～2 147 483 647
无符号整型	unsigned int	4	0～4 294 967 295
短整型	short[int]	2	−32 768～32 767
无符号短整型	unsigned short[int]	2	0～65 535
长整型	long[int]	4	−2 147 483 648～2 147 483 647
无符号长整型	unsigned long[int]	4	0～4 294 967 295

2.5　实数类型

2.5.1　实型常量

实数类型的数据即实型数据,在 C 语言中实型数据又称为浮点数。浮点数是带有小数的十进制数,C 语言中实型常量可用十进制数形式或指数形式表示。

(1) 十进制数形式:十进制整数+小数点+十进制小数。

(2) 指数形式:十进制整数+小数点+十进制小数+E(或 e)+正负号+指数。

例如:3.14159,0.567,9777.12 是十进制数形式,1.234e5,4.90867e−2 是指数形式。

C 语言的浮点数常量在机器中有单精度和双精度之分。单精度以 32 位形式存放,占 4 个字节;双精度则以 64 位形式存放,占 8 个字节。

例如:987.654 可以表示为:987.654e0,98.7654e1,9.87654e2,0.987654e3,0.0987654e4,0.00987654e5。

可以看到,由于指数部分的存在,使得同一个浮点数可以用不同的指数形式表示,数字中小数点是浮动的,浮点数的名字即源于此。

在程序中不论把实数写成小数形式还是指数形式,在内存中都是以指数形式存储的。在内存中是以规范化的形式存放的,如实数 987.654,不论在程序中以哪种形式表示,其内存的规范化表示如图 2-4 所示,在内存中表示为 0.987654×10^{3}。内存的存储单元分两部分,一部分用来存放数字部分,一部分用来存放指数部分。

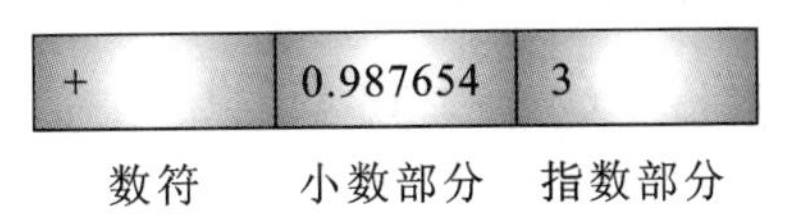

图 2-4　浮点数的规范化表示形式

规范化表示要求：小数部分数字必须小于 1，小数点后面的第 1 个数字必须是非 0 数字，如小数部分不能表示为：0.0987654。

为便于读者理解，图 2-4 以十进制来表示，实际上，在存储单元中是以二进制形式表示的。

2.5.2 实型变量

实型变量用于需要精确到小数的函数运算中，有 float 和 double 两种类型说明符。

1. float 类型

float 类型是一个位数为 32 位(4 字节)的单精度浮点数。它具有运行速度较快、占用空间较少的特点。

2. double 类型

double 类型是一个位数为 64 位(8 字节)的双精度浮点数。双精度数在某些具有优化和高速运算能力的现代处理机上运算比单精度数快。双精度类型 double 比单精度类型 float 具有更高的精度和更大的表示范围，常常被使用。浮点类型的取值范围变化很大，它们之间的差异如表 2-3 所示。

表 2-3 浮点类型的取值范围

类 型	类型标识符	字 节	取 值 范 围
单精度型	float	4	约±3.4×10±38
双精度型	double	8	约±1.7×10±308

注意：(1) 实数类型没有 unsigned 属性，也就是说，没有无符号实数，从表 2-3 的取值范围可以看出来。

(2) VisualC++ 6.0 中，实型常量都按 double 型来处理，如 float a=3.14，这定义了一个实型变量 a，C 编译系统为变量 a 分配 4 个字节的存储空间，并将实型常量 3.14 的值赋给变量 a，但由于实型常量都按 double 型来处理，按理需 8 个字节来存放这个常量，而定义的变量 a 为 float 类型，实际上只能用 4 个字节来存放。因此，在 VisualC++ 6.0 编译时，会出现警告——warning: truncation from 'constdouble' to 'float'，提醒编程者，从 double 型变为 float 型可能造成精度的损失，但这是警告而不是错误，如果编程者能容忍这种精度损失，可以继续进行连接和运行。如果想去掉这种警告，可以将程序修改为：double a=3.14 或者 float a=3.14f。

2.6 字符类型

计算机中字符是按其代码(ASCII 码，见附录 A)来存放的，例如小写字母'a'，其代码为 97，在存储时，按整数 97 进行存储，只是它只占一个字节的存储空间，因此字符型数据实际上是整数类型的一种。但是，字符数据在使用上有自己的特点，因此，将其作为一种数据类型来介绍。

2.6.1 字符型常量

字符型常量包括一般字符常量和转义字符常量。并不是每个字符都可以在C语言中表示，比如罗马数字Ⅰ～Ⅻ，在ASCII码标准字符表中就无法表示，ASCII码标准字符表包括127个常用字符，具体如下。

(1) 字母：大写英文字母A～Z，小写英文字母a～z。

(2) 数字：0～9。

(3) 专门符号：如()、＜、＝、＞、＋、－、*、/、;、[]、{}等。

(4) 空格符：空格、水平制表符、垂直制表符、换行、换页。

(5) 不能显示的字符：空(null，用\0表示)、退格(用\b表示)、回车(用\r表示)、警告(用\a表示)。

其中：(1)～(3)为一般字符常量，在C语言程序编写时用单引号引起来，例如'a'，'A'，'z'，'$'，'?'；(4)～(5)称为转义字符，C语言程序编写时使用一种以"\"开头的特殊形式来表示一些不可显示的或有特殊意义的字符。如'\n'表示换行符，这种控制字符，在屏幕上是不能显示的，在程序中也无法用一个一般形式字符表示，只能采用特殊形式来表示。转义字符的意思就是将反斜杠后面的字符转换成另外的意思，如'\n'不表示字符n，而表示换行。常见的转义字符如表2-4所示。

表2-4 转义字符表

功　能	字符形式	ASCII代码
回车，将光标从当前位置移到本行开头	\r	13
换行，将光标从当前位置移到下一行开头	\n	10
水平制表，将光标跳到下一个tab位置	\t	9
退格，将光标从当前位置移到前一列	\b	8
换页，将光标从当前位置移到下页开头	\f	12
单引号	\'	39
双引号	\"	34
八进制位模式	\ddd	
十六进制模式	\xhh	
反斜线	\\	92
空字符	\0	0

例如：

'\105'表示八进制形式ASCII105所代表的字符，$(105)_8=(69)_{10}$，即字符'E'；

'\012'表示八进制形式ASCII015所代表的字符，$(012)_8=(10)_{10}$，即控制字符换行；

'\000'或\0表示ASCII码为0的控制字符，广泛用于字符串的操作中。

'\x0a'表示十六进制形式ASCII0a所代表的字符，$(x0a)_{16}=(10)_{10}$，即控制字符换行。

注意:(1) 字符型常量区分大小写,a 和 A 是两个不同的字符常量。

(2) 字符型常量只包含一个字符,如 ab 不是字符常量。

(3) 'a'中,单撇号是定界符,而不属于字符常量的一部分。

(4) 从附录 A 可以看到,常用的 ASCII 是 127 个,用一个字节的 7 位就可以表示,因此,几乎在所有系统中,指定一个字节来存储一个字符,其最高位置为 0。扩展的 ASCII 允许将其最高位置为 1,因此表示的字符增加了从 128~255 部分。

(5) 注意字符 0 和数字 0 的区别。字符 0 表示输出一个形状为 0 的字符,保存字符 0 只占用内存一个字节,ASCII 码值为 48。而数字 0 是以整数存储方式存储,如果定义它为前面所讲的基本 int 型的话,它占用内存 4 个字节来保存。请读者仔细体会。如:

```
printf ("%c",'0'+'0');
printf ("%d",0+0);
```

请读者上机试试,输出结果分别是什么?

【例 2-1】 转义字符的输出。

```
#include <stdio.h>
void main()
{   char ch;
    ch='\141'; //将八进制数 141 的 ASCII 字符赋给 ch
    printf ("%c\n%c",ch,ch-32);
}
```

输出结果:

```
a
A
```

分析:八进制数 141 就是十进制数 97,即字符的 ASCII 值;97－32＝65,是字符 A 的 ASCII 值,在"printf("%c\n%c",ch,ch－32);"语句中,先输出字符 a,然后输出转义字符\n,即光标换行,因此当输出字符 A 时,光标首先换行。如果将语句改写为"printf("%c,%c",ch,ch－32);",则输出结果为:a,A。

2.6.2 字符型变量

字符型变量的类型说明符为 char,如 char a＝'b',它在机器中占 8 位,其范围为 0~255。

注意:字符型变量只能存放一个字符,不能存放多个字符,例如 char a＝'am',这样定义赋值是错误的。

2.6.3 字符数据在内存中的存储形式及其使用

【例 2-2】 字符数据的定义、赋值及存取。

```
#include <stdio.h>
void main()
{
    char a,b;       //定义 a,b 两个字符变量
    int i,j;        //定义 i,j 两个整型变量
    a='A';          //为字符变量 a 赋值'A'
```

```
    i=66;          //为整型变量 i 赋值 66;
    b=i;           //将整型变量 i 的值赋给字符变量 b;
    j=a;           //将字符变量 a 的值赋给整型变量 j;
    printf ("i=%d,j=%d,i=%c,j=%c\n",i,j,i,j);//分别以十进制和字符形式输出 i,j 的值
    printf ("a=%d,b=%d,a=%c,b=%c\n",a,b,a,b);//分别以十进制和字符形式输出 a,b 的值
}
```

程序运行结果为：

```
i=66,j=65,i=B,j=A
a=65,b=66,a=A,b=B
```

从例 2-2 可以看出：

(1) 字符数据在内存中是以其 ASCII 码形式存取的。字符数据并不是直接将字符本身放到内存单元的，而是将该字符的 ASCII 码存放到内存单元，如程序中将字符变量 a 赋值为字符 A(a='A';)，然后分别用十进制和字符形式输出字符变量 a 的值，得到的结果是 a=65，a='A'，从附录 A 可以查到，字符 A 的 ASCII 码值为 65；其在内存中的具体存储形式如图 2-5 所示。

字符变量 a	字符变量 b
01000001	01000010

图 2-5　字符变量的存取形式

(2) 在一定条件下，字符型数据和整型数据是通用的。需注意的是，字符型数据只占一个字节，只能存取 0～255 范围内的整数。

2.7　不同数据类型之间的转换

有时在进行某种运算时，会遇到不同类型的数据，这种运算称为混合运算。在混合运算中，将会碰到类型转换的情况。

类型转换可分为自动类型转换、强制类型转换两种。

2.7.1　自动类型转换

整型、浮点型、字符型数据可以进行混合运算。运算中，不同类型的数据先转化为同一类型，然后进行运算。为了保证精度，转换从低级到高级进行。

各类型从低级到高级的顺序为：char，short→int→ unsigned int→long→float→double，如图 2-6 所示。其具体转换过程为：

(1) 整数类型转换为实数类型(单、双精度型)，其值不变，按实数的形式保存到变量中。double x=5，先将整数 5 变为双精度数 5.0，然后按双精度浮点数的形式保存到变量 x 中。

(2) 实数类型(单、双精度型)转换为整数类型，先对实数取整，再按整数形式保存。如 int x=5.8，最终 x 的值为 5，按整型变量(4 个字节)的形式保存。

(3) 将 double 型数赋给 float 型数时，只取 6 位有效数字，存储到 float 的 4 个字节中。

(4) 将 float 型数赋给 double 型数时，数值不变，有效数扩展到 15 位，存储到 double 型数的 8 个字节中。

(5) 将整型数赋给字符型数时，将最低 8 位原封不动复制，其他高位丢失。

(6) 将字符型数赋给整型数时，将最低 8 位 ASCII 原封不动复制给整型变量。例如：

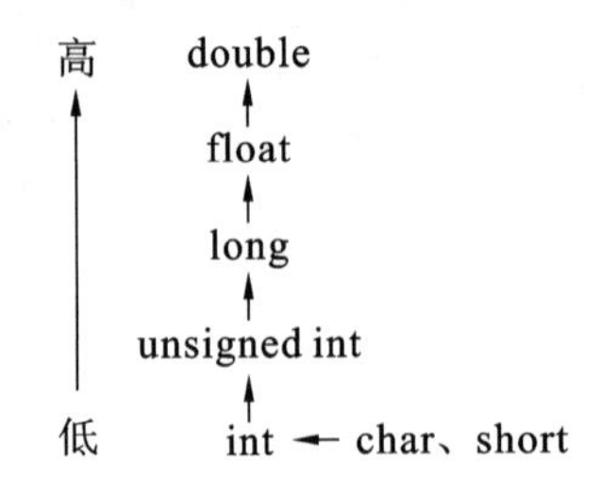

图 2-6　不同类型数据转换顺序

```
char ch='A';
int i=28;float x=2.36;
double y=6.258e+6;
```

若表达式为

```
i+ch+x*y
```

则表达式的类型转换是这样进行的：

先将 ch 转换成 int 型，计算 i+ch，由于 ch='A'，而 A 的 ASCⅡ码值为 65，故计算结果为 93，类型为 int 型；

再将 x 转换成 double 型，计算 x * y，结果为 double 类型；

最后将 i+ch 的值 93 转换成 double 型，表达式的值最后为 double 类型。

2.7.2　强制类型转换

高级别类型数据要转换成低级别类型数据，需使用强制类型转换。这种使用可能会导致溢出或精度的下降，最好不要使用。强制类型转换的格式为：

(type)变量；

其中：type 为要转换成的变量类型。例如：

```
(int)(a+b)      //强制将 a+b 的值转换成整型
```

【例 2-3】 数据类型转换的例子。

```
#include <stdio.h>
void main()
{
    float x;
    int i;
    x=3.5;
    i=(int)x      //将 float 型变量 x 强制转换为整型变量
    printf ("x=%f\n",x);
    printf ("i=%d\n",i);
}
```

运行结果为：

```
x=3.500000
i=3
```

注意：(1) 数据类型转换比较复杂，初学者不必死记，有所理解就行，如果对数据在内存中的存储形式理解透彻，数据类型之间的转换就好理解了。

(2) 注意总结不同类型的数据之间赋值的规律：对于整型数据(含字符型)之间的赋值是按内存单元的存储形式直接传送，实型数据之间以及整数与实数之间是先转换后赋值。

(3) 在类型转换过程中出现的错误，如：

```
int  a=32767;
short  b=a+1;
```

上机运行可以发现，得到 b 的结果不是 32768，因为它超出了短整型数的表示范围。

2.8 运算符与表达式

数据是用来加工的，如对数据的加减乘除运算、大小比较等，这些都是编写程序必需的，否则程序就没有意义了。为解决这个问题，C 语言提供了丰富的运算符，使得 C 语言的运算十分灵活方便。C 语言提供了以下运算符。

(1) 算术运算符：+(加)、-(减)、*(乘)、/(除)、%(整除求余)、++(自加)、--(自减)。

(2) 关系运算符：>(大于)、<(小于)、==(等于)、>=(大于或等于)、<=(小于或等于)、!=(不等于)。

(3) 逻辑运算符：&&(逻辑与)、||(逻辑或)、!(逻辑非)。

(4) 位运算符：<<(按位左移)、>>(按位右移)、&(按位与)、|(按位或)、∧(按位异或)、~(按位取反)。

(5) 赋值运算符：=及其扩展赋值运算符。

(6) 条件运算符(?:)。

(7) 逗号运算符(,)。

(8) 指针运算符(*)。

(9) 引用运算符和地址运算符(&)。

(10) 求字节数运算符(sizeof)。

(11) 强制类型转换运算符((类型)或类型())。

(12) 成员运算符(.)。

(13) 指向成员的运算符(->)。

(14) 下标运算符([])。

(15) 其他(如函数调用运算符())。

在本章中主要介绍算术运算符与算术表达式、赋值运算符与赋值表达式、逻辑运算符与逻辑表达式、逗号运算符与逗号表达式，其他运算符将在以后各章中陆续介绍。

2.8.1 算术运算符与算术表达式

算术运算符用于算术运算，其操作数为数字类型或字符类型。表 2-5 列出了 C 语言的算术运算符。

表 2-5　算术运算符

运　算　符	名　　称	使 用 方 式	说　　明
+	加	a+b	a 加 b
−	减	a−b	a 减 b
*	乘	a * b	a 乘 b
/	除	a/b	a 除 b
%	取模	a%b	a 取模 b(返回除数的余数)
++	自增	++a,a++	自增
−−	自减	−−a,a−−	自减

算术运算符使用说明如下。

(1) "+、−、* "和数学中常用的方法是一样的(注:* 表示乘法运算符)。

(2) 运算符"/",有以下规定:两个整数相除的结果为整数,如 4/3 的结果值为 1,舍去小数部分。但是,如果除数或被除数中有一个为负值,则舍入的方向是不固定的。例如,−5/3 在有的 C 系统上得到结果−1,有的 C 系统则给出结果−2。多数编译系统采取"向零取整"的方法,即 5/3 的值等于 1,−5/3 的值等于−1,取整后向零靠拢。如果两个操作数中有一个是实型数据,结果跟数学运算相同。

(3) 运算符"%",称为取模,也就是通常所说的求余数,其两个操作数都必须为整数,如"5%3=2"。(1)、(2)、(3)称为双目运算符,所谓双目就是有两个操作数,仅有一个操作数的运算符称为单目运算符。

(4) 单目算术运算符"++""−−"的前缀与后缀方式,对操作数本身的值的影响是相同的,但其对表达式的值的影响是不同的。前缀方式是先将操作数加(或减)1,再将操作数的值作为算术表达式的值;后缀方式是先将操作数的值作为算术表达式的值,再将其加(或减)1。例如:a 的值为 5,

b=++a 为前缀方式,首先将 a 的值加 1,再得到 b 的值为 6,结果为 b=6,a=6;

b=a++为后缀方式,首先得到 b 的值为 5,再将 a 的值加 1,结果为 b=5,a=6。

注意:自增运算符和自减运算符的运算对象只能是变量,不能是常量或表达式。形式 3++或++(i+j)都是非法的表达式,因为 3 是常量,常量的值是不能变的;++(i+j)也是不能实现的,因为假设 i+j 的值为 10,那么自增后得到的 11 放在什么地方呢?无变量单元可供存放。

注意:熟练的程序开发人员喜欢使用++、−−,以体现程序的专业性,初学者慎用。

(5) 算术表达式就是用算术运算符将变量、常量等连接起来的式子,其运算结果为数值常量。例如下面是一个合法的 C 语言算术表达式:

```
a*b-1.5/c
```

但对于上面的表达式,C 语言的编译系统怎样来解释?是按((a * b)−(1.5/c))还是(((a * b)−1.5)/c)来计算?显然,仅有运算符,表达式的解析会出现二义性,为避免表达式计算的二义性，C++语言规定了运算符的优先级和结合性。

算术运算符的优先级是：++、--优先级最高，然后是*、/、%，最后是+、-。

算术运算符的结合性是：自左至右的结合方向，又称左结合性，即运算对象先与左面的运算符优先结合。

在求解表达式时，先按运算符的优先级别高低次序执行，例如先乘除后加减。如有表达式 a-b*c，b 的左侧为减号，右侧为乘号，而乘号优先于减号，等价于 a-(b*c)。如果在一个运算对象两侧的运算符的优先级别相同，如 a-b+c，则按规定的结合方向处理，等价于(a-b)+c。

显然，表达式 a*b-1.5/c 是按((a*b)-(1.5/c))来处理的，这样就避免了二义性的问题。

2.8.2 赋值运算符与赋值表达式

赋值运算符"="是 C 语言使用得最多的运算符。

赋值运算符"="就是把右边操作数的值赋给左边操作数。赋值运算符左边操作数必须是一个变量，右边操作数可以是常量、变量、表达式，赋值运算符就是把一个常量赋给一个变量。例如表达式 b=a+3 就使用了赋值运算符。

在赋值运算符"="前面加上其他运算符，组成复合赋值运算符，实际上这是对表达式的一种缩写。表 2-6 列出了 C 语言常用的复合赋值运算符。

表 2-6 复合赋值运算符

运 算 符	名 称	使用方式	说 明
+=	相加赋值	a+=b	加并赋值，相当于 a=a+b
-=	相减赋值	a-=b	减并赋值，相当于 a=a-b
*=	相乘赋值	a*=b	乘并赋值，相当于 a=a*b
/=	相除赋值	a/=b	除并赋值，相当于 a=a/b
%=	取模赋值	a%=b	取模并赋值，相当于 a=a%b

例如：假设变量 a 的值为 5，b 的值为 6，表达式 a+=3 等同于 a=a+3，运算结束后，a 的值为 8；表达式 b*=a+3 等同于 b=b*(a+3)，运算结束后，a 的值仍为 5，b 的值为 48。

注意：在复合赋值运算符表达式中，要将表达式右侧看成一个整体，不要理解为：b=b*a+3。赋值表达式就是用赋值运算符将变量、常量、表达式连接起来的式子。

如"a=5"是一个赋值表达式，对赋值表达式求解的过程是：先求赋值运算符右侧的"表达式"的值，然后赋给赋值运算符左侧的变量。一个表达式应该有一个值。赋值运算符左侧的标识符称为左值(left value，简写为 lvalue)，并不是任何数据都可以作为左值的，必须有明确地址的变量才能作为左值。例如 5=a+3，a+b=6 都是错误的，前者是用常量作为左值，后者是用一个表达式作为左值。试想想，计算机将 a+3 或者是 6 送到哪个地址单元呢？

赋值运算符"="及表 2-6 的复合赋值运算符的优先级为同一级别，结合方向为"自右向左"。分析下面的表达式：

a=b=c=9　　正确,赋值表达式值为 9,a,b,c 值均为 9。

a=18+(c=27)　　正确,表达式值为 45,a 值为 45,c 值为 27。

(a * b)=c=9　　错误,(a * b)不是左值。

a+=a-=a * a　　正确,假设 a 的初值为 5,表达式值为-40,a 的最终值为-40。

分析:

表达式 a=b=c=9 按右结合性,等价于 a=(b=(c=9));在对表达式进行分析时,可以增加一些不必要的括号。

表达式 a=18+(c=27)有 3 种类型的运算符:括号运算符()、算术运算符+、赋值运算符=。运算符的优先级是括号运算符()、算术运算符+、赋值运算符=,因此,先计算表达式(c=27),计算结果表达式的值为 27,变量 c 赋值为 27,然后进行算术运算 18+27,最后将相加的结果 45 送给变量 a。

(a * b)=c=9,编译不能通过,因为(a * b)不是左值,也就是(a * b)不具有明确的地址。

a+=a-=a * a,这是一个包含复合赋值表达式的语句,先运算 a-=a * a,即 a=a-a * a,假设 a 的初值为 5,a=5-5 * 5,运算完成,变量 a 的值被重新赋为-20,表达式 a=a-a * a 的值也为-20;再运算 a+=-20,即 a=a+(-20),a=-20+(-20),运算完成,变量 a 的值被重新赋为-40,表达式 a+=-20 的值也为-40。

注意:(1) 如果在赋值运算符两边的操作数的数据类型一致,就直接将右边的数据赋给左边;如果不一致,就需要进行数据类型自动或强制转换,将右边的数据类型转换成左边的数据类型后,再将右边的数据赋给左边变量。详细介绍请看图 2-6 不同数据类型之间的转换。

(2) 复合赋值运算符适合熟练程序员使用,初学者有所了解即可,初学者首先是保证程序的正确性。

2.8.3　关系运算符与关系表达式

关系运算符用来对两个操作数进行比较。关系表达式就是用关系运算符将两个表达式连接起来的式子,其运算结果为布尔逻辑值。运算过程为:如果关系表达式成立,结果为真(true);否则为假(false)。C 语言由于没有逻辑型数据,就用 1 代表"真",0 代表"假"。表 2-7 列出了 C 语言的关系运算符。

表 2-7　关系运算符

运算符	名称	使用方法	说明
==	等于	a==b	如果 a 等于 b,返回真;否则为假
!=	不等于	a!=b	如果 a 不等于 b,返回真;否则为假
>	大于	a>b	如果 a 大于 b,返回真;否则为假
<	小于	a<b	如果 a 小于 b,返回真;否则为假
<=	小于或等于	a<=b	如果 a 小于或等于 b,返回真;否则为假
>=	大于或等于	a>=b	如果 a 大于或等于 b,返回真;否则为假

关系运算符的优先级是：

(1) "<""<="">"和">="为同一级，"=="和"!="为同一级。前者优先级高于后者。

(2) 关系运算符优先级低于算术运算符，高于赋值运算符和逗号运算符。

【例 2-4】 关系表达式的运用。

```
#include <stdio.h>
void main()
{
    char ch='w';
    int a=2,b=3,c=1,d,x=10;
    printf ("%d",a>b==c);              //相当于(a>b)==c
    printf ("%d",d=a>b);               //相当于 d=(a>b)
    printf ("%d",ch>'a'+1);            //相当于 ch>('a'+1)
    printf ("%d",d=a+b>c);             //相当于 d=((a+b)>c)
    printf ("%d",b-1==a!=c);           //相当于((b-1)==a)!=c
    printf ("%d\n",3<=x<=5);           //相当于(3<=x)<=5
}
```

运行结果为

```
001101
```

程序输出了 6 个表达式的值，其中有两个是赋值表达式，请读者根据运算符的优先级以及结合性做出判断。

关系表达式 3<=x<=5 等价于关系表达式(3<=x)<=5，当 x=10 时，3<=x 的值是 1，再计算 1<=5，得到 1。其实，无论 x 取何值，关系表达式 3<=x 的值不是 1 就是 0，都小于 5，即 3<=x<=5 的值恒为 1。由此看出关系表达式 3<=x<=5 无法正确表示数学中常用的代数式 $3\leqslant x\leqslant 5$。大家可以想想，计算机肯定要处理这一类的问题，那么 C 语言如何表示数学上的 $3\leqslant x\leqslant 5$？

注意：初学者要区分 C 语言中关系运算符和数学上关系运算符的不同表示法：如数学上的大于等于、小于等于分别写成"≥、≤"，而 C 语言写成">=、<="；数学上的等号表示为"="，C 语言中"="为赋值运算符，用来判别两个数是否相等的关系运算符为"=="。如：

"b=a;"这是一个赋值运算，将变量 a 的内容赋值给变量 b，最终变量 b 单元的内容被变量 a 单元的内容覆盖。

"b==a;"这是一个关系表达式，一般用在程序的条件判断中，如 if(b==a)，判断变量 a 和变量 b 单元的内容是否相等，如相等，此条件表达式的结果为 1，否则为 0。最终变量 b 单元的内容和变量 a 单元的内容保持各自原值，变量 b 单元的内容不会被变量 a 单元的内容覆盖。

2.8.4 逻辑运算符与逻辑表达式

关系运算符可以用来对表达式进行比较，但如果有些条件判断不是一个简单的表达式，而是由几个条件组成的复合表达式，C 语言怎么解决这个问题呢？例如 C 语言如何表示数学上的 $3\leqslant x\leqslant 5$？需要判定两个条件：①x>=3，②x<=5。x 必须同时满足这两个条件才

算表达式成立。在分析关系表达式时已经说了，关系表达式 3<=x<=5 不能解决这个问题。

又比如：某城市规定，去公园可免门票的条件为年龄 10 岁以下（含 10 岁）的儿童或者年龄 70 岁以上（含 70 岁）的老人，需要判定两个条件：①age<=10，②age>=70。只要二者之一符合就可免门票。

上面两个问题都涉及两个条件，不能用一个组合表达式来表示，需要用一个连接符将两个表达式连接起来。为此，C 语言引入了逻辑运算符。

逻辑运算符用来对关系表达式进行运算。逻辑表达式就是用逻辑运算符将关系表达式连接起来的式子，其运算结果为布尔逻辑值。

表 2-8 列出了 C 语言的逻辑运算符。

表 2-8　逻辑运算符

运　算　符	名　　称
&&	逻辑与
||	逻辑或
!	逻辑非

表 2-8 列出的运算符，除逻辑非是单目运算符外，其余都为双目运算符。其运算规则如表 2-9 所示。

表 2-9　与、或、非运算规则

表达式 A	表达式 B	A&&B	A||B	! A
假	假	假	假	真
假	真	假	真	真
真	假	假	真	假
真	真	真	真	假

当表达式 A 和表达式 B 是逻辑量时，表 2-9 说明了逻辑运算符的功能。

(1)! A：如果 A 为“真”，结果是 0（“假”）；如果 A 为“假”，结果是 1（“真”）。

(2) A&&B：当 A 和 B 都为“真”时，结果是 1（“真”）；否则，结果是 0（“假”）。

(3) A||B：当 A 和 B 都为“假”时，结果为 0（“假”）；否则，结果是 1（“真”）。

! a&&b||x<y&&c 的优先次序如下：

(1) ! →&&→||

(2) ! 高于算术运算符，&&、||低于关系运算符。

例如：

① a || b && c　　　　等价于 a || (b && c)。

②! a && b　　　　等价于(! a) && b。

③ x>=3 && x<=5　　　　等价于(x>=3)&&(x<=5)。

④! x==2　　　　等价于(! x)==2。

⑤ a || 3 * 8 && 2　　　　等价于 a || ((3 * 8) && 2)。

【例 2-5】 逻辑表达式的运用。

```
#include <stdio.h>
void main()
{
    int a=2,b=0,c=0;
    printf ("%d",a&&b);
    printf ("%d",a||b&&c);
    printf ("%d",! a&&b);
    printf ("%d",(a=1)||(b=3)+10&&(c=2));
}
```

运行结果为

```
0101
```

求解C语言逻辑表达式时,按从左到右的顺序计算运算符两侧的操作数,一旦得到表达式的结果,就停止计算。

(1) 求解逻辑表达式exp1&&exp2时,先计算exp1,若其值为0,则exp1&&exp2值一定为0。此时,没有必要计算exp2的值。例2-5中,计算表达式! a&&b时,先算! a,由于a的值是2,! a就是0,该逻辑表达式的值一定是0,不必再计算b。

(2) 求解逻辑表达式exp1||exp2时,先计算exp1,若其值为非0,则exp1||exp2值一定为1。此时,没有必要计算exp2的值。例2-5中,计算表达式(a=1)||(b=3)+10&&(c=2)时,先计算表达式(a=1),设表达式的值是2,也就是说,表达式exp1为1,对于||运算而言,不必再计算exp2,即(b=3)+10&&(c=2)。

通常,关系运算符和逻辑运算符在一起使用,用于流程控制语句的判断条件。

在学习了逻辑运算符后,解决本节开始提出的问题:

如何表示数学上的3≤x≤5? 用一个逻辑运算符&&就可以解决问题了:(x>=3)&&(x<=5)。用一个逻辑运算符&&来连接两个关系表达式,表示这两个条件必须同时为真,表达式的值才为真。

如何表示去公园可免门票的条件? 用一个逻辑运算符||就可以解决问题了:(age<=10)||(age>=70)。用一个逻辑运算符||来连接两个关系表达式,表示这两个条件只要有一个为真,整个表达式的结果为真。

2.8.5 条件运算符与条件表达式

条件运算符的符号是"?:",它是一个三目运算符,要求有三个操作表达式。

一般形式为:

<表达式1>? <表达式2>:<表达式3>

其中表达式1是一个关系表达式或逻辑表达式。

条件运算符的执行过程:先求解表达式1的值,若表达式1的值为真,则求解表达式2的值,且作为整个条件表达式的结果;若表达式1的值为假,则求解表达式3的值,且作为整个条件表达式的结果。下面的赋值表达式

```
max=(a>b)? a:b
```

的执行结果就是将条件表达式的值赋给max,也就是将a和b二者中大者赋给max。条件运算符的优先级较低,只比赋值运算符高。它的结合方向是自右向左。

例如:

(1) (a>b)? a:b+1 等价于 a>b? a:(b+1)。

(2) a>b? a:c>d? c:d 等价于 a>b? a:(c>d? c:d)。

善于利用条件表达式,可以使程序写得精练、专业。

2.8.6 逗号运算符与逗号表达式

C语言提供了一种特殊运算符——逗号运算符。用它将两个式子连接起来,如 1+2,5+8 称为逗号表达式。

逗号表达式的一般形式为

表达式 1,表达式 2

逗号表达式的求解过程是:先求解表达式 1,再求解表达式 2。整个逗号表达式的值是表达式 2 的值。例如:

```
x=(y=6,y*3)
```

首先将 6 赋给 y,然后执行 y*3 的运算,将整个结果赋给 x。

一个逗号表达式又可以与另一个逗号表达式组成一个新的逗号表达式,例如:

```
(a=3*5,a*4),a+5
```

先计算出 a 的值为 3*5,等于 15,再进行 a*4 的运算,为 60,再进行 a+5 的运算得 20,即整个表达式的值为 20。

逗号表达式的一般形式可以扩展为

表达式 1,表达式 2,表达式 3,…,表达式 n

它的值为表达式 n 的值。

逗号运算符的优先级最低,结合方向为从左至右。

2.9 运算符与表达式的综合练习

2.9.1 正确的C语言表达式书写

前面学习了几种类型的运算符和表达式,学习运算符和表达式的目的重在应用,能够根据实际问题的需求写出对应的表达式,或者能够正确地将数学表达式转换为 C 表达式,这是学习 C 语言编程的第一步。

【例 2-6】 判断是否为闰年的条件是:能被 4 整除且不能被 100 整除或者是能被 400 整除。写出符合上述条件的表达式(定义变量 int year 表示年)。

问题分析:

首先,从整体来看,这个判断条件由两部分组成,两个条件之间是一个或的关系,用逻辑运算符||来连接这两个条件。

其次,条件 1"能被 4 整除且不能被 100 整除"这又是一个复合条件,两个条件之间是且(逻辑与)的关系,由"&&"运算符来连接两个表达式:year%4==0&&year%100! =0。

最后,完整的表达式是:

```
year%4==0&&year%100!=0||year%400==0
```

或

```
(year%4==0&&year%100!=0)||(year%400==0)
```

两种方式都可以,因为"&&"运算符的优先级高于"||",这两种写法的结果是一样的,

但第2种写法多加了一个括号，尽管在写法上麻烦一些，但更加直观地表达了所需条件，因此，对于初学者，推荐使用第2种写法。

【例2-7】 写出判断输入字符是否为字母的表达式(定义变量char ch表示所输入的字符)。

问题分析：

ch为大写字母的条件是ch>='A'&&ch<='Z'；

ch为小写字母的条件是ch>='a'&&ch<='z'；

显然，ch满足条件1或条件2都符合本题的要求，因此，完整的表达式为：(ch>='A'&&ch<='Z')||(ch>='a'&&ch<='z')

【例2-8】 求3个数中最大的数。

```
#include <stdio.h>
void main()
{
    int a=2,b=200,c=-8
    int max;                        //max用来存放3个数中最大的数
    max=(a>b)?a:b;                  //条件表达式,求a,b中较大的数,并存入变量max中
    max=(max>c)?max:c;              //条件表达式,求max,c中较大的数,并存入变量max中
    printf("max=%d\n",max);         //输出
}
```

运行结果为：

```
max=200
```

说明：本程序中两次用了条件表达式，这样使程序显得更专业、简练。

【例2-9】 将下列数学条件转换成C语言的表达式。

(1) 华氏温度转换为摄氏温度的条件：$c=5\div 9\times(f-32)$。

(2) 判断一个方程是否有实根的条件：$b^2-4\times a\times c\geqslant 0$。

(3) 求三角形面积的公式为：$area=\sqrt{s\times(s-a)\times(s-b)\times(s-c)}$，其中$s=1\div 2\times(a+b+c)$。

转换后的C语言表达式分别是：

(1) c=(5.0/9.0)*(f-32)//注意5和9要用实数表示，否则5/9值为0；

(2) (b*b-4*a*c)>=0

(3) area=sqrt(s*(s-a)*(s-b)*(s-c)),s=1.0/2*(a+b+c)//sqrt是C库函数提供的求平方根函数；

说明：能够将数学表达式转换为C语言表达式，这是学习C语言编程最基本的步骤，初学者一定要注意数学表达式和C语言表达式的区别，如数学上的乘号(×)和C语言的乘号(*)，要记住一些基本的C库函数。

2.9.2 复杂表达式的分析

在实际C语言程序的编写中，不主张太长的表达式，尽量多用()，使表达式的含义一目了然。

由于C语言的运算符十分丰富，可以灵活地组成各种类型的表达式，对于一些复杂的表

达式，初学者往往感到无从下手，从附录B可以看到，优先级最高的运算符是“()”号运算符，因此，在分析复杂的表达式时，可以尝试对它加上一些“没含义”的括号，可以帮助读者理解表达式的计算顺序，同时一定要掌握好运算符的优先级及结合性。

注意：C语言提供了3种确定计算的先后次序的方法。

(1) 括号()优先：表达式中任意的子表达式可以加括号，计算时括号内的部分优先。如x/(y+z)，先做(y+z)，然后再计算x除以(y+z)的结果。

(2) 没有括号的地方，不同的运算按运算符的优先级顺序进行。如x+y%z，先计算y%z，然后将其结果再与x相加。

(3) 具有相同优先级的运算，按左结合或右结合两种顺序进行。如x * y/z，按左结合的方式运算，等价于(x * y)/z；如x=y=z，按右结合方式运算，等价于x=(y=z)。

【例2-10】 分析以下4个独立的表达式，求出表达式的值以及变量i,j,k的值(变量初值为i=1,j=4,k=5)。

(1) i=j=k---2;

(2) i=++j,j=++k;

(3)! i<1 && j>1||(k=100);

(4)! i<1||j>1 && (k=100);

分析：

(1) 表达式中包含3种运算符，即=、--、-，这3种运算符优先级的高低顺序是--、-、=，其结合方向为右结合性。

i=j=k---2;①计算k--，由于是后缀方式，得到(k--)表达式的值为5，然后k再减1;

i=j=5-2;②算术运算符的优先级高于赋值运算符，计算5-2，表达式结果为3;

i=j=3;③赋值运算符为右结合性，先计算j=3，表达式结果为3,j=3;

i=3; ④将3赋给变量i，表达式值为3,i=3。

(2) 表达式中包含3种运算符，即++、=、,，运算符优先级的高低顺序是++、=、,，由逗号运算符将两个表达式结合起来，逗号运算符的运算方向为左结合性。

i=++j,j=++k;①计算(++j)和(++k)，由于是前缀方式，j和k先进行自加，得到j和k的值分别为5和6，两个表达式的值也分别为5和6;

i=5,j=6;②计算i=5，表达式的值为5,i=5;

5,j=6;③计算j=6，表达式的值为6,j=6;

5,6;④运算逗号运算符，整个表达式的值为逗号运算符最后一个表达式的值，因此，表达式的值为6,i=5,j=6。

(3) 表达式中5种运算符优先级的高低顺序是：非(!)，关系运算符(>、<)，逻辑运算符(&&)，逻辑运算符(||)。

! i<1&&j>1||(k=100);①计算(! i)，由于i=1，故表达式的值为0;

0<1&&j>1||(k=100);②计算0<1，表达式的值为1;

1&&j>1||(k=100);③计算(j>1)，由于j=4，表达式的值为1;

1&&1||(k=100);④运算1&&1，表达式的值1;

1||(k=100);⑤按运算符的优先级，接下来应该计算表达式(k=100)，但由于这是一个

或运算，exp1||exp2 时，当 exp1 的值为 1 时，这个表达式的值一定为 1，系统不需计算表达式(k=100)，因此，整个表达式的值为 1，i=1，j=4，k=5。

(4) 表达式 4 与表达式 3 的唯一区别是，&& 与||运算符交换了位置，表达式的运算将产生相应的变化。

! i<1||j>1&&(k=100)；①计算(! i)，由于 i=1，故表达式的值为 0；

0<1||j>1&&(k=100)；②计算 0<1，表达式的值为 1；

1||j>1&&(k=100)；③按运算符的优先级，接下来应该计算表达式(j>1)，但由于这是一个或运算，exp1||exp2 时，当 exp1 的值为 1 时，这个表达式的值一定为 1，系统不需再进行其他的计算，因此，整个表达式的值为 1，i=1，j=4，k=5。

注意：不主张初学者"钻到"复杂表达式的分析中，但适当地对较为复杂的表达式的分析，有助于更好地了解 C 语言的运算符与表达式。

习　　题

一、填空题

1. 字符型数据在计算机中存储的是字符的________，一个字符占________字节。
2. 整型数据在计算机中以________形式存放。
3. 整型常量的表示形式有________、________、________。
4. 实数有两种表示形式：________和________。

二、选择题

1. 以下不能定义为用户标识符的是(　　)。

   A. Main　　B. _0　　C. if　　D. _abc

2. 以下不合法的标识符是(　　)。

   A. j2_KEY　　B. Double　　C. 4d　　D. _g_

3. 按照 C 语言规定的用户标识符命名规则，不能出现在标识符中的是(　　)。

   A. 大写字母　　B. 连接符　　C. 数字字符　　D. 下划线

4. 以下选项中不属于 C 语言的数据类型的是(　　)。

   A. unsigned long int　　B. long short

   C. unsigned int　　D. signed short int

5. 以下选项中合法的一组 C 语言数值常量是(　　)。

   A. 028 .5e-3 -0xf　　B. 12. 0xa23 4.5e0　　C. .177 4e1.5 0abc　　D. 0x8A 10,000 3.e5

6. 以下符合 C 语言语法的实型常量是(　　)。

   A. 1.2E0.5　　B. 3.14159E　　C. E15　　D. .5E-3

7. 下列可以正确表示字符型常量的是(　　)。

   A. "a"　　B. '\t'　　C. "\n"　　D. 297

8. 若有以下定义：

```
chara;int  b;
float  c;double  d;
```

则表达式 a * b-d+c 值的类型为(　　)。

A. float　　B. int　　C. char　　D. double

9. 以下关于运算符优先级的描述中,正确的是(　　)。

A. !(逻辑非)>算术运算>关系运算>&&(逻辑与)>||(逻辑或)>赋值运算

B. &&(逻辑与)>算术运算>关系运算>赋值运算

C. 关系运算>算术运算>&&(逻辑与)>||(逻辑或)>赋值运算

D. 赋值运算>算术运算>关系运算>&&(逻辑与)>||(逻辑或)

10. 逻辑运算符的运算对象的数据类型(　　)。

A. 只能是0或1　　B. 只能是.T.或.F.

C. 只能是整型或字符型　　D. 任何类型的数据

11. 能正确表示 x 的取值范围在[0,100]和[-10,-5]内的表达式是(　　)。

A. (x<=-10)||(x>=-5)&&(x<=0)||(x>=100)

B. (x>=-10)&&(x<=-5)||(x>=0)&&(x<=100)

C. (x>=-10)&&(x<=-5)&&(x>=0)&&(x<=100)

D. (x<=-10)||(x>=-5)&&(x<=0)||(x>=100)

12. 判断字符型变量 ch 为大写字母的表达式是(　　)。

A. 'A'<=ch<='Z'　　B. (ch>='A')&(ch<='Z')

C. (ch>='A')&&(ch<='Z')　　D. (ch>='A')AND(ch<='Z')

13. C 语言中,要求运算对象必须是整型的运算符是(　　)。

A. >　　B. ++　　C. %　　D. !=

三、问答题

1. 程序部分代码如下,写出 m,n 的值。

```
int i=8,j=10,m,n;
m=++i;
n=j++;
m=++j;
n=i++;
```

2. 写出下面表达式运算后 a 的值,设原来 a=12,n=5,a 和 n 都定义为整型变量。

(1) a+=a;

(2) a*=2+3;

(3) a%=(n%3);

(4) a/=a+a;

(5) a+=a-=a*=a。

3. 求下面算术表达式的值。

(1) x+a%3*(int)(x+y)%2/4,设 x=2.5,a=7,y=4.7;

(2) (float)(a+b)/2+(int)x%(int)y,设 a=2,b=3,x=3.5,y=2.5。

4. 写出下面逻辑表达式的值。设 a=3,b=4,c=5。

(1) a+b>c && b==c;

(2) a||b+c && b-c;

(3)！(a>b) &&！c||1；

(4)！(x=a) && (y==b) && 0；

(5)！(a+b)+c-1 && b+c/2。

5. 用C语言描述下列命题。

(1) a小于b或小于c；

(2) a和b都大于c；

(3) a或b中有一个小于c；

(4) a是奇数。

第3章 顺序程序设计

从程序流程的角度来看，程序可以分为三种基本结构，即顺序结构、分支结构、循环结构。这三种基本结构可以构造任何复杂的逻辑关系。C语言提供了多种语句来实现这些程序结构。顺序结构是一种线性结构，其特点是：各语句组按照各自出现的先后顺序，依次逐一执行。顺序结构是三种基本结构中最简单的一种，无专门的控制语句。

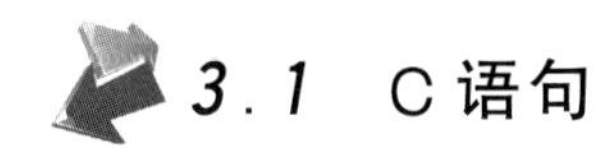

3.1 C语句

3.1.1 C语句概述

C语言程序的结构如图3-1所示。

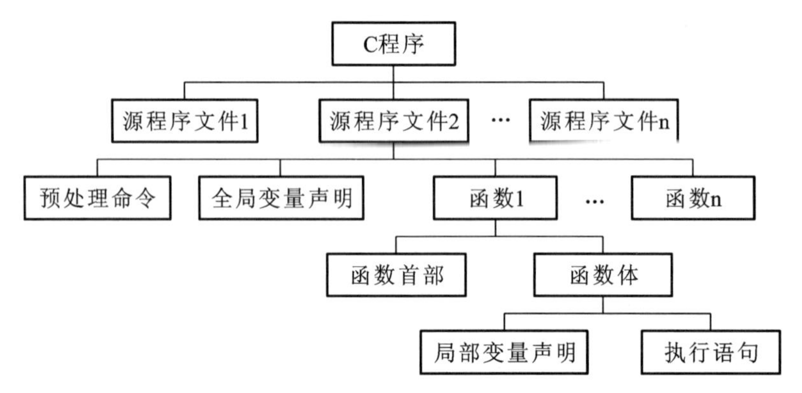

图3-1 C语言程序的结构

C语言程序的执行部分是由语句组成的。程序的功能是由执行语句实现的。

C语言程序中的语句可分为表达式语句、函数调用语句、控制语句、复合语句和空语句五类。

1. 表达式语句

表达式语句由表达式加上分号“;”组成。其一般形式为

表达式;

执行表达式语句就是计算表达式的值。例如：

```
x=y+z;   /*赋值语句*/
y+z;     /*加法运算语句，但计算结果不能保留，无实际意义*/
i++;     /*自增1语句，i值增1*/
```

2. 函数调用语句

函数调用语句由函数名、实际参数加上分号“;”组成。其一般形式为

函数名(实际参数表);

执行函数调用语句就是调用函数体并把实际参数赋予函数定义中的形式参数，然后执

行被调函数体中的语句，求取函数值（在后面函数部分中再详细介绍）。例如：

```
printf("C Program");    /*调用库函数，输出字符串*/
```

3. 控制语句

控制语句用于控制程序的流程。它们由特定的语句定义符组成。C语言有九种控制语句，可分成以下三类。

① 条件判断语句：if语句、switch语句。

② 循环执行语句：do-while语句、while语句、for语句。

③ 转向语句：break语句、goto语句、continue语句、return语句。

4. 复合语句

把多个语句用括号"{}"括起来组成的一个语句称为复合语句。在程序中应把复合语句看成是单条语句，而不是多条语句。例如：

```
{ x=y+z;
  a=b+c;
  printf("%d%d",x,a);
}
```

是一条复合语句。复合语句内的各条语句都必须以分号";"结尾，在括号"}"外不能加分号。

5. 空语句

只有分号";"组成的语句称为空语句。空语句是什么也不执行的语句。在程序中空语句可用作空循环体。例如：

```
while(getchar()! ='\n');
```

含有一条空语句。该语句的功能是，只要从键盘输入的字符不是回车符，则重新输入。

3.1.2 赋值语句

赋值语句是由赋值表达式再加上分号构成的表达式语句。其一般形式为

变量＝表达式；

赋值语句的功能和特点都与赋值表达式相同。它是程序中使用最多的语句之一。在赋值语句的使用中需要注意以下几点。

(1) 由于在赋值符"＝"右边的表达式可以是一个赋值表达式，因此，下述形式

变量＝(变量＝表达式)；

是成立的，从而形成嵌套的情形。其展开之后的一般形式为

变量＝变量＝…＝表达式；

例如：

```
a=b=c=d=e=5;
```

按照赋值运算符的右结合性，等效于

```
e=5;
d=e;
c=d;
b=c;
a=b;
```

(2) 注意在变量说明中给变量赋初值和赋值语句的区别。

给变量赋初值是变量说明的一部分,赋初值后的变量与其后的其他同类变量之间仍必须用逗号间隔,而赋值语句则必须用分号结尾。例如:

```
int a=5,b,c;
```

(3)在变量说明中,不允许连续给多个变量赋初值。如下述说明是错误的:

```
int a=b=c=5
```

上述式子的正确写法为

```
int a=5,b=5,c=5;
```

而赋值语句允许连续赋值。

(4)注意赋值表达式和赋值语句的区别。

赋值表达式是一种表达式,它可以出现在任何允许表达式出现的地方,而赋值语句则不能。例如下述语句是合法的。

```
if((x=y+5)>0)z=x;
```

该语句的功能是,若表达式 x=y+5 大于 0,则 z=x。

下述语句是非法的。

```
if((x=y+5;)>0)z=x;
```

因为"x=y+5;"是语句,不能出现在表达式中。

3.2 字符数据的输入/输出

3.2.1 数据输入/输出的概念及在C语言中的实现

所谓输入/输出是以计算机为主体的。本章介绍的是向标准输出设备即显示器输出数据的语句。在C语言中,

```
#include
```

将有关"头文件"包含到源文件中。

使用标准输入/输出库函数时要用到 stdio.h 文件,因此源文件开头应有以下预编译命令:

```
#include<stdio.h>
```

或

```
#include"stdio.h"
```

其中 stdio 是 standard input & output 的意思。

考虑到 printf 和 scanf 函数使用频繁,系统允许在使用这两个函数时可不加

```
#include<stdio.h>
```

或

```
#include"stdio.h"
```


3.2.2 字符的输出函数 putchar 函数

putchar 函数是字符输出函数,其功能是在显示器上输出单个字符。其一般形式为

```
putchar(ch);
```

其中,ch 可以是字符型变量,也可以是整型变量,还可以是字符型常量或整型常量。例如:

```
putchar('A');      /*输出大写字母A*/
putchar(x);        /*输出字符变量x的值*/
```

```
    putchar('\101');    /*输出字符 A*/
    putchar('\n');      /*换行*/
```

对控制字符则执行控制功能,不在屏幕上显示。

使用 putchar 函数前必须要用文件包含命令:

```
    #include <stdio.h>
```

或

```
    #include"stdio.h"
```

【例 3-1】 输出单个字符。

```
#include <stdio.h>
void main()
{
    char a='B',b='o',c='k';
    putchar(a);putchar(b);putchar(b);putchar(c);putchar('\t');
    putchar(a);putchar(b);
    putchar('\n');
    putchar(b);putchar(c);
}
```

3.2.3 字符的输入函数

1. getchar 函数

(1) 函数原型:int getchar(void);。

(2) 函数功能:从输入设备(一般指键盘)上接收输入的一个字符,函数的返回值是所输入字符的 ASCII 码值。

(3) 使用说明:该函数每调用一次,就从标准输入设备(键盘)上取一个字符,函数值可以赋予一个字符型变量,也可以赋予一个整型变量。例如:

```
#include <stdio.h>
void main()
{
    int ch;
    ch=getchar();
    putchar(ch);
}
```

程序运行后,输入字符'a',并按回车键:

a↙

则变量 ch 的值为 97,程序输出结果:

a

(4) 注意:

① 执行 getchar()函数从键盘输入字符时,注意所输入的字符并不是立即赋给字符型变量或整型变量,只有在输入一个回车后,字符变量或整型变量才能得到字符。也就是说,输入字符后需要按回车键程序才能继续执行后续语句。

② getchar()函数从键盘读入字符时,该函数会将回车键作为一个字符读入,因此,在使用 getchar()函数连续读入多个字符时需特别注意,例如下面程序的功能是"从键盘输入 3

个字符并反向输出这3个字符”,但运行结果却事与愿违。

```
#include <stdio.h>
void main()
{
    int ch1,ch2,ch3;
    ch1=getchar();
    ch2=getchar();
    ch3=getchar();   /*依次输入3个字符*/
    putchar(ch3);   /*反向输出3个字符*/
    putchar(ch2);
    putchar(ch1);
}
```

请读者思考怎样修改程序而完成程序功能?

2. getch 函数

(1) 函数原型:int getch(void);。

(2) 函数功能:从键盘读取一个字符,但不显示在屏幕上。

(3) 使用说明:该函数声明在conio.h头文件中,使用的时候要包含conio.h头文件。如:

```
#include <conio.h>
```

getch()与getchar()的基本功能相同,区别是getch()直接从键盘获取键值,不等待用户按回车键,只要用户按一个键,getch()就立刻返回,getch()返回值是用户所输入键的ASCII码值,出错返回-1,输入的字符不会回显在屏幕上。

例如,下面的程序使用getchar()函数接收从键盘输入的一个字符:

```
#include <stdio.h>
#include <conio.h>
void main()
{
    int ch;
    ch=getchar();
    putchar(ch);
}
```

程序运行后,若用户输入字符‘a’并按回车键,程序结果如下:

```
a
a
```

第一行显示的‘a’是程序执行getchar()函数后,用户所输入的‘a’显示在屏幕上;而第二行显示的‘a’是程序执行putchar(ch)函数后,将刚才所接收的键盘输入显示到屏幕上。

但是同样使用上面的程序,我们使用getch()函数接收从键盘输入的一个字符:

```
#include <stdio.h>
#include <conio.h>
void main()
{
    int ch;
    ch=getch();
    putchar(ch);
}
```

程序运行后(用户输入字符‘a’后不用按回车键便显示结果),结果如下:

```
a
```

为什么只显示 1 个字符'a'？因为 getch()函数接收从键盘输入的字符，但并不回显至屏幕，因此屏幕上只有 putchar()函数将刚才接收的字符显示到屏幕上。

(4) 总结：

利用 getch()函数从控制台读取一个字符，不等待用户按回车键，只要用户按一个键，getch 就立刻返回，且读取的字符不显示在屏幕上的特点，getch()函数经常可用在程序中完成"按下任意键，再继续执行下面的程序"的功能，即起到"分屏显示"的作用。例如：

```
#include <stdio.h>
#include <conio.h>
void main()
{
    clrscr();/*清屏函数*/
    printf("This is example 1\n");
    printf("Press any key to continue……\n");
    getch();    //①
    clrscr();
    printf("This is example 2\n");
    printf("Press any key to continue……\n");
    getch();    //②
    clrscr();
    printf("End! \nThank you! \n");
}
```

程序执行后首先显示：

```
This is example 1
Press any key to continue……
```

执行至①语句时，程序暂停，等待用户按下任意键，当用户按下任意键后，程序继续，屏幕上显示：

```
This is example 2
Press any key to continue……
```

再执行至②语句时，程序暂停，等待用户按下任意键，当用户按下任意键后，程序继续，屏幕上显示：

```
End!
Thank you!
```

至此程序结束。在此程序中，getch()函数起到了"分屏显示"的功能。

getch 函数常用于程序调试中，在调试时，若在程序中间要查看某些变量的结果，可以利用插入 getch()使程序暂停运行，从而查看变量的值，当按下任意键后程序继续运行。例如，

```
#include <stdio.h>
#include <conio.h>
void main()
{
    int a=10;
    clrscr();
    printf("0:a=%d\n",a);/*为了查看此时 a 变量的值，下一句使用 getch()*/
```

```
        getch();
        a+=10;
        clrscr();
        printf("1:a=%d\n",a);/*为了查看此时 a 变量的值,下一句使用 getch()*/
        getch();
        a+=20;
        clrscr();
        printf("2:a=%d\n",a);
    }
```

程序运行后,屏幕上显示:

```
0:a=10
```

程序暂停,当按下任意键后程序继续执行,屏幕上显示:

```
1:a=20
```

程序再一次暂停,当按下任意键后程序继续执行,屏幕上显示:

```
2:a=40
```

3. getche 函数

(1) 函数原型:int getche(void);。

(2) 函数功能:从键盘读取一个字符,并显示在屏幕上。

(3) 使用说明:该函数声明在 conio. h 头文件中,使用的时候要包含 conio. h 头文件。getche()和 getch()相似,都是读入单个字符的,都是从键盘获取键值,不等待用户按回车键,只要用户按一个键,函数就立刻返回,返回值是用户所输入键的 ASCII 码值;不同的是 getch()不会将读入的字符回显在屏幕上,而 getche()会把读入的字符回显在屏幕上。例如:

```
#include <stdio.h>
#include <conio.h>
void main()
{
    int ch;
    ch=getche();
    putchar(ch);
}
```

程序执行后等待用户从键盘输入值,若用户按下字符'a'后(不等用户按回车键),程序马上显示结果:

```
aa
```

其中:第一个字符 a 是 getche()函数接收用户所输入的字符并回显出来的,第二个字符 a 是 putchar()函数将接收的字符显示到屏幕上的。

3.3 格式化输入与输出函数

3.3.1 格式化的输出函数 printf 函数

(1) 一般形式:printf ("格式控制字符串",输出项列表);。

(2) 函数功能:按指定的格式向输出设备(一般指显示器)输出数据,并返回实际所输出的字符个数，如果出错则输出负数。

（3）使用说明：

① 例如在 printf("%d * %d=%d\n",i,j,i * j) 语句中，“i,j,i * j”部分称“输出项列表”，列表中可以是若干个常量、变量或表达式，每个输出项之间用逗号分隔，输出的数据可以是整型数、实型数、字符或字符串。例如：

```
#include <stdio.h>
void main()
{
    int i,j;
    i=2;
    j=3;
    printf("%d*%d=%d\n",i,j,i*j);     /*3个输出项*/
    printf("%d÷%d=%g\n",j,i,(float)j/i);
}
```

程序运行结果为：

```
2*3=6
3÷2=1.5
```

② 例如在 printf("The output x=%d\n",x) 语句中，用双引号引起来的"The output x=%d\n" 部分称“格式控制字符串”，使用时必须用英文的双引号引起来，它的作用是控制输出项的格式和输出一些提示信息。归纳起来，“格式控制字符串”中可以包含以下三种内容：

- “格式控制字符串”中可以包含若干个一般字符，如上述"The output x="，这主要用于显示程序中的提示信息。
- “格式控制字符串”中可以包含若干个以“\”开头的转义字符（转义字符指一些特定的操作，如“\n”表示换行，“\t”表示水平制表等）。例如：

```
int i=2;
int j=3;
printf("%d\t%d\t%d\t%g\n",i,j,i*j,(float)j/i);
```

程序输出：

```
2    3    6    1.5
```

常用的以“\”开头的转义字符所表示的特定操作参见表 2-4 所示。

- “控制字符串”中可以包含若干个以“%”开头的格式说明（如上述”%d”），它们的作用是定义每一个输出项的显示格式，每一个输出项需要有一个对应的格式说明，每个输出项将按照其对应的格式说明的格式进行输出。常见的 printf 格式说明如表 3-1 所示。

表 3-1　常见的 printf 格式说明

格式说明	功　　能
%d	以带符号的十进制形式输出整数（正数不输出“+”号）
%o（字母 o）	以无符号的八进制形式输出整数（但前导数字 0 不输出）
%x 或%X	以无符号的十六进制形式输出整数（前导符号 0x 不输出）
%u	以无符号的十进制形式输出整数

续表

格式说明	功　　能
%c	输出一个字符
%s	输出一个字符串
%f	以小数形式输出单精度、双精度实数
%e 或%E	以指数形式输出单精度、双精度实数
%g	根据给定的值和精度,自动选择 f 与 e 中较紧凑的一种格式,不输出无意义的 0
%p	用于输出变量在内存中的地址(变量的地址由编译程序所分配)
%ld,%lo,%lx,%lu,%lf,%le,%lg	用于长整型数据输出(%ld,%lo,%lx,%lu),以及双精度型数据输出(%lf,%le,%lg)

【例 3-2】 分别以十进制、八进制及十六进制的方式显示整数 16。

```
#include <stdio.h>
void main()
{
    int x=16;
    printf("%d\n",x);                        /*按十进制方式显示*/
    printf("%o\n",x);                        /*按八进制方式显示*/
    printf("%x\n",x);                        /*按十六进制方式显示*/
    printf("十        八        十六\n");
    printf("%d\t%o\t%x\n",x,x,x);
    printf("%p\n",x);                        /*输出变量 x 在内存中的地址*/
}
```

程序输出:

```
16
20
10
十    八    十六
16    20    10
0010
```

【例 3-3】 输出字符及字符串。

```
#include <stdio.h>
void main()
{
    char ch;
    char* st;                     /*定义一字符串*/
    ch='I';
    st="This is an example----";
    printf("%s",st);              /*输出字符串*/
    printf("%c----\n",ch);        /*输出字符、常规字符、转义字符*/
}
```

程序运行输出:

```
This is an example----I----
```

字符串我们将在后面的章节中详细介绍。

③ 关于格式控制说明符的补充说明。

从前面我们已经知道“%d”格式用来输出十进制整数，它将按照数据的实际长度进行输出。实际上，我们还可以对输出数据所占字节位数加以限制，方法是在%和 d 之间加一整数，整数可正可负。正整数表示输出数据在所给空间中右对齐，左边留出空格；负整数表示左对齐，右边留出空格。当输出数据位数大于所给空间时，则可突破位数的限制，按其实际大小全部输出。例如：

```
#include <stdio.h>
void main()
{
    printf("123456789\n");
    printf("a=%5d\n",13);        /*正整数表示输出数据右对齐,左边空格填充*/
    printf("a=%-5d",13);         /*负整数表示左对齐,右边空格填充*/
    printf("a=%3d\n",12345);     /*当数据位数大于所给位数时,则按实际位数输出*/
}
```

程序输出结果：

```
    123456789
    a=      13
    a=13  a=12345
```

%s 格式用来输出字符串。一般情况下，它按实际大小输出字符串，但若字符串中含有'\0'字符，则输出到'\0'截止，即此时并不是把双引号中的内容全部输出。例如：

```
#include <stdio.h>
void main()
{
    printf("%s\n","BeiJing");
    printf("%s\n","Bei\0Jing");
}
```

则程序输出：

```
BeiJing
Bei
```

另外，我们在使用“%s”来输出字符串时，也可以指定输出字符串的长度，规则同前。例如：

printf("s=%6s","book")；输出：s=　　book(右对齐)

printf("s=%-6s","book")；输出：s=book　　(左对齐)

printf("s=%2s","book")；输出：s=book (突破限制，按实际位数输出)

使用“%s”输出字符串时也可以指定输出字符串前端的部分字符，格式如：%<m>·<n>s。这种格式指明：在 m 列宽度中输出字符串的前 n 个字符，当 m<n 时，突破 m 的限制，m 等于实际位数。例如：

```
#include <stdio.h>
void main()
{
    printf("123456789\n");
    printf("s=%7.3s\n","BeiJing");
    printf("s=%-7.3s","BeiJing");
    printf("s=%3.4s\n","BeiJing");
}
```

程序输出：

```
123456789
s=      Bei
s=Bei    s=BeiJ
```

%f 格式以小数形式输出单精度、双精度类型的浮点数。以%f 格式输出浮点数时，整数部分全部输出，小数部分输出 6 位，但输出的不一定全是有效数字。对单精度数只有左边 7 位有效，而对双精度数只有前 16 位有效。

用%f 格式以小数形式输出单精度、双精度类型的数时，也可以指定输出的宽度和小数位数，方法是在%和 f 之间加一小数 m.n，小数的整数部分 m 表示输出实数共占 m 位，其中 n 位小数。当所给宽度 m 小于数据实际位数时，会自动突破 m 的限制，这时数据的整数部分全部输出，而小数部分则按要求输出。例如：

```
#include "stdio.h"
main()
{
    printf("%f\n",1000.1234567);    /*整数部分全部输出,小数部分输出 6 位*/
    printf("%10.3f\n",1000.1234567);    /*表示实数占 10 位,小数部分占 3 位*/
    printf("%10.3f\n",1234567.1234567); /*所给宽度 10 小于数据实际位数,因此,整
数部分全部输出,小数部分按要求输出 3 位*/
}
```

程序运行结果：

```
1000.123457
1000.123
1234567.123
```

%g 格式用于输出尾数中不带无效 0 的浮点数，以尽可能地少占输出宽度。例如：

```
printf("g=%g",123.4);
```

程序输出：

```
g=123.4
```

这种输出更符合人们的阅读习惯。

【例 3-4】 下面的程序中输出实数。

```
#include <stdio.h>
void main()
{
    float f=2.1,g=3.2;
    printf("%f×%f=%f\n",f,g,f*g);
    printf("%g×%g=%g\n",f,g,f*g);
}
```

程序运行结果输出：

```
2.100000×3.200000= 6.720000
2.1×3.2= 6.72
```

3.3.2 格式化的输入函数 scanf 函数

scanf 函数称为格式输入函数，即按用户指定的格式从键盘上把数据输入到指定的变量之中。

1. scanf 函数的一般形式

scanf 函数是一个标准库函数，它的函数原型在头文件 stdio.h 中。与 printf 函数相同，C 语言也允许在使用 scanf 函数之前不必包含 stdio.h 文件。

scanf 函数的一般形式为：

scanf("格式控制字符串",地址表列)；

其中：格式控制字符串的作用与 printf 函数相同，但不能显示非格式字符串，也就是不能显示提示字符串；地址表列中给出变量的地址，地址是由地址运算符"&"后跟变量名组成的。例如：

```
&a,&b
```

分别表示变量 a 和变量 b 的地址。

这个地址就是编译系统在内存中给变量 a 和变量 b 分配的地址。在 C 语言中，使用了地址这个概念，这是与其他语言不同的。应该把变量的值和变量的地址这两个不同的概念区别开来。变量的地址是 C 编译系统自动分配的，用户不必关心具体的地址是多少。

变量的地址和变量的值的关系如下。

在赋值表达式中给变量 a 赋值。例如：

```
a=567
```

则 567 是变量 a 的值，&a 是变量 a 的地址。

但在赋值号左边是变量名，不能写地址。而 scanf 函数在本质上也是给变量赋值，但要求写变量的地址，如 &a。这两者在形式上是不同的。& 是一个取地址运算符，&a 是一个表达式，其功能是求变量的地址。

【例 3-5】 程序如下。

```
#include <stdio.h>
void main()
{
    int a,b,c;
    printf("input a,b,c\n");
    scanf("%d%d%d",&a,&b,&c);
    printf("a=%d,b=%d,c=%d",a,b,c);
}
```

在例 3-5 中，由于 scanf 函数本身不能显示提示串，故先用 printf 语句在屏幕上输出提示，请用户输入 a、b、c 的值。执行 scanf 语句，则退出 TC 屏幕，进入用户屏幕，等待用户输入。用户输入"7　8　9"后按下回车键，此时，系统又将返回 TC 屏幕。在 scanf 语句的格式串中由于没有非格式字符在"%d%d%d"之间做输入时的间隔，因此在输入时要用一个以上的空格或回车键作为每两个输入数之间的间隔。例如：

7　8　9

或

7

8

9

2. 格式字符串

格式字符串的一般形式为

%[*][输入数据宽度][长度]类型

其中,有方括号[]的项为可选项。各项的意义说明如下。

(1) 类型:表示输入数据的类型,其格式字符及其意义如表 3-2 所示。

表 3-2　格式字符及其意义

格式字符	意　　义
D	输入十进制整数
O	输入八进制整数
X	输入十六进制整数
U	输入无符号十进制整数
f 或 e	输入实型数(用小数形式或指数形式)
C	输入单个字符
S	输入字符串

(2)"*"符:用以表示该输入项被读入后不赋予相应的变量,即跳过该输入值。例如:

```
scanf("%d%* d %d", &a, &b);
```

当输入为"1　2　3"时,把 1 赋予 a,2 被跳过,3 赋予 b。

(3) 宽度:用十进制整数指定输入的宽度(即字符数)。例如:

```
scanf("%5d", &a);
```

输入"12345678",只把 12345 赋予变量 a,其余部分被截去。又如:

```
scanf("% 4d%4d", &a, &b);
```

输入"12345678",把 1234 赋予 a,而把 5678 赋予 b。

(4) 长度。长度格式符为 l 和 h。l 表示输入长整型数据(如%ld)和双精度浮点数(如%lf),h 表示输入短整型数据。

使用 scanf 函数还必须注意以下几点。

① scanf 函数中没有精度控制,如"scanf("%5.2f",&a);"是非法的。不能企图用此语句输入小数为 2 位的实数。

② scanf 函数中要求给出变量地址,如给出变量名则会出错。如"scanf("%d",a);"是非法的,应改为"scanf("%d",&a);"才是合法的。

③ 在输入多个数值数据时,若格式控制串中没有非格式字符做输入数据之间的间隔,则可用空格、Tab 或回车做间隔。C 语言编译系统在碰到空格、Tab、回车或非法数据(如对"%d"输入"12A"时,A 即为非法数据)时,即认为该数据结束。

④ 在输入字符数据时,若格式控制串中无非格式字符,则认为所有输入的字符均为有效字符。例如:

```
scanf("%c%c%c", &a, &b, &c);
```

输入为

d　e　f

则把'd'赋予 a,' '赋予 b,'e'赋予 c。

只有当输入为

def

时,才能把'd'赋予 a,'e'赋予 b,'f'赋予 c。

如果在格式控制串中加入空格作为间隔,例如:

```
scanf ("%c %c %c",&a,&b,&c);
```

则输入时各数据之间可加空格。

【例 3-6】 程序如下。

```
#include <stdio.h>
void main()
{
    char a,b;
    printf("input character a,b\n");
    scanf("%c%c",&a,&b);
    printf("%c%c\n",a,b);
}
```

由于 scanf 函数"%c%c"中没有空格，输入“M　N”，结果只输出“M”一个字符。而输入改为“MN”时，则可输出“MN”两个字符。

【例 3-7】 程序如下。

```
#include <stdio.h>
void main()
{
    char a,b;
    printf("input character a,b\n");
    scanf("%c %c",&a,&b);
    printf("\n%c%c\n",a,b);
}
```

例 3-7 说明 scanf 格式控制串"%c %c"之间有空格时，输入的数据之间才可以有空格间隔。

（5）如果格式控制串中有非格式字符，则输入时也要输入该非格式字符。例如：

```
scanf("%d,%d,%d",&a,&b,&c);
```

其中用非格式符“,”做间隔符，故输入时应为

5,6,7

又如：

```
scanf("a= %d,b= %d,c= %d",&a,&b,&c);
```

输入时应为

a=5,b=6,c=7

（6）如果输入的数据类型与输出的数据类型不一致，那么，编译虽然能够通过，但结果将不正确。

【例 3-8】 程序如下。

```
#include <stdio.h>
void main()
{
    int a;
    printf("input a number\n");
    scanf("%d",&a);
    printf("%ld",a);
}
```

由于输入数据的类型为整型，而输出语句的格式串中说明为长整型，因此输出结果与输入数据不符。如修改程序如下，则结果将不同。

【例 3-9】 程序如下。

```
#include <stdio.h>
void main()
{
    long a;
    printf("input a long integer\n");
    scanf("%ld",&a);
    printf("%ld",a);
}
```

程序运行结果如下所示。

```
input a long integer
1234567890
1234567890
```

在输入数据改为长整型后,输入与输出的数据相符。

【例 3-10】 程序如下。

```
#include <stdio.h>
void main()
{
    char a,b,c;
    printf("input character a,b,c\n");
    scanf("%c %c %c",&a,&b,&c);
    printf("%d,%d,%d\n%c,%c,%c\n",a,b,c,a-32,b-32,c-32);
}
```

输入三个小写字母,输出其 ASCII 码和对应的大写字母。

【例 3-11】 程序如下。

```
#include <stdio.h>
void main()
{
    int a;
    long b;
    float f;
    double d;
    char c;
    printf("\nint:%d\nlong:%d\nfloat:%d\ndouble:%d\nchar:%d\n",
    sizeof(a),sizeof(b),sizeof(f),sizeof(d),sizeof(c));
}
```

输出各种数据类型的字节长度。

3.4 顺序结构程序设计举例

【例 3-12】 输入三角形的三边长,求三角形面积。

已知三角形的三边长 a、b、c,则该三角形的面积公式为

$$area=\sqrt{s(s-a)(s-b)(s-c)}$$

其中 $s=(a+b+c)/2$。

源程序如下。

```
#include <math.h>
void main()
{
    float a,b,c,s,area;
    scanf("%f,%f,%f",&a,&b,&c);
    s=1.0/2*(a+b+c);
    area=sqrt(s*(s-a)*(s-b)*(s-c));
    printf("a=%7.2f,b=%7.2f,c=%7.2f,s=%7.2f\n",a,b,c,s);
    printf("area=%7.2f\n",area);
}
```

【例 3-13】 求方程 $ax^2+bx+c=0$ 的根，a、b、c 由键盘输入，设 $b^2-4ac>0$。

求根公式为

$$x_1=\frac{-b+\sqrt{b^2-4ac}}{2a},\quad x_2=\frac{-b-\sqrt{b^2-4ac}}{2a}$$

令

$$p=\frac{-b}{2a},q=\frac{\sqrt{b^2-4ac}}{2a}$$

则

$$x_1=p+q$$
$$x_2=p-q$$

源程序如下。

```
#include <math.h>
main()
{
    float a,b,c,disc,x1,x2,p,q;
    scanf("a=%f,b=%f,c=%f",&a,&b,&c);
    disc=b*b-4*a*c;
    p=-b/(2*a);
    q=sqrt(disc)/(2*a);
    x1=p+q;x2=p-q;
    printf("\nx1=%5.2f\nx2=%5.2f\n",x1,x2);
}
```

习　　题

一、选择题

1. 已知字符'A'的 ASCII 代码的值 65，字符变量 c1 的值是'A'，c2 的值是'D'，执行语句 printf("%d%d",c1,c2－2);后，输出结果是(　　)。

   A. A,B　　B. A,68　　C. 65,66　　D. 65,68

2. 数字字符 0 的 ASCII 值为 48，若有以下程序：

```
void main ( )
{
    char a='1',b='2';
    printf("%c,",b++);
    printf("%d\n",b-a);
}
```

程序运行后的输出结果是(　　)。

A. 3,2　　B. 50,2　　C. 2,2　　D. 2,50

3. 以下程序的输出结果是(　　)。

```
main( )
{
    int a=21,b=11;
    printf("%d\n",--a+b,--b+a);
}
```

A. 30　　B. 31　　C. 32　　D. 33

4. 如果 x 为 float 类型变量，则以下语句输出为(　　)。

```
x=213.82631;
printf("%f4.2f\n",x);
```

A. 宽度不够，不能输出　　B. 213.82

C. 213.82631　　D. 213.83

5. 下列语句的输出结果是(　　)。

```
long a=0xffffffff;
int b=a;
printf("%d",b);
```

A. 65535　　B. 65536　　C. −1　　D. 1

6. 下列程序的输出结果是(　　)。

```
#include <stdio.h>
void main()
{
    int a;
    float b,c;
    scanf("%2d%3f%4f",&a,&b,&c);
    printf("\na=%d,b=%f,c=%f\n",a,b,c);
}
```

若从键盘输入：9876543210。

A. a=98,b=765,c=4321　　B. a=10,b=432,c=8765

C. a=98,b=765.000000,c=4321.000000　　D. a=98,b=765,c=4321.0

二、简答题

1. 程序的控制结构有哪几种？它们各自的特点是什么？
2. C 语言基本的输入、输出函数有哪几个？各自的功能是什么？
3. 使用 printf()函数和 scanf()函数时，它们的格式控制串在用法上的区别主要有哪几点？变量的使用区别在哪里？

三、编程题

1. 从键盘输入 a～z 中的一个小写字母，编写程序把它转换成对应的大写字母输出。
2. 编写程序求圆锥的体积，要求圆锥的底面半径 r 和高 h 的值从键盘任意录入。
3. 从键盘输入两个整数，并交换其值。
4. 编程将“China”译成密码，密码的规则：用原来的字母后面第 4 个字母代替原来字母。例如，字母“A”后面第 4 个字母是“E”，用“E”代替“A”。

第4章 选择结构

学完前面的内容，读者应该能够编写简单完整的C语言程序了。在现实生活中，我们总是要做出判断；而在C语言程序中，同样也有先进行判断，再选择执行某组语句的结构形式。这种结构称为选择结构。和前面学过的顺序结构不同，选择结构语句可以控制程序中的执行顺序，因此能实现较为复杂的功能。本章主要介绍的内容：if结构、嵌套if结构、switch结构、多重if结构和switch结构的比较。

4.1 if语句

学习了关系表达式和逻辑表达式，就可以在程序中使用选择结构的语句了。在C语言中常用的选择结构语句有if语句和switch语句两种。下面先介绍if语句。

if语句是根据给定的条件进行判断，以决定执行某个分支程序段。C语言中提供了3种if语句。

4.1.1 单选择结构

单选择结构的形式如下：

```
if(表达式)
{
  若干条语句
}
```

1. 包含的信息

该语句包含以下信息。

(1) 关键字是“if”。

(2) if后面紧跟一对圆括号，圆括号里的表达式称为if语句中的条件表达式。

(3) 用大括号括起若干条语句，作为条件表达式成立的情况下，需要执行的内容。

2. 执行流程

先计算条件表达式的值，如果条件表达式的值为真(非0)，则执行其后的复合语句；如果条件表达式的值为假(0)，则不做任何操作。if语句的流程图如图4-1所示。

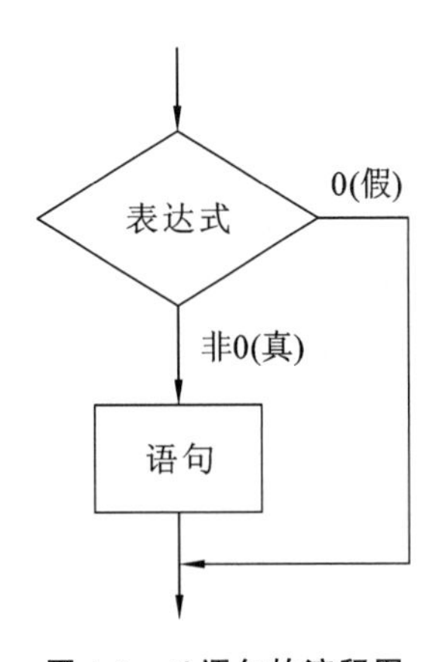

图4-1 if语句的流程图

> **注意**：在if语句中，若复合语句中只有一条语句，大括号可以省略不写。但作为一种良好的编程习惯，建议保留大括号，以增强程序的可读性。

【例 4-1】 输入任意两个整数 num1 和 num2,输出两个数中较大的一个。

算法思路:

(1) 定义整型变量 num1、num2、max,输入两个整数并保存在 num1 和 num2 这两个变量的地址空间中。

(2) 先令 num1 赋值给 max,即假设 num1 较大。

(3) 比较 max 和 num2 的值,若 num2 较大,则重新将 num2 赋值给 max。

(4) 输出 max 的值。

程序实现:

```
#include <stdio.h>
void main()
{
    int num1,num2,max;
    printf("please input the two numbers:\n");
    scanf("%d%d",&num1,&num2);
    max=num1;
    if(max<num2)
    {
        max=num2;
    }
    printf("the larger number is:%d\n",max);
}
```

运行测试:

```
please input the two numbers:
452  521↙
```

程序输出:

```
the larger number is:521
```

3. 注意事项

(1) if 语句中的条件表达式一般是关系表达式或者逻辑表达式,但也可以是其他任意形式的数据或表达式。这时当条件表达式为非 0 时,一律当真来处理。例如:

①

```
if('a')
{printf("o.k.");}
```

条件表达式是'a',其对应的 ASCII 值为 97,即为真,大括号中的 printf 语句将被执行。

②

```
if(y= 0)
{printf("o.k.");}
```

条件表达式是一个赋值表达式。先将 0 赋值给变量 y,再将 y 的值(0,即假)作为条件表达式的值,所以大括号中的 printf 语句将不会被执行。

(2) 在书写条件表达式时,注意不要将“==”和“=”混淆使用。

(3) if 语句中的执行语句的大括号要用对地方。

例如:

①

```
 if(x>0)
{y=x*2+1;
    printf("y=%d\n",y);
}
```

②

```
 if(x>0)
      y=x*2+1;
printf("y=%d\n",y);
```

上面两段程序段比较相似，不同之处是大括号包含的内容不同。程序段①中，当 x>0 为真时，执行语句有两条；当 x>0 为假时，两条语句都不会执行。但在程序段②中，当 x>0 为真时，只执行一条语句，也就是说，另一条 printf 语句不论条件是否为真，都是一定会执行的。由此可见，当条件表达式为真时，只会执行下面最近的一条语句或者最近的一条复合语句，随意书写大括号或者省略大括号都可能导致执行语句的内容不正确。

(4) 同一个程序中可以连续使用多个 if 语句来表示多个选择分支。

【例 4-2】 已知有分段函数：

$$y=\begin{cases} 1 & (x<-3) \\ x^2+1 & (-3\leqslant x\leqslant 3) \\ x-1 & (x>3) \end{cases}$$

输入 x 的值，计算并输出正确的 y 值。

算法思路：

① 输入浮点数 x 的值。

② 依次将 x 的值代入三个条件表达式，判断是否为真。若为真，则计算相应的 y 值。

③ 输出 y 值。

程序实现：

```
#include <stdio.h>
void main()
{
    float x,y;
    printf("please input x:\n");
    scanf("%f",&x);
    if(x<-3)
    {
        y=1;
    }
    if(x<=3&&x>=-3)
    {
        y=x*x+1;
    }
      if(x>3)
    {
      y=x-1;
    }
    printf("y=%f\n",y);
}
```

运行测试：

```
please input x:    please input x:    please input x:
-7↙                2.3↙               7.9↙
```

程序运行结果：

```
y=1.000000    y=6.290000    y=6.900000
```

在例 4-2 中，x 的 3 个取值范围各不重合，因此可以使用 3 条 if 语句表示 3 个选择分支。

4.1.2 if-else 语句

if-else 语句的结构形式如下：

if(表达式)

{

若干条语句(1)

}

else

{

若干条语句(2)

}

1. 包含的信息

该语句包含了以下信息：

(1) 该语句中的关键字是"if"和"else"。

(2) if 后面紧跟一对圆括号，圆括号里的表达式称为 if-else 语句的条件表达式。

(3) if 条件表达式后面的用大括号括起的若干条语句(1)，是在条件表达式成立的情况下需要执行的内容，称为 if 操作。

(4) else 后面的用大括号括起的若干条语句(2)，是在条件表达式不成立的情况下需要执行的内容，称为 else 操作。

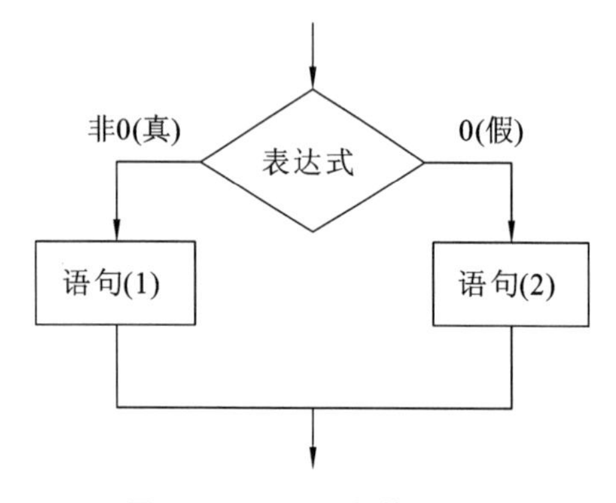

图 4-2 if-else 语句的流程图

2. 执行流程

先计算条件表达式的值，如果条件表达式的值为(非 0)真，则执行 if 操作部分(若干条语句(1))；如果条件表达式的值为 0(假)，则执行 else 操作部分(若干条语句(2))。if-else 语句的流程图如图 4-2 所示。

【例 4-3】 使用 if-else 语句改写例 4-1。

算法思路：

(1) 定义整型变量 num1、num2、max，输入两个整数并保存在 num1 和 num2 这两个变量的地址空间中。

(2) 比较 num1 和 num2 的值，若 num1 较大，则将 num1 赋值给 max；否则将 num2 赋值给 max。

(3) 输出 max 的值。

程序实现：

```
#include <stdio.h>
void main()
{
    int num1,num2,max;
    printf("please input the two numbers:\n");
    scanf("%d%d",&num1,&num2);
    if(num1>num2)
    {
      max=num1;
    }
    else
    {
      max=num2;
    }
    printf("the larger number is:%d\n",max);
}
```

运行测试：

```
please input the two numbers:
345  2671↙
```

程序运行结果：

```
the larger number is:2671
```

3. 注意事项

(1) 当 if 操作的语句只有一条时，可以省略大括号，此时整个 if-else 语句视为一条语句。

【例 4-4】 输入一个整数，判断其奇偶性。

算法思路：

① 定义整数 num，输入一个整数保存在 num 所在的地址空间中。

② 对条件表达式 num%2==0 进行判断，若为真，则输出"偶数"；否则输出"奇数"。

程序实现：

```
#include <stdio.h>
void main()
{
    int num;
    printf("please input the number:\n");
    scanf("%d",&num);
    if(num%2==0)
    {
      printf("%d是偶数\n",num);
    }
    else
    {
      printf("%d是奇数\n",num);
    }
}
```

运行测试：

```
please input the number:
24↙
```

程序运行结果：

```
24 是偶数
```

(2) if 语句中的 if 和 else 必须成对出现，它们之间只能有一条语句(或一条复合语句)。下面是一段程序示例：

```
if(x>0)
y=x*x+1;
printf("y=%d\n",y);
else
y=x-2;
printf("y=%d\n",y);
```

这段程序其实是错误的，错误的原因在于，关键字 if 和 else 之间有两条语句。编译系统会认为，当 x>0 成立时执行条件表达式后面最近一条语句，即"y=x * x+1;"；后面的 printf 语句是一个独立的语句，将被顺序执行。于是，else 部分找不到配对的 if 了，系统将报语法错误。上面程序段正确的写法应为如下形式：

```
if(x>0)
{
    y=x*x+1;
    printf("y=%d\n",y);
}
else
{
    y=x-2;
    printf("y=%d\n",y);
}
```

可见，不论是 if 操作还是 else 操作，当语句条数超过 1 时，需要将它们用大括号括起来，写成一条复合语句。注意，缩进只能让程序看起来美观，不能起到大括号的作用。

4.1.3 if-else if-else 语句

if-else if-else 语句是一种多条件、多分支的选择语句，它的结构形式如下：

```
if(表达式 1)
{
    若干条语句(1)
}
else if(表达式 2)
{
    若干条语句(2)
}
……
else
```

```
{
    若干条语句(n)
}
```

1. 执行流程

先计算条件表达式 1 的值,如果条件表达式的值为真,则执行若干条语句(1)部分;否则计算条件表达式 2,若为真,则执行若干条语句(2),以此类推。若前面的条件表达式都为假,则执行最后一个 else 操作部分(若干条语句 n)。if-else if-else 语句的流程图如图 4-3 所示。

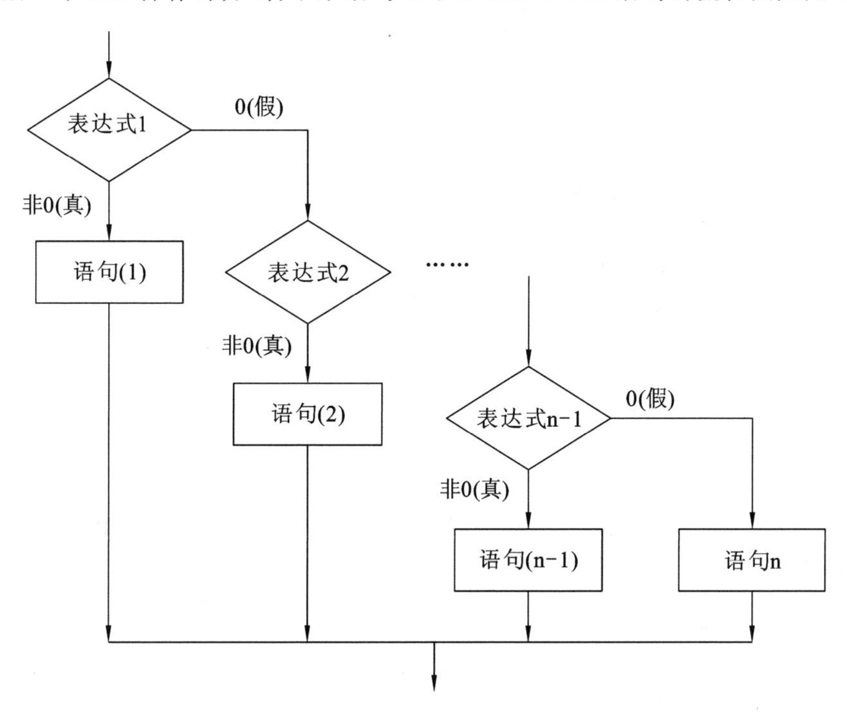

图 4-3 if-else if-else 语句的流程图

【例 4-5】 使用 if-else if-else 语句改写例 4-2。

算法思路:

(1) 输入浮点数 x 的值。

(2) 根据 x 的值进行判断,若 $x<-3$ 为真,则 y 的值按第一个式子计算;若 $x\leqslant 3$ 并且 $x\geqslant -3$,则 y 的值按第二个式子计算;否则 y 的值按第三个式子计算。

(3) 输出 y 的值。

程序内容:

```
#include <stdio.h>
void main()
{
    float x,y;
    printf("please input x:\n");
    scanf("%f",&x);
    if(x<-3)
    {
        y=1;
```

```
}
        else if(x<=3&&x>=-3)
        {
            y=x*x+1;
        }
        else
        {
            y=x-1;
        }
        printf("y=%f\n",y);
}
```

运行测试：

```
Please input x:    please input x:    please input x:
-7     2.3     7.9
y=1.000000     y=6.290000     y=6.900000
```

2. 注意事项

(1) if-else if-else 语句中的关键字 if 和 else 仍然是成对出现的，其配对原则是：每一个 else 总是与前面最近的未配对的 if 进行配对。为了提高程序的可读性，应采用正确的缩进格式。

(2) if-else if-else 语句中的最后一个 else 部分是可选项。如果没有最后一个 else 部分，则表示当前面所有的表达式都为假时，什么都不执行并结束当前的 if-else if-else 语句。

(3) 当分支条件较为复杂时，应注意分析每个条件之间的关系，合理设计语句顺序。

【例 4-6】 根据成绩打印出分数等级，其中 0～59：E，60～69：D，70～79：C，80～89：B，90～100：A。

算法思路：

① 输入整型数据 score 的值。

② 判断 score 在哪一个分数段，并将对应的等级输出。

60＞score≥0　　E

70＞score≥60　　D

80＞score≥70　　C

90＞score≥80　　B

100≥score≥90　　A

程序实现：

```
#include <stdio.h>
void main()
{
    int score;
    printf("score=");
    scanf("%d",&score);
    if (score>=0 && score<60)
    {
        printf("grade is E\n");
    }
    else if(score>=60 && score<70)
```

```
    {
        printf("grade is D\n");
    }
    else if (score>=70 && score<80)
    {
        printf("grade is C\n");
    }
    else if(score>=80 && score<90)
    {
        printf("grade is B\n ");
    }
    else
    {
        printf("grade is A\n ");
    }
}
```

运行测试:

```
score=78↙
```

程序运行结果:

```
grade is C
```

思考一个问题:上面程序中的条件表达式是否可以更简洁一些?上面程序中第一个 if 的条件表达式是“score>=0 && score<60”,对应的 elsc 已经隐含了条件“score>=60”(不考虑 score 低于 0 分或者高于 100 分的情况),因此 else if 的条件表达式只需要“score<70”即可。以此类推,上面程序中的 if-else if-else 语句可以改写成以下形式。

```
    if (score>=0 && score<60)
    {
        printf("grade is E\n");
    }
    else if(score<70)
    {
        printf("grade is D\n");
    }
    else if (score<80)
    {
        printf("grade is C\n");
    }
    else if(score<90)
    {
        printf("grade is B\n ");
    }
    else
    {
        printf("grade is A\n ");
    }
```

4.1.4 嵌套 if 结构

所谓嵌套 if 结构,就是在 if 结构中又包含了一个或多个 if 结构。if 语句的嵌套形式多种多样,可以在 if 操作部分嵌套 if 结构,也可以在 else 操作部分嵌套 if 结构。

(1) 在 if 操作部分嵌套 if 结构:

```
if(表达式)
{
    if(表达式)
    {
    若干条语句
    }
    else
    {
    若干条语句
    }
}
else
{
    若干条语句
}
```

(2) 在 else 操作部分嵌套 if 结构:

```
if(表达式)
{
    若干条语句
}
else
{
    if(表达式)
    {
    若干条语句
    }
    else
    {
    若干条语句
    }
}
```

上述的两种嵌套形式中,后一种等同于 if-else if-else 结构。

if 语句可以进行多层嵌套,当语句中出现多个 if 和 else 关键字时,要特别注意 if 和 else 的配对问题。

【例 4-7】 使用嵌套的 if 结构改写例 4-2,要求在 if 操作部分嵌套 if 结构。

算法思路:

(1) 输入浮点数 x 的值。

(2) 根据 x 的值进行判断:假设 x≤3 为真,则如果 x<-3 为真,y 的值按第一个式子计算;否则(即 x≤3 为真且 x<-3 为假),y 的值按第二个式子计算;否则(即 x≤3 为假),y 的值按第三个式子计算。

(3) 输出 y 的值。

程序内容:

```
#include <stdio.h>
void main()
{
    float x,y;
    printf("please input x:\n");
    scanf("%f",&x);
    if(x<=3)
    {
        if(x<-3)
        {
            y=1;
        }
        else
        {
            y=x*x+1;
        }
    }
    else
    {
        y=x-1;
    }
    printf("y=%f\n",y);
}
```

4.2 switch 结构

if-else if-else 语句是多条件、多分支的选择语句,此外,C 语言还提供了 switch 语句,实现单条件、多分支的选择结构,它的结构形式如下:

```
switch(表达式)
{
case 常量表达式 1:  语句 1
case 常量表达式 2:  语句 2
……
case 常量表达式 n:  语句 n
default:  语句 n+1
}
```

1. 执行流程

计算表达式的值,若与常量表达式 i 值一致,则从语句 i 开始执行;直到遇到 break 语句或者 switch 语句的“}”;若与任何常量表达式的值均不一致,则执行 default 语句,或执行后续语句。

【例 4-8】 输入一个 1～7 以内的整数,输出其对应星期的英文单词。

算法思路:

(1) 输入一个整数,将其保存于变量 num 中。

(2) 将 num 依次与关键字 case 后面的整数进行比对,发现一致则输出对应的英语单词;若都不相同,则输出“Error!”。

程序内容:

```
#include <stdio.h>
void main()
{
int num;
printf("please input a week number:");
scanf("%d",&num);
switch(num)
    {
      case 1:printf("Monday\n");break;
      case 2:printf("Tuesday\n");break;
      case 3:printf("Wednesday\n");break;
      case 4:printf("Thursday\n");break;
      case 5:printf("Friday\n");break;
      case 6:printf("Saturday\n");break;
      case 7:printf("Sunday\n");break;
      default:printf("Error! \n");
    }
}
```

运行测试:

```
please input a week number:5↙
```

程序运行结果:

```
Friday
Press any key to continue
```

2. 需要注意的地方

(1) 经常需要使用 break 语句,用来跳出整个 switch 语句。

在例 4-8 中,若输入 5,则程序将输出“Friday”;去掉所有的 break 后再运行,输入 5 后程序将输出“Friday” ↙“Saturday”↙“Sunday”↙“Error!”↙,这显然与题目的需求不符。

(2) “表达式”可以是整型表达式或字符型表达式,但不可以是浮点型表达式。

(3) case 后面必须是常量表达式,不能包含变量;每个常量表达式的值应互不相同。

(4) “表达式”和“常量表达式”的类型必须一致。

(5) switch 语句中的 default 是可选的,如果它不存在,并且表达式与所有的常量表达式都不相同,则 switch 语句将不执行任何内容就退出了。

(6) case 语句的先后顺序是随意的,不会影响程序运行的结果;多个 case 语句可以共用一组执行语句。

【例 4-9】 输入任一平年的月份,输出该月份对应的天数。

算法思路:

① 输入月份,保存在变量 month 中。

② 设月份为 month,天数为 day,则 month 和 day 有如下关系:

month=1,3,5,7,8,10,12　　day=31

month=4,6,9,11　　day=30

month=2　　day=28

为了能使 case 语句的数目较少,可以将 31 天的情况放在 default 部分执行。

程序实现:

```
#include "stdio.h"
void main()
{
  int month,day;
  printf("please input month:");
  scanf("%d",&month);
  switch(month)
     {
        case 4:
        case 6:
        case 9:
        case 11:day=30;break;
        case 2:day=28;break;
        default:day=31;
     }
printf("day=%d\n",day);
}
```

运行测试:

```
please input month:7↙
```

程序运行结果:

```
day=31
Press any key to continue
```

(7) case 后面的常量表达式不能写成区间和逗号表达式,也不能写成关系表达式或者逻辑表达式。下面是比较常见的错误,平时要注意避免:

case 7～8:day=30;break;

case 7,8:day=30;break;

case 90<score<=100:("grade is A\n");break;

4.3 多重 if 结构和 switch 结构的比较

在很多需要使用多分支语句的地方,既可以使用多重 if 结构(if-else if-else 语句或 if 语句的嵌套),也可以使用 switch 结构。

【例 4-10】 使用 switch 语句,改写例 4-6 中的程序。

算法思路:

(1) 输入整型数据 score 的值。

(2) 令 s=score/10,根据 s 所匹配的常量值,将对应的等级输出。

s=1,2,3,4,5　　E

s=6　　D

s=7　　C

s=8　　B

s=9,10　　A

```
#include <stdio.h>
void main()
{
int score,s;
printf("score=");
scanf("%d",&score);
s=score/10;
if(s<0||s>10)
{
printf("wrong score! \n");
}
else
{
        switch(s)
        {
            case 10:
            case 9:printf("grade is A\n ");break;
            case 8:printf("grade is B\n ");break;
            case 7:printf("grade is C\n ");break;
            case 6:printf("grade is D\n ");break;
            default:printf("grade is E\n ");break;
        }
printf("day=%d\n ",day);
}
}
```


注意:例 4-10 中,s 和 score 都是整型变量,score/10 的值也是整数。这个操作将原本 101 种分数等级(score:0～100)简化成了 11 种(s:0～10)。另外,还加入了对不合法的分数的判断和处理,增加了程序的健壮性。

对比例 4-6 和例 4-10 可以看出,对于多分支结构的程序,很多情况下既可以使用多重 if 结构,也可以使用 switch 结构。从书写和阅读的角度看,switch 结构比多重 if 结构更为清晰、可读性好;从使用的范围上看,多重 if 结构用途更广泛,比如判断条件可以是含浮点型数据的区间或者表达式。

4.4 应用举例

【例 4-11】 某商场节假日商品打折，优惠政策如下：

(1) 购买商品价值低于 100 元不享受优惠；

(2) 购买商品高于 100 元但低于 300 元，享受九五折优惠。

(3) 购买商品高于 300 元但低于 500 元，享受九零折优惠。

(4) 购买商品高于 500 元的，享受八五折优惠。

要求：编写一个程序，从键盘输入用户购买商品的总额，在输出窗口显示用户实际支付的金额。

该命题符合多条件、多分支结构，使用 if-else if-else 语句或者 if 语句的嵌套都可以实现。以 if-else if-else 结构为例，程序实现代码如下：

```
#include <stdio.h>
void main()
{
double totalmoney=0;
double paymoney=0;
printf("请输入商品总额:");
scanf("%lf",&totalmoney);
if(totalmoney<100 && totalmoney>=0)
    {
        paymoney=totalmoney;
    }
else if(totalmoney<300 && totalmoney>=100)
    {
        paymoney=totalmoney*0.95;
    }
else if(totalmoney<500 && totalmoney>=300)
    {
        paymoney=totalmoney*0.9;
    }
else if(totalmoney>=500)
    {
        paymoney=totalmoney*0.85;
    }
else paymoney=-1;
    if(paymoney==-1)
    {
        printf("输入的金额不正确\n");
    }
        else
        {
```

```
    printf("实际需支付商品金额为:%.2lf\n",paymoney);
    }
}
```

运行测试:

```
请输入商品总额:399↙
```

程序运行结果:

```
实际需支付商品金额为:359.10
```

【例 4-12】 某次抽奖活动中,一等奖的中奖号码是 911,二等奖的中奖号码是 329、96,三等奖的中奖号码是 55、7、726。

要求:编写一个程序,根据用户输入的抽奖号码判断其是否为中奖号码,以及中奖的等级。

该命题符合多条件、多分支的选择结构,即判断输入的号码是否等于一个整数,从而输出相应的等级,因此可以使用 switch 语句,程序实现代码如下:

```
#include <stdio.h>
void main()
{
int number;
printf("请输入抽奖号码:");
scanf("%d",&number);
  switch(number)
  {
     case 911:printf("恭喜,号码%d获得了一等奖\n",number);break;
     case 329:
     case 96:printf("恭喜,号码%d获得了二等奖\n",number);break;
     case 55:
     case 7:
     case 726:printf("恭喜,号码%d获得了三等奖\n",number);break;
     default:printf("抱歉,号码%d未中奖\n",number);
  }
}
```

习 题

一、填空题

1. 在 C 语言中,对于 if 语句,else 子句与 if 子句的配对原则是______________。

2. 设有程序片段如下:

```
switch(class)
{
    case  'A':printf("GREAT!");
    case  'B':printf("GOOD!");
    case  'C':printf("OK!");
    case  'D':printf("NO!");
    default:printf("ERROR!");
}
```

若 class 的值为'B',则输出结果是______________________。

3. 下面程序的输出结果是________。

```
void main()
{
    int x=100,a=10,b=20,ok1=5,ok2=0;
    if(a<b)
    if(b!=15)
    if(!ok1)
    x=1;
    else if(ok2) x=10;
    x=-1;
    printf("%d\n",x);
}
```

二、选择题

1. 已知:int x,a,b;,下列选项中错误的 if 语句是(　　)。

   A. if(a=b) x++;　　　　B. if(a=<b) x++;

   C. if(a-b) x++;　　　　D. if(x) x++;

2. 若有定义:float x=1.5,int a=1,b=3,c=2;,则正确的 switch 语句是(　　)。

   A.
```
switch(x)
{ case 1.0:printf("*\n");
  case 2.0:printf("**\n");
}
```

   B.
```
switch((int)x);
{ case 1:printf("*\n");
  case 2.0:printf("**\n");
}
```

   C.
```
switch(a+b)
{ case 1:printf("*\n");
  case 2+1:printf("**\n");
}
```

   D.
```
switch(a+b)
{ case 1:printf("*\n");
  case c:printf("**\n");
}
```

3. 有以下函数关系:

   $x<0 \rightarrow y=2x$

   $x>0 \rightarrow y=x$

   $x=0 \rightarrow y=x+1$

   下面程序段能正确表示以上关系的是(　　)。

   A.
```
y=2x;
if(x!=0)
if(x>0) y=x;
else y=x+1;
```

B. y=2x;
   if(x<=0)
   if(x==0) y=x+1;
   else y=x;

C. if(x>=0)
   if(x>0) y=x;
   else   y=x+1;
   else y=2x;

D. y=x+1;
   if(x<=0)
   if(x<0) y=2x;
   else   y=x;

4. 以下不正确的 if 语句形式是(　　)。
   A. if(x>y && x! =y);
   B. if(x==y) x+=y;
   C. if(x! =y) scanf ("%d",&x) else scanf ("%d",&y);
   D. if(x<y) { x++;y++;}

5. 设有如下定义:char ch='z';,则执行下面语句后变量 ch 是值为(　　)。

```
ch=('A'<=ch&&ch<='Z')?(ch+32):ch
```

   A. A　　B. a　　C. Z　　D. z

6. 已知:int x=30,y=50,z=80;,以下语句执行后变量 x、y、z 的值分别为(　　)。

```
if (x>y||x<z && y>z)  z=x;x=y;y=z;
```

   A. x=50,y=80,z=80　　B. x=50,y=30,z=30
   C. x=30,y=50,z=80　　D. x=80,y=30,z=50

7. 在 C 语言中,多分支选择结构语句为(　　)。

```
switch(c)
   {
      case 常量表达式 1:语句 1;
      ……
      case 常量表达式 n-1:语句 n-1;
      default:语句 n;
   }
```

   其中括号内表达式 c 的类型(　　)。
   A. 可以是任意类型　　B. 只能为整型
   C. 可以是整型或字符型　　D. 可以为整型或实型

8. 若 int i=10;,执行下列程序后,变量 i 的正确结果是(　　)。

```
switch(i)
{
    case 9:i+=1;
    case 10:i+=1;
    case 11:i+=1;
    default:i+=1;

}
```

A. 10　　B. 11　　C. 12　　D. 13

9. 当 a=1,b=3,c=5,d=4 时,执行完下面一段程序后 x 的值是(　　)。

```
if(a<b)
if(c<d) x=1;
else if(a<c)
if(b<d) x=2;
else x=3;
else x=6;
else x=7;
```

A. 1　　B. 2　　C. 3　　D. 6

10. 以下程序运行后的输出结果是(　　)。

```
#include <stdio.h>
void main()
{
int a=1,b=2,c=3;
if(c=a)
    printf("% d\n",c);
else
    printf("% d\n",b);
}
```

A. 2　　B. 3　　C. 1　　D. 4

三、程序填空题

1. 输入 3 个实数 a,b,c,要求按从大到小的顺序输出这三个实数,请填空。

```
void main()
{ float a,b,c,t;
    scanf("%f,%f,%f",&a,&b,&c);
   if(a<b)
    {t=a;  ________;  b=t;}
    if(________)
   {t=a;a=c;c=t;}
    if(b<c)
   {________; b=c;c=t;}
printf("%f,%f,%f",a,b,c);
}
```

2. 输入一个字符,如果是大写字母,则把其变成小写字母;如果是小写字母,则把其变成大写字母;其他字符不变,请填空。

```
void main()
{
    char ch;
    scanf("%c",&ch);
    if (____)      ch=ch+32;
    else if(ch>='a'&&ch<='z') ____ ;
    printf("%c\n,ch);
}
```

3. 以下程序用于判断 a,b,c 能否构成三角形,若能,输出 YES,否则输出 NO,请填空。

```
#include < stdio.h>
void main ()
{
   float a,b,c;
   scanf("%f%f%f",&a,&b,&c);
   if(______________)
   printf(______________);
   else printf("NO\n");
}
```

四、读程序题,写出下列程序的运行结果

1.

```
#include <stdio.h>
void main()
{
    int n='c';
    switch(n++)
    {
        default:printf("error");break;
        case 'a':case 'A':case 'b':case 'B':printf("good");break;
        case 'c':case 'C':printf("pass");
        case 'd':case'D':printf("warm");
    }
}
```

2.

```
#include <stdio.h>
void main()
{
    int a=3,b=4,c=5,d=2;
    if(a>b)
    if(b>c)
    printf("%d",d++ +1);
    else
    printf("%d",++d+1);
    printf("%d\n",d);
}
```


3.

```
#include <stdio.h>
void main()
{
    int a=-1,b=1;
    if((++a<0)&&(b--<=0))
    printf("%d,%d\n",a,b);
    else    printf("%d,%d\n",b,a);
}
```

4.

```
#include <stdio.h>
void main()
{
    int x=1,y=0,a=0,b=0;
    switch(x)
    {
        case 1:switch(y)
        {
            case 0:a++;break;
            case 1:b++;break;
        }
        case 2:a++;b++;break;
    }
        printf("a=%d,b=%d\n",a,b);
}
```

5.

```
#include <stdio.h>
void main()
{
    int t,h,m;
    scanf("%d",&t);
    h=(t/100)%12;
    if(h==0) h=12;
    printf("%d:",h);
    m=t%100;
    if(m<10) printf("0");
    printf("%d",m);
    if(t<1200||t==2400)
    printf("AM");
    else printf("PM");
}
```

若运行时输入1605＜回车＞,写出运行结果。

五、编程题

1. 编写一个程序,要求从键盘输入三个数,程序判断这三个数能否构成一个三角形。如果能,判断该三角形是否是直角三角形。
2. 输入圆的半径r和一个整型数k。当k=1时,计算圆的面积;当k=2时,计算圆的周长;当k=3时,既要求出圆的周长也要求出圆的面积。编程实现以上功能。
3. 有一函数,其函数关系如下,试编程求对应于每一自变量的函数值。

$$y=\begin{cases}x & (x<1)\\2x-1 & (1\leqslant x<10)\\3x-11 & (x\geqslant 10)\end{cases}$$

4. 编写一个程序,输入 a、b、c 三个数,输出其中最大的数。
5. 从键盘输入一个小于 1000 的正数,要求输出它的平方根(如平方根不是整数,则输出其整数部分)。要求在输入数据后先对其进行检查是否为小于 1000 的正数,若不是,则要求重新输入。
6. 企业发放的奖金根据利润提成。利润 I 低于或等于 100 000 元的,奖金可提 10%;利润高于 100 000 元、低于 200 000 元(100 000≤I≤200 000)时,低于 100 000 元的部分按 10% 提成,高于 100 000 的部分,可提成 7.5%;200 000<I≤400 000 时,低于 200 000 元的部分仍按上述办法提成(下同),高于 200 000 元的部分按 5%提成;400 000<I≤600 000 元时,高于 400 000 元的部分按 3%提成;600 000<I≤1 000 000 元时,高于 600 000 元的部分按 1.5%提成;I>1 000 000 元时,超过 1 000 000 元的部分按 1%提成。从键盘输入当月利润 I,求应发奖金总数。

第5章 循环结构

5.1 循环结构简介

现实世界中的许多问题具有规律性的重复操作，例如击鼓传花游戏，大家坐成一个圈，鼓声响起的时候将花束顺序交到下一个人的手里，依次向下传递，当鼓声突然中断时停止传花，花束落在谁的手里便成为输家。圈中的每个人都要重复完成相同的任务，即将花束顺序交到下一个人手里。又如 4×100 米接力赛跑，第 1 个人跑完 100 米后将接力棒传给第 2 个人，第 2 个人再跑 100 米，然后是第 3 个人，直到第 4 个人跑完最后一个 100 米。这些实际问题都具有这样的共同点：重复完成相同的操作，同时又具有结束条件。相应的操作在计算机程序中就体现为某些语句的重复执行，也就构成了循环结构。

循环结构是结构化程序设计所采用的三种基本控制结构之一，它可以减少源程序重复书写的工作量，通过计算机的反复执行完成大量类似的计算。循环结构具有三个基本要素，即循环控制变量、循环体和循环终止条件，通过不断改变循环控制变量的值使循环趋近于终止，而循环过程中反复执行的程序段即为循环体。

循环结构分为当型循环结构和直到型循环结构。

(1) 当型循环结构：每次执行循环体前，对条件进行判断，当条件满足时，执行循环体，否则终止循环；

(2) 直到型循环结构：先执行一次循环体，再对条件进行判断，如果条件不满足，就继续执行循环体，直到条件满足时终止循环。

C 语言提供了 while 语句、do-while 语句和 for 语句来实现循环结构，其中 while 语句为当型循环控制语句，do-while 语句为直到型循环控制语句(与标准的直到型循环略有区别)，而 for 语句是一种更为灵活、使用广泛的多功能循环控制语句。下面分别介绍这三种循环语句。

5.2 while 语句

while 语句是当型循环控制语句，它的特点是：先判断表达式，后执行语句。一般形式为：

```
while(表达式)
{
    语句
}
```

1. while 语句的要求

(1) while 后面的括号()不能省略。

(2) while 后面的表达式可以是任意类型的表达式，一般为条件表达式或逻辑表达式，表达式的值是循环的控制条件。

(3) 语句部分即为循环体,当包含一条以上的语句时应以复合语句的形式出现。

注意:在循环体中,若只有一条语句,大括号可以省略不写。但作为一种良好的编程习惯,建议保留大括号,以增强程序的可读性。

2. while 语句的执行过程

当表达式的值为真(非 0)时,执行循环体内的语句,然后再判断表达式的值,如果为真,再执行循环体内的语句,如此重复,当表达式的值为假(0)时结束循环。其流程图如图 5-1 所示。

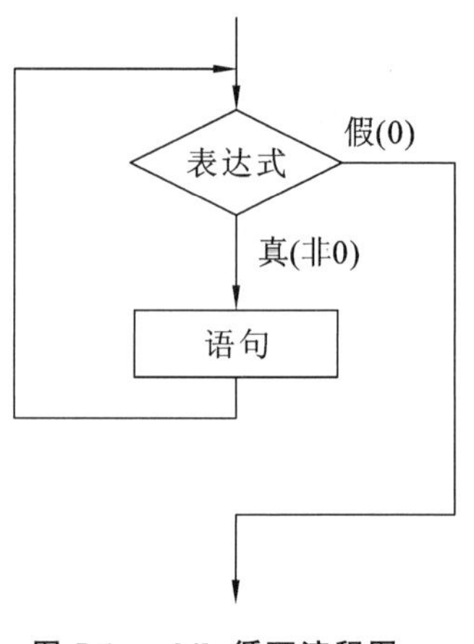

图 5-1　while 循环流程图

【例 5-1】　用 while 语句求幂值 2^{10}。

算法思路:

(1) 定义变量 t 存放累乘积,变量 i 控制幂指数,t 的初始值为 1。

(2) i 的初始值为 1,关系表达式 i<=10 的值为真,则执行循环体,将 2 累乘到 t 中,并使 i 的值自增 1。

(3) 重复执行循环体直到 i 的值为 10 时,将第 10 个 2 累乘到 t 中。i 增 1 后值为 11,11<=10 的值为假,退出 while 循环。

(4) 输出 t 的值。

分别用传统流程图和 N-S 流程图表示算法,如图 5-2 和图 5-3 所示。

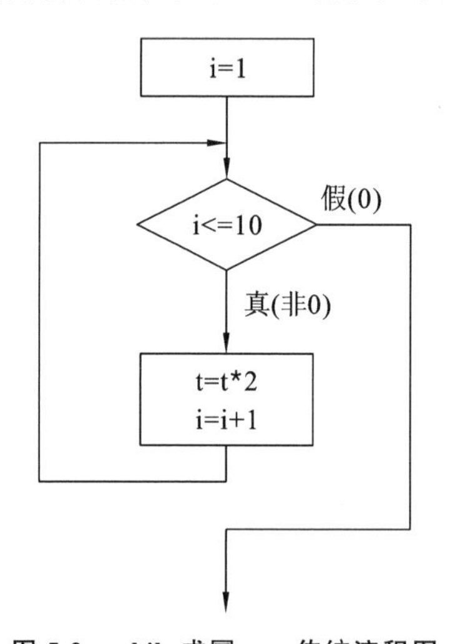

图 5-2　while 求幂——传统流程图

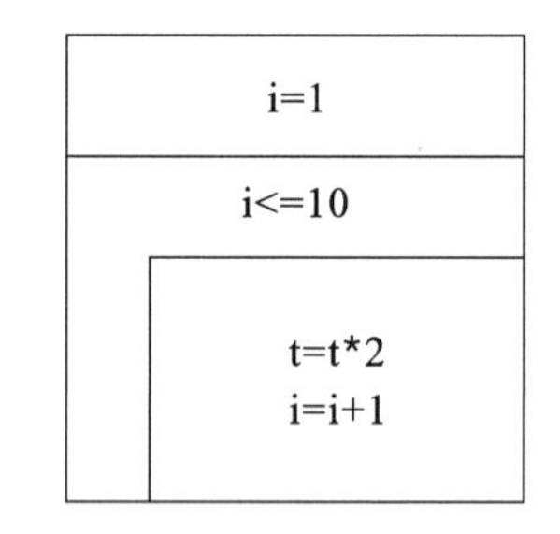

图 5-3　while 求幂——N-S 流程图

程序实现:

```
#include <stdio.h>
void main()
{
    int i,t=1;
    i=1;
    while (i<=10)
    {
        t=t*2;
```

```
        i++;
    }
    printf("t=%d\n",t);
}
```

运行测试：

```
t=1024
```

【例 5-2】 用 while 语句求 100 以内的奇数、偶数之和。

算法思路：

(1) 定义变量 k 存储求和过程中的加数，s1 为偶数的和，s2 为奇数的和，并赋 k 为 1，s1、s2 均为 0。

(2) k 的初始值为 1，关系表达式 k<=100 的值为真，则执行循环体。

(3) 循环体中进行判断，若 k 为偶数即累加到 s1 中，若 k 为奇数即累加到 s2 中。

(4) 重复执行循环体直到 k 的值为 100 时，将 100 累加到 s1 中。k 增 1 后值为 101，101<=100 的值为假，退出 while 循环。

(5) 输出 s1、s2 的值。

程序实现：

```
#include <stdio.h>
void main()
{
    int k=1,s1=0,s2=0;
    while (k<=100)
    {
        if (k%2==0)  s1+=k;
        else  s2+=k;
        k++;
    }
    printf("偶数和为%d,奇数和为%d\n",s1,s2);
}
```

运行测试：

```
偶数和为 2550,奇数和为 2550
```

3. while 语句需要注意的用法

(1) 程序中需要利用一个变量控制 while 语句的表达式的值，这个变量即为循环控制变量，如例 5-1 中的 i，例 5-2 中的 k。循环前，必须给循环控制变量赋初值，否则使用系统赋给的初值，会影响最终结果。例如求 1+2+3+…+100 的值：

```
int i,sum=0;      /*应赋 i 的初值为 1*/
while (i<=100)
{
    sum=sum+i;
    i++;
}
printf("sum=%d\n",sum);
```

运行测试：

```
sum=-773089064
```

(2) 循环体中,必须有改变循环控制变量值的语句,即使循环趋向结束的语句。例如:

```
int a=1,b=2;
while (a>0)   /*a的值始终未变,永远大于0,此循环为死循环*/
{
  b++;
}
```

(3) 循环体可以为空。例如:

```
while ((c=getchar())! ='\n');
```

等价于:

```
c=getchar();
while (c! ='\n')
{
   c=getchar();
}
```

5.3 do-while 语句

do-while 语句是直到型循环控制语句,它的特点是:先执行语句,后判断表达式。一般形式为:

```
do
{
    语句
}while(表达式);
```

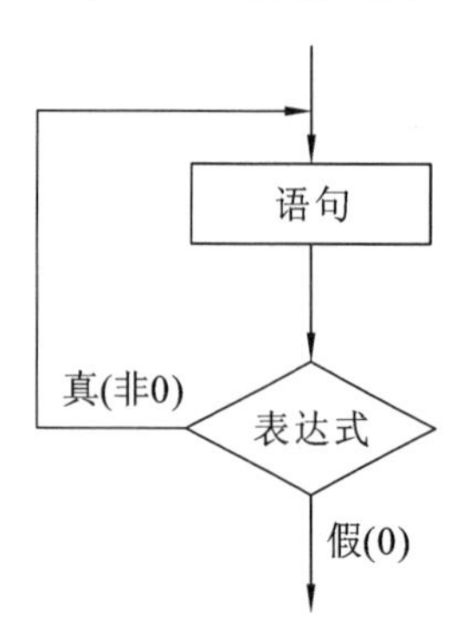

图 5-4 do-while 循环流程图

1. do-while 语句的要求

(1) while 后面的括号()不能省略。

(2) while 后面的分号;不能省略。

(3) while 后面的表达式可以是任意类型的表达式,一般为条件表达式或逻辑表达式,表达式的值是循环的控制条件。

(4) 语句部分即为循环体,当包含一条以上的语句时应以复合语句的形式出现。

2. do-while 语句的执行过程

先执行循环体语句一次,再判别表达式的值,如果为真(非0),再执行循环体内的语句,如此重复,直到表达式的值为假(0)时结束循环。其流程图如图 5-4 所示。

注意:do-while 与标准的直到型循环有一个极为重要的区别,直到型循环是当条件为真时结束循环,而 do-while 语句恰恰相反,当条件为真时循环,一旦条件为假,立即结束循环。

【例 5-3】 用 do-while 语句求幂值 2^{10}。

算法思路:

(1) 定义变量 t 存放累乘积,变量 i 控制幂指数,t 的初始值为 1,i 的初始值为 1。

(2) 先执行一次循环体,将第 1 个 2 累乘到 t 中,并使 i 的值自增 1,再判断关系表达式 i<=10 的值,为真则继续执行循环体。

（3）重复执行循环体直到i的值增为10时，条件仍为真，继续执行一次循环体，即将第10个2累乘到t中，而i增1后值为11，11＜＝10的值为假，退出do-while循环。

（4）输出t的值。

分别用传统流程图和N-S流程图表示算法，如图5-5和图5-6所示。

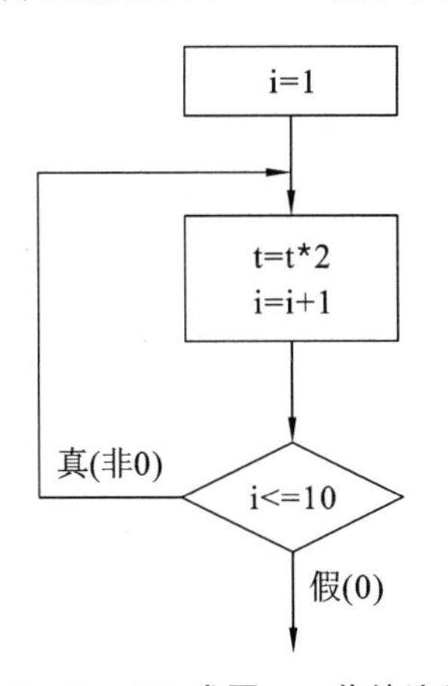

图5-5 do-while求幂——传统流程图

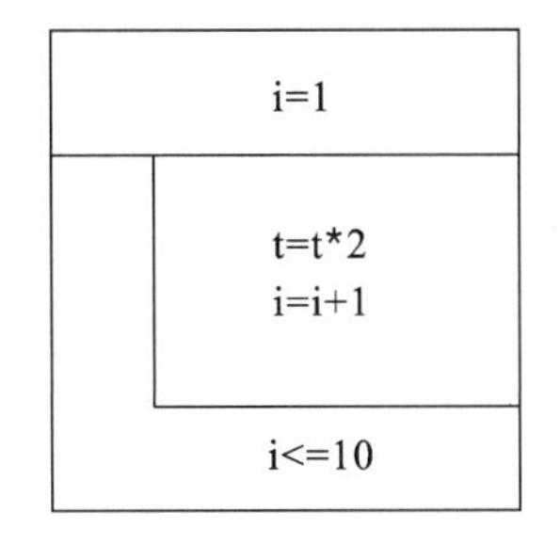

图5-6 do-while求幂——N-S流程图

程序实现：

```
#include <stdio.h>
void main()
{
    int i,t=1;
    i=1;
    do
    {
        t=t*2;
        i++;
    } while (i<=10);
    printf("t=%d\n",t);
}
```

运行测试：

```
t=1024
```

3. do-while语句需要注意的用法

（1）do-while语句对于循环控制变量及循环体的相关约束均与while语句相同。但while语句中，表达式括号后一般不加分号，若加分号，表示循环体为空；而do-while语句的表达式括号后必须加分号，否则将产生语法错误。

（2）do-while和while语句一般可以相互转换，转换时可能需要修改循环控制条件。

【例5-4】 比较while语句与do-while语句，如何修改do-while语句使得输出结果相同。

```
#include <stdio.h>
void main()
{
    int s=0,n=3;
    while (n--)
```

```
#include <stdio.h>
void main()
{
    int s=0,n=3;
    do
```

```
    {
        s++;
    }
    printf("s=%d\n",s);
}
```

```
    {
        s++;
    } while (n--);
    printf("s=%d\n",s);
}
```

算法思路：

这里作为循环条件的不是关系表达式，因此需要判断逻辑量 n 的值，非 0 则为真，0 则为假，判断结束，再将 n 的值自减 1。

(1) while 语句中 n 从 3 递减至 1，即循环体执行 3 次，直至 n 为 0，结束循环，但注意 n 仍需再减 1，因此循环结束时 s=3，n=−1。

(2) do-while 语句中首先执行一次 s++，再判断 n 的值，循环体执行 4 次，结束循环。循环结束时 s=4，n=−1。

若要使 do-while 循环得到的 s 值与 while 循环的相同，只要通过修改循环条件，从而更改循环体的执行次数。这里可以将循环条件改为−−n，每次判断循环条件是否成立时，总是先对 n 减 1，再判断 n 的值是否为 0，决定是否再次执行循环体。

5.4 for 语句

for 语句是 C 语言所提供的功能更强、使用更广泛的一种循环语句。它的形式多样，用法更加灵活。

5.4.1 基本的 for 语句

基本的 for 语句一般形式为：

```
for (表达式 1;表达式 2;表达式 3)
{
    语句
}
```

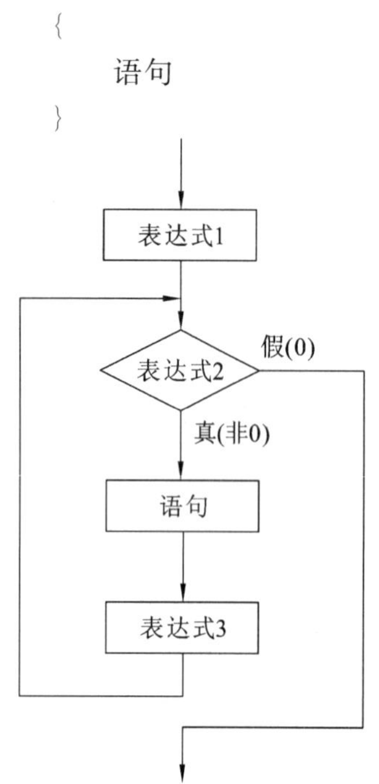

图 5-7　for 循环流程图

1. 基本 for 语句的要求

(1) for 后面的括号()不能省略。

(2) 表达式 1 一般为赋值表达式，通常用来给循环控制变量赋初值，其后的分号;不能省略。

(3) 表达式 2 一般为关系表达式或逻辑表达式，作为循环控制的条件，其后的分号;不能省略。

(4) 表达式 3 一般为赋值表达式，通常用来修改循环控制变量的值。其后无分号。

(5) 语句部分即为循环体，当包含一条以上的语句时应以复合语句的形式出现。

2. for 语句的执行过程

先执行表达式 1，再判断表达式 2，若表达式 2 的值为真(非 0)时，执行循环体内的语句，接着执行表达式 3，再继续判断表达式 2，如此重复，直到表达式 2 的值为假(0)时结束循环。其流程图如图 5-7 所示。

【例 5-5】 用 for 语句求幂值 2^{10}。

算法思路：

(1) 定义变量 t 存放累乘积，变量 i 控制幂指数，t 的初始值为 1，i 的初始值为 1。

(2) 判断关系表达式 i<=10 的值，为真则执行循环体，再对 i 增 1。

(3) 重复执行循环体及 i 的自增操作，直到 i 的值增为 10 时，条件仍为真，继续执行一次循环体，即将第 10 个 2 累乘到 t 中，而 i 增 1 后值为 11，11<=10 的值为假，退出 for 循环。

(4) 输出 t 的值。

分别用传统流程图和 N-S 流程图表示算法，如图 5-8 和图 5-9 所示。

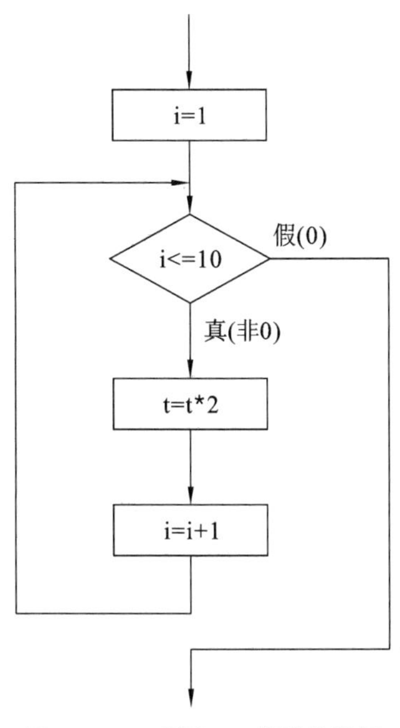

图 5-8 for 求幂——传统流程图

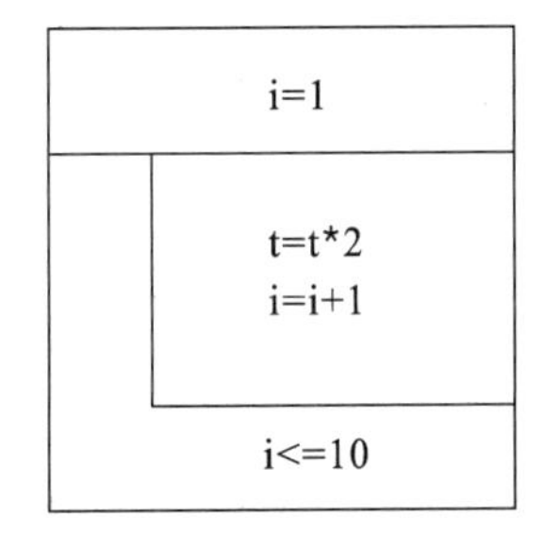

图 5-9 for 求幂——N-S 流程图

程序实现：

```
#include <stdio.h>
void main()
{
    int i,t=1;
    for (i=1;i<=10;i++)
    {
      t=t*2;
    }
    printf("t=%d\n",t);
}
```

运行测试：

```
t=1024
```

3. for 语句需要注意的用法

(1) 表达式 1 在进入循环之前求解，通常用来对循环控制变量进行初始化。从流程图可以看出，表达式 1 仅执行 1 次。

(2) 表达式 3 可以看成循环体的一部分，因为每次执行完循环体必然要执行一次表达式 3。

(3) 表达式 1 和表达式 3 可以是一个简单表达式,也可以是逗号表达式。例如:

```
for (sum=0,i=1;i<=100;i++)
{
    sum=sum+i;
}
```

或

```
for (i=0,j=100;i<=100;i++,j--)
{
    k=i+j;
}
```

(4) 表达式 2 一般是关系表达式或逻辑表达式,但也可以是数值表达式或字符表达式,只要其值不等于 0 就执行循环体。例如:

```
s=0;
for (k=1;k-4;k++)
{
    s=s+k;
}
```

仅当 k 的值等于 4 时终止循环,k－4 是数值表达式。

5.4.2 各种特殊形式的 for 语句

除了基本的 for 语句,还可以对 for 语句进行一些变形,产生各种特殊形式,而每种形式在使用时都有需要注意的用法。

1. 表达式 1 可以移到 for 语句的前面

```
表达式 1;
for (;表达式 2;表达式 3)
{
    语句
}
```

表达式 1 移到前面时,其后的分号;不能省略,并在 for 语句前给循环变量赋初值。例如求 1＋2＋3＋…＋100 的和:

```
int i,sum=0;
i=1;     /*在 for 语句前对循环控制变量赋初值*/
for (;i<=100;i++)
{
    sum=sum+i;
}
```

2. 表达式 2 为空

```
for (表达式 1;  ;表达式 3)
{
    语句
}
```

表达式 2 为空,但其后分号;不能省略。相当于表达式 2 的值永远为真,即为死循环。例如下面的循环是死循环:

```
for (a=1;;a++)
{
    printf("%d\n",a);
}
```

相当于

```
a=1;
while (1)
{
    printf("%d\n",a);
    a++;
}
```

注意:死循环中,若要结束循环,需要在循环体中引入 break 语句,将在 5.6 节进行介绍。

3. 表达式 3 可以移到内嵌语句中

```
for (表达式 1;表达式 2;)
{
    语句
    表达式 3;
}
```

表达式 3 省略时,循环体内应有使循环条件改变的语句。例如:

```
for (k=1;k<=3;)
{
    s=s+k;
    k++;     /*k 不断增 1 才能使循环趋近结束*/
}
```

4. 同时省略表达式 1 和表达式 3,只有表达式 2,相当于 while 语句

```
for (;表达式 2;)
{
    语句
}
```

例如:

```
k=1;
for (;k<=3;)
{
    s=s+k;
    k++;
}
```

相当于

```
k=1;
while (k<=3)
{
    s=s+k;
    k++;
}
```

【例 5-6】 读程序，判断程序的功能。

```
#include <stdio.h>
void main()
{
    char c;
    for (;(c=getchar())!='\n';)
    {
        putchar(c);
    }
    putchar('\n');
}
```

算法思路：

程序中 for 语句省略了表达式 1 和表达式 3，相当于执行一个 while 语句。只要读入的字符不为换行符，则输出；直到输入换行符，结束循环。若输入“OK!”，会打印“OK!”。

运行测试：

```
OK!
OK!
```

注意：getchar()仅当遇到回车符时才开始执行，从键盘缓冲区中取字符。因此，屏幕上并非显示“OOKK!!”。

5.5 三种循环语句的比较

while 语句、do-while 语句和 for 语句都可以用来处理同一问题，一般情况下，它们可以互相代替。其中，while 语句与 do-while 语句的使用更为相似，但相互代替时需注意循环条件的修改。相比较而言，for 语句的功能更强，凡用 while 语句能完成的，用 for 语句都能实现。下面分别从三个方面讨论三者的联系与区别。

1. 循环控制变量及循环控制条件

1）循环控制变量的初始化

在 while 语句和 do-while 语句中，循环控制变量的初始化应放在循环前进行，而 for 语句可放在循环前，也可作为表达式 1 的一部分。

2）循环控制变量的修改

在 while 语句和 do-while 语句中，为了使循环能正常结束，应在循环体内包含使循环趋于结束的语句(如 i++等)。for 语句可以在表达式 3 中包含使循环趋于结束的操作，甚至可以将循环体中的操作全部放在表达式 3 中，同理，也可将表达式 3 中的语句移至内嵌循环体中。

3）循环控制条件

在 while 语句和 do-while 语句中，循环条件都在 while 后的括号内指定，而 for 语句的循环条件通常在表达式 2 中指定。

2. 循环体的执行

while 语句先判断条件再执行循环体，因此有可能循环体一次都不执行；而 do-while 语句先执行循环体再判断条件，循环体至少执行一次。例如：

```
int a=2,s=0;
while (a>5)
{
    s++;
}
```

本例中 a 的初始值为 2,2<5,因此条件不成立,循环体一次都不执行。

3. 循环的跳转

在 while 语句、do-while 语句和 for 语句中,都可以使用 break 语句跳出循环,用 continue 语句结束本次循环。通过这两个语句可以灵活地控制循环的结束时刻,更好地满足程序设计人员的需要。

5.6 break 语句

在选择结构程序设计中,我们学习了 switch 结构,通过 break 语句可以使流程跳出 switch 结构,继续执行 switch 语句后面的语句。实际上,break 语句还可以用来从循环体内跳出循环,即提前结束循环,接着执行循环语句后面的第一条语句。break 语句的一般形式为:

break;

通过使用 break 语句对循环执行的影响如图 5-10 所示。

```
while(表达式 1)            do                         for(;表达式 1;)
{                          {                          {
    …                          …                          …
    if(表达式 2) break;        if(表达式 2) break;        if(表达式 2) break;
    …                          …                          …
}                          } while(表达式 1);         }
循环后第一条语句           循环后第一条语句           循环后第一条语句
```

图 5-10 break 语句

【例 5-7】 对所有输入的字符进行计数,直到输入的字符为换行符为止。

算法思路:

(1) 定义字符变量 c 存放输入的字符,变量 i 进行计数,i 的初始值为 0。

(2) 通过键盘不断输入字符,因此该循环在未输入换行符前为一死循环,因此循环条件可设置永远为真。

(3) 在循环体中输入一个字符,即进行判断,若不为换行符,则计数器增 1,重复执行循环体。若为换行符,则立即结束循环,通过 break 语句进行控制。

(4) 输出 i 的值。

程序实现:

```
#include <stdio.h>
void main()
{
    char c;
    int i=0;
```

```
    while (1)
    {
        c=getchar();
        if (c=='\n')break;
        else i++;
    }
    printf("字符数为%d\n",i);
}
```

运行测试：

```
abcd
字符数为 4
```

在使用 break 语句时，还需要注意的用法：

(1) break 语句只能用于 while、do-while 或 for 语句构成的循环结构中，以及 switch 结构中。

(2) 在嵌套循环中，使用 break 语句只能跳出包含它的最近一层循环。(有关嵌套循环将在 5.8 节进行介绍。)

5.7 continue 语句

不同于 break 语句，continue 语句能在满足某种条件下，不执行循环体中剩余语句而重新开始新一轮循环。对于 while 和 do-while 语句，continue 语句直接判断条件决定是否继续循环；而对于 for 语句，若表达式 3 不为空，则先执行表达式 3 再判断循环条件是否成立决定是否继续循环。continue 语句的一般形式为：

continue;

通过使用 continue 语句对循环执行的影响如图 5-11 所示。

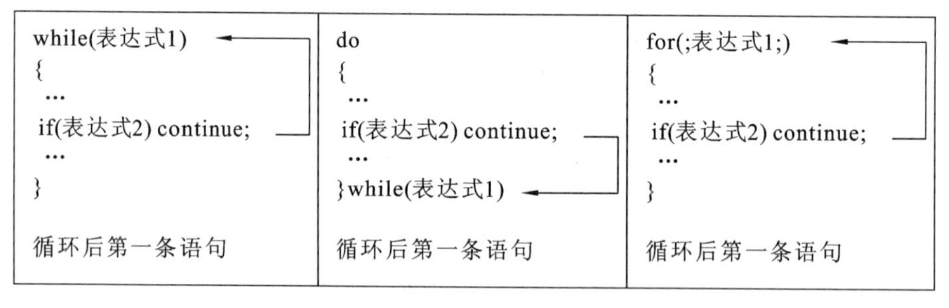

图 5-11 continue 语句

【例 5-8】 输入 10 个整数，求其中正整数的个数及平均值，精确到小数点后两位。

算法思路：

(1) 定义整型变量 count 用来计数，sum 作为累加和，i 控制输入数据的个数，j 用来存储输入的数据。其中 count 和 sum 初始值为 0，i 初始值为 1。

(2) 判断条件，若 i<=10 成立，进入循环体，输入数据给 j。若 j 为正整数，继续执行循环体，即计数器 count 增 1，并将 j 累加到 sum 中，再执行表达式 3(即 i++)并继续下次循环；若 j 不为正整数，则继续判断下一个数据，结束本次循环，忽略循环体剩余语句，直接执行表达式 3，再继续下次循环。

(3) 重复执行循环体直到 i=10 时，判断第 10 个数据是否为正整数，执行完上述操作后,i 再增 1 为 11,11>10,结束循环。

(4) 若计数器 count 不为 0,输出整数的个数及平均值;若为 0,输出“输入数据中无正整数”。

程序实现:

```
#include <stdio.h>
void main()
{
    int i,count=0,j,sum=0;
    for (i=1;i<=10;i++)
    {
        printf ("请输入第%d个数据:",i);
        scanf ("%d",&j);
        if (j<=0)  continue;
        count++;
        sum+=j;
    }
    if (count)
        printf("正整数的个数:%d,平均值:%.2f",count,1.0* sum/count);
    else  printf("输入数据中无正整数");
}
```

运行测试:

```
请输入第 1 个数据:- 2          请输入第 1 个数据:- 1
请输入第 2 个数据:8            请输入第 1 个数据:- 2
请输入第 3 个数据:- 53         请输入第 1 个数据:- 3
请输入第 4 个数据:78           请输入第 1 个数据:- 4
请输入第 5 个数据:96           请输入第 1 个数据:- 5
请输入第 6 个数据:23           请输入第 1 个数据:- 6
请输入第 7 个数据:- 97         请输入第 1 个数据:- 7
请输入第 8 个数据:- 58         请输入第 1 个数据:- 8
请输入第 9 个数据:73           请输入第 1 个数据:- 9
请输入第 10 个数据:88          请输入第 1 个数据:- 10
```

程序运行结果:

```
正整数的个数:6,平均值:61.00    输入数据中无正整数
```

思考:若例 5-8 中 continue 语句换成 break 语句,程序执行结果会如何?

若输入的数据第一次出现负数,则循环体执行至 break 语句便立即结束循环,循环结束时 i 可能小于 10,即输入数据可能少于 10 个。例如,可得如下的运行测试结果:

```
请输入第 1 个数据:10
请输入第 2 个数据:-1
```

程序运行结果:

```
正整数的个数:1,平均值:10.00
```

在使用 continue 语句时,需要注意以下用法:

(1) continue 语句只能用于 while、do-while 或 for 语句构成的循环结构中。

(2) 在嵌套循环中,使用 continue 语句只能对包含它的最近一层循环起作用。

5.8 嵌套循环

一个循环体内包含着另一个完整的循环结构，称为嵌套循环。内嵌的循环体中又可以嵌套循环，从而构成多重循环。例如，仅有一层的循环为一重循环，在循环体内还包含一层循环的为二重循环，以此类推。三种循环可以嵌套自身，也可以互相嵌套，如以下均为二重循环的几种合法形式：

```
while (表达式 1)        do                              for (;表达式 1;)
{ …                     { …                             { …
  while (表达式 2)        do                              for (;表达式 2;)
  { … }                   { … } while (表达式 2);        { … }
  …                       …                               …
}                       } while (表达式 1);             }

do                      while (表达式 1)                for (;表达式 1;)
{ …                     { …                             { …
  while (表达式 2)        do                              while(表达式 2)
  { … }                   { … } while (表达式 2);        { … }
  …                       …                               …
} while (表达式 1);     }                               }
```

【例 5-9】 打印如下 5 行 8 列的矩形星号图形。

```
* * * * * * * *
* * * * * * * *
* * * * * * * *
* * * * * * * *
* * * * * * * *
```

算法思路：

该图形具有以下特点：图形每行的起始位置相同且每行的字符数相同。对于 8 颗星号可以用语句 printf(" ******** ");实现，因此只需定义整型变量 row 控制输出的行数，通过一重循环实现。循环体中除了输出星号外，还需要控制换行。

程序实现：

```
#include <stdio.h>
void main()
{
    int row;
    for (row=1;row<=5;row++)
    {
        printf("* * * * * * * * ");
        printf("\n");
    }
}
```

由于每行涉及星号个数较少，所以通过一重循环，直接输出比较简单。若每行星号个数较多，显然上述方法不太可取。下面换另一种思路：

每行 8 颗星号，可以看成是重复打印了 8 次一颗星号，因此上例中的 printf("********")；可以用一个一重循环来实现，定义整型变量 col 控制每行打印星号的个数，即正在打印的星号所在的列。上例可转换为以下的二重循环来实现：

```
#include <stdio.h>
void main()
{
    int row,col;
    for (row=1;row<=5;row++)
    {
        for (col=1;col<=8;col++)
        {
            printf("*");
        }
        printf("\n");
    }
}
```

【例 5-10】 打印如下 5 行 8 列的平行四边形星号图形。

```
    * * * * * * * *
   * * * * * * * *
  * * * * * * * *
 * * * * * * * *
* * * * * * * *
```

算法思路：

该图形具有以下特点：每行的起始位置不同，而每行的字符数相同。因此，必须首先找到每行星号前空格数的变化规律：

第 1 行　　4 个空格

第 2 行　　3 个空格

第 3 行　　2 个空格

第 4 行　　1 个空格

第 5 行　　0 个空格

可见，存在这样的规律：行数＋相应的空格数＝5。若仍用 row 控制行数，则第 row 行星号前有 5－row 个空格，这是一个变化的数据，因此可以利用一个一重循环实现空格的输出。每次输出一个空格，循环 5－row 次即输出 5－row 个空格，同样可定义 col 控制每行打印空格的个数。图形中每行的输出可分成三部分，即空格、星号以及换行，而星号和换行可采用前面的方法实现。

程序实现：

```
#include <stdio.h>
void main()
{
    int row,col;
```

```
    for (row=1;row<=5;row++)
    {
      for (col=1;col<=5-row;col++)
        {
            printf(" ");      /*打印输出一个空格*/
        }
        printf("********");
        printf("\n");
    }
}
```

在使用嵌套循环时,需要注意以下用法。

1. 正确确定循环体

循环体是循环中重复执行的程序段,对于嵌套循环尤其需要正确确定循环体。一般情况下,利用一对大括号将循环体括起来,从而保证了逻辑上的正确性。若未使用大括号,循环体即为紧跟其后的完整语句。如:

```
int i,j=0,sum=0;
for (i=1;i<=10;i++)
    if (i%2==0)   j++;
    sum=sum+i;
```

虽然在书写格式上将 sum＝sum＋i;与上一行的 if 语句缩进位置相同,但需要注意此时的循环体是 if (i%2＝＝0) j＋＋;,嵌套循环中也采用同样的方法来处理。

2. 嵌套的循环控制变量不能相同

从例 5-10 中可以看出,外层循环(即外循环)使用循环控制变量 row,内层循环(即内循环)使用循环控制变量 col。如果两者相同,循环会出现混乱的状况。如打印矩形星号图形时,采用如下程序段:

```
for (row=1;row<=5;row++)
{
    for (row=1;row<=8;row++)
    {
        printf("* ");
    }
    printf("\n");
}
```

(1) 外层循环 row＝1 时,满足 1＜＝5,进入循环体。

(2) 在内层循环中,row 从 1 循环到 8,打印出 8 颗星号,结束内循环时 row 为 9,再换行结束第一次的外层循环。

(3) 此时 row 再增 1 为 10,10＞5,因此结束外层循环。

从分析中可知,最后得到的图形为一行 8 颗星号,不满足题目要求。

3. 内循环变化快,外循环变化慢

可以根据循环中循环控制变量的变化规律确定内循环及外循环,遵循"内循环变化快,外循环变化慢"的规律。如:

```
for (i=1;i<=3;i++)
{
    for (j=1;j<=i;j++)
    {
        printf("%d+%d=%2d",i,j,i+j);
    }
    printf("\n");
}
```

将上述二重循环的执行过程用表 5-1 描述。

表 5-1 二重循环的执行过程

<table>
<tr><td rowspan="2">i=1</td><td rowspan="2">1<=3</td><td>j=1</td><td>1<=1</td><td>输出 1+1=2</td></tr>
<tr><td>j=2</td><td>2<=1</td><td>结束内循环</td></tr>
<tr><td rowspan="3">i=2</td><td rowspan="3">2<=3</td><td>j=1</td><td>1<=2</td><td>输出 2+1=3</td></tr>
<tr><td>j=2</td><td>2<=2</td><td>输出 2+2=4</td></tr>
<tr><td>j=3</td><td>3<=2</td><td>结束内循环</td></tr>
<tr><td rowspan="4">i=3</td><td rowspan="4">3<=3</td><td>j=1</td><td>1<=3</td><td>输出 3+1=4</td></tr>
<tr><td>j=2</td><td>2<=3</td><td>输出 3+2=5</td></tr>
<tr><td>j=3</td><td>3<=3</td><td>输出 3+3=6</td></tr>
<tr><td>j=4</td><td>4<=3</td><td>结束内循环</td></tr>
<tr><td>i=4</td><td>4<=3</td><td colspan="3">结束外循环</td></tr>
</table>

可见,内循环的循环控制变量 j 比外循环的循环控制变量 i 变化快。在循环问题的编程过程中,通过总结变量之间的变化关系可以确定内、外循环控制变量。

4. 循环控制变量常与求解的问题挂钩

在打印星号的问题中,循环控制变量 row 可以表示求解问题的行,col 可以表示求解问题的列,从命名上就能体现循环的执行过程。

5.9 应用举例

【例 5-11】 编程实现:统计全班某门功课期末考试的平均分和最高分。(设全班人数 10 个人,要求成绩都用同一变量存储。)

算法思路:

为求解平均分,需先将 10 位同学的总分求出。而对于最高分,可以设定某个变量为当前最高分,依次与 10 个成绩进行比较替换可得。

(1) 定义整型变量 score 存储某一学生的成绩,整型变量 max 存储当前最高分,浮点型变量 sum 存储成绩的总和,其中 max 和 sum 初始值为 0。

(2) 定义循环控制变量 i 控制人数,每次输入一个新成绩即进行累加并与当前最高分 max 比较,若 max 小于新的成绩,则更改 max 为新的成绩。循环 10 次即可。

程序实现:

```
#include <stdio.h>
void main()
{
    int i=1,score,max=0;  float sum=0;
    while (i<=10)
    {
        printf("请输入第%d位同学的成绩:",i);
        scanf("%d",&score);
        sum=sum+score;
        if (max<=score) max=score;
        i++;
    }
    printf("平均分为%f,最高分为%d",sum/10,max);
}
```

运行测试:

```
请输入第 1 位同学的成绩:70
请输入第 2 位同学的成绩:80
请输入第 3 位同学的成绩:96
请输入第 4 位同学的成绩:56
请输入第 5 位同学的成绩:84
请输入第 6 位同学的成绩:78
请输入第 7 位同学的成绩:65
请输入第 8 位同学的成绩:51
请输入第 9 位同学的成绩:74
请输入第 10 位同学的成绩:63
平均分为 71.700000,最高分为 96
```

【例 5-12】 试找出满足下列条件的所有两位数:

(1) 其十位数不大于 2

(2) 将个位与十位对换,得到的两位数是原两位数的两倍多。

算法思路:

根据题意,十位数可取 1 或 2,个位数可取 2～9。因此,题目转换为依次判断 12～19、22～29 是否为满足条件的两位数。由变化可知,用二重循环来进行,个位数变化快于十位数,所以外循环控制十位数,内循环控制个位数。

(1) 定义 i 为十位数的取值,j 为个位数的取值,i 从 1 变化到 2,j 从 2 变化到 9。

(2) 形成的原两位数即为 10 * i+j,新两位数为 10 * j+i。通过循环依次判断形成的新两位数是否为原两位数的两倍多,若满足即输出。

程序实现:

```
#include <stdio.h>
void main()
{
    int i,j,n,m;
    for (i=1;i<=2;++i)
    {
```

```
        for (j=2;j<=9;++j)
        {
          n=10*i+j;
          m=10*j+i;
          if (m>=2*n && m<3*n)printf("%d"n);
        }
    }
}
```

运行测试：

```
13  14  25  26  27  28
```

习　　题

一、填空题

1. C语言中实现循环结构的控制语句有________语句、________语句和________语句。

2. break语句在循环体中的作用是________，continue语句在循环体中的作用是________。

3. 设i,j,k均为int型变量，则执行完下面的for循环后，i的值为________，j的值为________，k的值为________。

```
for (i=0,j=10;i<=j;i++,j--)k=i+j;
```

4. 若输入字符串：abcde＜回车＞，则以下while循环体将执行________次。

```
while((ch=getchar())=='e') printf("*");
```

5. 下面程序的输出结果是________。

```
#include <stdio.h>
void main()
{   int n=0;
    while (n++<=1);
    printf("%d,",n);
    printf("%d\n",n);
}
```

6. 下面程序的输出结果是________。

```
#include <stdio.h>
void main()
{   int s,i;
    for (s=0,i=1;i<3;i++,s+=i);
    printf("%d\n",s);
}
```

7. 若a=1,b=10为int型变量，则执行以下语句后b的值为________，a的值为________。

```
do{
    b-=a;
    a++;
}while(b--<0);
```

二、选择题

1. 以下叙述正确的是(　　)。

   A. do-while 语句构成的循环不能用其他语句构成的循环来代替

   B. do-while 语句构成的循环只能用 break 语句退出

   C. 用 do-while 语句构成的循环,在 while 后的表达式为非零时结束循环

   D. 用 do-while 语句构成的循环,在 while 后的表达式为零时结束循环

2. 设 int a,b;,则执行以下语句后 b 的值为(　　)。

```
a=1;b=10;
do
{   b-=a;
    a++;
}while (b--<0);
```

   A. 9　　B. −2　　C. −1　　D. 8

3. 执行语句:for (i=1;i++<4;);后,变量 i 的值是(　　)。

   A. 3　　B. 4　　C. 5　　D. 不定值

4. 程序段如下:

```
int k=-20;
while(k=0) k=k+1;
```

   则以下说法中正确的是(　　)。

   A. while 循环执行 20 次　　B. 循环是无限循环

   C. 循环体语句一次也不执行　　D. 循环体语句执行一次

5. 以下循环体的执行次数是(　　)。

```
#include <stdio.h>
void main()
{   int i,j;
    for (i=0,j=1;i<=j+1;i+=2,j--)
    printf ("%d\n",i);
}
```

   A. 3　　B. 2　　C. 1　　D. 0

6. 执行下面的程序后,a 的值为(　　)。

```
#include <stdio.h>
void main()
{
    int a,b;
    for (a=1,b=1;a<=100;a++)
    {
        if (b>=20) break;
        if(b%3==1)
        { b+=3;
          continue;
        }
        b-=5;
    }
}
```

A. 7　　B. 8　　C. 9　　D. 10

7. 定义 int i=1;,执行语句 while(i++<5);后,i 的值为(　　)。

A. 3　　B. 4　　C. 5　　D. 6

8. 若 int a=5;,则执行以下语句后打印的结果为(　　)。

```
do{
    printf("%2d",a--);
}while(!a);
```

A. 5　　B. 不打印任何内容

C. 4　　D. 陷入死循环

9. 以下不是死循环的语句为(　　)。

A. for(;;x+=i);　　B. while(1){x++;}

C. for(i=10;;i--) sum+=i;　　D. for(;(c=getchar())!='\n';) printf("%c",c);

10. 下面的 for 语句(　　)。

```
for(x=0,y=0;(y!=123)&&(x<4);x++);
```

A. 是无限循环　　B. 循环次数不定

C. 循环执行 4 次　　D. 循环执行 3 次

三、读程序题,写出下列程序的运行结果

1.

```
#include <stdio.h>
void main()
{
    int n=9;
    while (n>6)
    {
        n--;
        printf("%d",n);
    }
}
```

2.

```
#include <stdio.h>
void main()
{
    int i;
    for (i=1;i<6;i++)
    {
        if (i%2)
        {
            printf("#");continue;
        }
        printf("*");
    }
    printf("\n");
}
```

3. 运行以下程序后，如果从键盘上输入 china#＜回车＞，写出程序的运行结果。

```
#include <stdio.h>
void main()
{
    int v1=0,v2=0;  char ch;
    while ((ch=getchar())!='#')
    switch (ch){
        case 'a':
        case 'h':
        default:  v1++;
        case '0':  v2++;
    }
    printf("%d,%d\n",v1,v2);
}
```

4.

```
#include <stdio.h>
void main()
{
    int i,j;
    for (j=10;j<11;j++)
    for (i=9;i<=j-1;i++)
    printf("%d",j);
}
```

5.

```
#include <stdio.h>
void main()
{
    int k=5,n=0;
    do{
        switch(k)
        {
            case 1:case 3:n+=1;k--;break;
            default:n=0;k--;
            case 2:case 4:n+=2;k--;break;
        }
        printf("%d",n);
    }while(k>0&&n<5);
}
```

6.

```
#include <stdio.h>
void main()
```

```
{
    int i;
    for(i=0;i<3;i++)
    switch(i)
    {
        case 0:printf("%d",i);
        case 2:printf("%d",i);
        default:printf("%d",i);
    }
}
```

7.

```
#include <stdio.h>
void main()
{
    int i,j,x=0;
    for(i=0;i<2;i++)
    {
        x++;
        for(j=0;j<=3;j++)
        {
            if(j%2)
            continue;
            x++;
        }
        x++;
    }
    printf("x=%d\n",x);
}
```

四、程序填空题

1. 下列程序的功能是求100～200间的全部素数，完善此程序。

```
#include <stdio.h>
#include <math.h>
void main()
{  int m,k,i,n=0;
   for(m=101;m<=200;m=m+2)
   {k=(int)sqrt(m);
      for (i=2;_______;i++)
      if (_______) break;
      if (i>=k+1){printf("%d",m);n=n+1;}
      if(n%10==0) printf("\n");
   }
    printf ("\n");
}
```

2. 下列程序实现的是求 Fibonacci 数列前 40 项的值，完善此程序。

```
#include <stdio.h>
void main()
{
    long int f1,f2;
    int i;
    f1=1,f2=1;
    for(i=1;i<=20;i++)
    {printf("%12ld %12ld",f1,f2);
      if(i%2==0) printf("\n");
      ____________
      ____________
    }
}
```

3. 以下程序的功能是用 do-while 循环实现求 1 加到 100 的和，完善此程序。

```
#include <stdio.h>
void main()
{int i=1,sum=0;
    do
    {____________
    i++;
    }while (____________);
    printf("%d\n",sum);
}
```

五、编程题

1. 编程计算 1! +2! +3! +…+20! 的值。
2. 输入两个正整数 m 和 n，求其最大公约数和最小公倍数。
3. 输入一行字符，分别统计其中英文字母、空格、数字和其他字符的个数。
4. 输出所有的“水仙花数”。所谓“水仙花数”是指一个 3 位数，其各位数字的立方和等于该数本身。例如，153 是一水仙花数，因为 $153=1^3+5^3+3^3$。
5. 一个数如果恰好等于它的因子之和(除自身外)，则称该数为“完数”，例如 6=1+2+3，就是“完数”。请编写一个程序，求出 1000 以内的整数中的所有“完数”。
6. 猴子吃桃问题。猴子第 1 天摘下若干个桃子，当即吃了一半，还不过瘾，又多吃了一个。第二天早上又将剩下的桃子吃掉一半，又多吃了一个。以后每天早上都吃了前一天剩下的一半零一个。到第 10 天早上想再吃时，就只剩下一个桃子了。求第 1 天共摘多少个桃子。

第6章 函　数

6.1 函数概述

C语言是面向过程的模块化语言，以函数(具有某种特定功能相对独立的程序模块)作为程序的模块单位，实现程序模块化，又称函数式的语言。C语言的源程序是由一个主函数和若干个函数组成的，函数的相互调用构成了C语言程序。运行时，程序从主函数 main()开始执行，到 main() 的终止行结束。其他函数由 main()或别的函数或自身调用后组成可执行程序。

函数用于把较大的计算任务分解成若干个较小的任务，使程序设计人员可以在其他函数的基础上构造程序，而不需要从头做起。一个设计得当的函数可以把具体操作细节(程序中不需要知道它们的那些部分)隐藏掉，从而使整个程序结构清楚，减轻因修改程序所带来的麻烦。可以把程序中通用的一些计算或操作编成通用的函数，以供随时调用，这样可以大大地减轻程序设计人员的代码工作量。

先看一个例子：

【例 6-1】 编写程序，输出 x1，x2 中的最大值，输出 x3，x4 中的最大值。

```
0:  #include <stdio.h>
1:  int main()
2:  {
3:    int x1=3,x2=5,x3=10,x4=8;
4:    int max1;
5:    if(x1>x2)
6:    {
7:        max1=x1;
8:    }
9:    else
10:   {
11:       max1=x2;
12:   }
13:   int max2;
14:   if(x3>x4)
15:   {
16:       max2=x3;
17:   }
18:   else
19:   {
20:       max2=x4;
21:   }
22:   printf("max of %d,%d is %d\n",x1,x2,max1);
23:   printf("max of %d,%d is %d\n",x3,x4,max2);
24:   return 0;
25: }
```

运行结果如下：

```
max of 3,5 is 5
max of 10,8 is 10
```

该程序中，用于求解两个数中最大值的程序编写了两次，即第 4 行至第 12 行、第 13 行至第 21 行。在这两块代码中，除了变量的名字不同外，程序结构完全一样，是重复的部分。对于重复的程序，可以用一个函数加以实现，形成一个可以重复使用的模块，修改如下：

```
0:  #include <stdio.h>
1:  int max(int x1,int x2)
2:  {
3:     int m;
4:     if(x1>x2)
5:     {
6:         m=x1;
7:      }
8:     else
9:     {
10:        m=x2;
11:      }
12:    return m;
13: }
14:  int main()
15   {
16    int x1=3,x2=5,x3=10,x4=8;
17    int mx1=max(x1,x2);
18    int mx2=max(x3,x4);
19    printf("max of %d,%d is %d\n",x1,x2,mx1);
20    printf("max of %d,%d is %d\n",x3,x4,mx2);
21    return 0;
22  }
```

在上述程序中，max 是一个函数，用于求两个整数之间的最大值，在 max 函数中，第 1 行是函数的首部(包括函数名及类型、参数名及类型)；第 3 行至第 11 行是实现求两个整数中最大值的逻辑，第 12 行通过 return 语句返回函数值。main 函数的第 17、18 行两次调用 max 函数，并分别把 max() 参数中的大者赋值给变量 mx1 和 mx2。

在修改后的代码中，用 max 函数实现了求两个整数中最大值的程序，在 main 函数中通过函数调用来为不同的数据服务，减少了代码规模，增强了代码可读性，实现了代码的重复使用。

由此可见，使用函数机制具有如下优点：

(1) 使程序变得更加简短而清晰；

(2) 提高了代码的重用性；

(3) 有利于程序维护；

(4) 可以提高程序开发的效率。

说明：

（1）一个源程序文件由一个或多个函数组成。一个源程序文件是一个编译单位，即以源文件为单位进行编译，而不是以函数为单位进行编译。

（2）一个C语言程序由一个或多个源程序文件组成。一个源文件可以为多个C语言程序公用。

（3）一个C语言程序有且只能有一个名为main的主函数，程序的执行从main函数开始，调用其他函数后流程回到main函数，在main函数中结束整个程序的运行。main函数是系统定义的。

（4）所有函数都是平等的，即函数在定义时是互相独立的，一个函数并不从属于另一个函数，即函数不能嵌套定义，但可以互相调用（main函数不能被调用）。

（5）函数调用完成后，通过return语句返回函数值，若无该语句将返回不确定值，若函数类型定义为void（空）类型，该函数将没有返回值。

6.2 函数的定义与调用

6.2.1 函数的定义

1. 无参函数的定义形式

无参函数的定义形式如下：

类型标识符 函数名()
{ 声明部分
  语句
}

其中，类型标识符和函数名为函数头。类型标识符指明了本函数的类型，函数的类型实际上是函数返回值的类型。该类型标识符与前面介绍的各种说明符相同。函数名是由用户定义的标识符，函数名后有一个空括号，其中无参数，但括号不可少。

{}中的内容称为函数体。在函数体中，声明部分是对函数体内部所用到的变量的类型说明。

在很多情况下都不要求无参函数有返回值，此时函数类型符可以写为void，如：

```
void display()
{
    printf ("C programming \n");
}
```

display函数是一个无参函数，当被其他函数调用时，输出“C programming”字符串。

2. 有参函数定义的一般形式

有参函数定义的一般形式如下：

类型标识符 函数名(形式参数列表)
{ 声明部分
   语句
}

在形式参数列表中给出的参数称为形式参数(简称形参),它可以是各种类型的变量,各参数之间用逗号间隔。在进行函数调用时,主调函数将赋予这些形式参数实际的值。形参既然是变量,就必须在形参列表中给出其类型说明。

函数定义的各个部分都可以缺省。最简单的函数结构如下:

dummy() { }

这个函数什么也不做,什么也不返回。像这种什么也不做的函数有时很有用,它可以在程序开发期间用作占位符,利用空函数在程序中占位,对于较大程序的编写、调试及功能扩充往往是有用的。

如果在函数定义中省略了返回类型,则缺省为 int。

3. 函数的分类

(1) 从用户使用的角度看,函数有以下两种。

① 标准函数,即库函数。这是由系统提供的。使用时应注意:函数功能、函数参数的数目和顺序、各参数的意义和类型、函数返回值的意义和类型、需要使用的包含文件。

② 用户自己定义的函数,它可以解决用户的专门需要。所谓编程,实质就是编写自定义功能函数,通过各函数的相互调用实现算法,甚至可以考虑把相关的函数集合到一起,形成自己的函数库,并加以相应的头文件,实现商业化。

(2) 从函数的形式看,函数分以下两类。

① 无参函数:调用时,主调函数无数据传送给被调函数。

② 有参函数:调用时,主调函数与被调函数之间有参数传递。

(3) C 语言的函数兼有其他语言中的函数和过程两种功能,从这个角度看,可把函数分为有返回值函数和无返回值函数两种。

① 有返回值函数。此类函数被调用执行完后将向调用者返回一个执行结果,称为函数返回值。如数学函数即属于此类函数。由用户定义的这种要返回函数值的函数,必须在函数定义和函数声明中明确返回值的类型。

② 无返回值函数。此类函数用于完成某项特定的处理任务,执行完成后不向调用者返回函数值。这类函数类似于其他语言的过程。由于函数无须返回值,用户在定义此类函数时可指定它的返回为“空类型”,空类型的说明符为“void”。

6.2.2 函数的调用、参数及传递方式

1. 函数的调用

(1) 调用形式:

函数名(实参表);

说明:实参与形参个数相等,类型一致,按顺序一一对应,实参表求值顺序因系统而定(Turbo C 自右向左)。

【例 6-2】 参数求值顺序。

```
#include <stdio.h>
int f(int a,int b)
{   int c;
    if(a>b) c=1;
```

```
    else if(a==b) c=0;
    else c=-1;
    return(c);
}
int main()
{   int i=2,p;
    p=f(i,i++);//将实参 i 传递给形参 a,i++(先使用,后增 1)传递给形参 b
    printf("%d",p);
    return 0;
}
```

运行结果：

```
0
```

说明：这种形式的传参调用在实际编程中是应该避免的，它降低了程序的可移植性，如果需要变量自增或自减，建议在函数调用的前或后完成。

(2) 调用方式。

① 函数语句，例：

```
printstar();
printf("Hello,world! \n");
```

② 函数表达式，例：

```
m= max(a,b)*2;
```

③ 函数参数，例：

```
printf("%d",max(a,b));
m=max(a,max(b,c));
```

2. 函数的参数

形式参数表：简称形参表，定义函数时函数名后面括号中的变量名表。

实际参数表：简称实参表，调用函数时函数名后面括号中的变量名表或对应的表达式表。

在图 6-1 中，work 为子函数，声明了两个参数，即形式参数 num 和 type，在 main 函数中调用 work 函数时，给 num 和 type 分别赋值实参整数 8 和字符'b'。

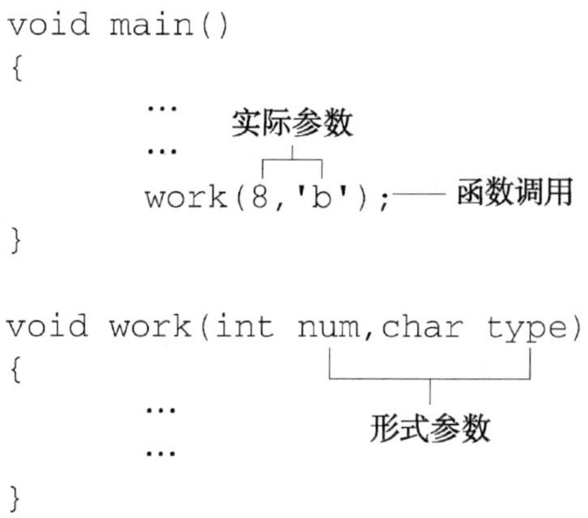

```
void main()
{
        …
        …          实际参数
        work(8,'b');—— 函数调用
}

void work(int num,char type)
{
        …              形式参数
        …
}
```

图 6-1　形参与实参对应关系

说明：实参必须有确定的值，形参必须指定类型，形参与实参类型一致，个数相等，顺序一致。若形参与实参类型不一致，自动按形参类型转换——函数调用转换，形参在函数被调用前不占内存，函数调用时为形参分配内存，调用结束时释放内存。

3. 函数参数的传递方式

形式参数同函数内部的局部变量作用相同，在调用时必须确认所定义的形参与调用函数的实际参数类型一致，同时还要保证在调用时形参与实参的个数，出现的次序也要一一对应。如果不一致，将产生意料不到的结果。与许多其他高级语言不同，C语言几乎没有运行时错误检查，完全没有范围检测。程序员必须小心行事以保证不发生错误，安全运行。

【例6-3】 交换两个数。

```
#include <stdio.h>
swap(int a,int b)
{  int temp;
   temp=a;a=b;b=temp;
   printf("in swap function\n");
   printf("a=%d,\tb=%d\n",a,b);
}
int main()
{  int x=7,y=11;
   printf("in main function,before swapped \n");
   printf("x=%d,\ty=%d\n",x,y);
   swap(x,y);
   printf("in main function,after swapped \n");
   printf("x=%d,\ty=%d\n",x,y);
   return 0;
}
```

在例6-3中，调用函数swap采用的是传值调用方式，其过程见图6-2。

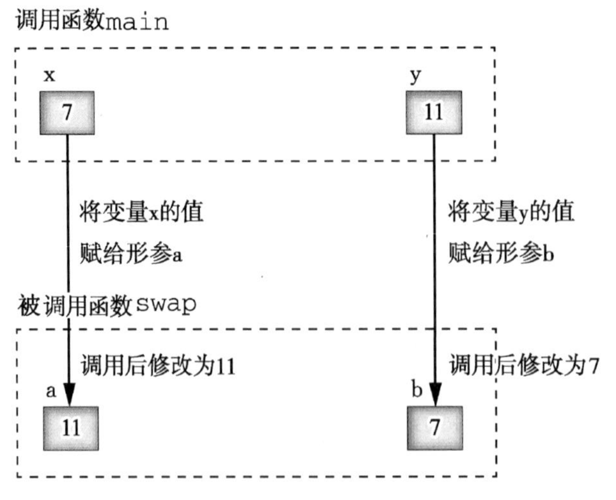

图6-2 传递值调用过程中实参向形参复制的过程

运行结果如图 6-3 所示。

```
in main function, before swapped
x=7,    y=11
in swap function
a=11,   b=7
in main function, after swapped
x=7,    y=11
```

图 6-3　例 6-3 运行结果

说明:在例 6-3 中,参数的传递采用了传递值调用的方式。子函数 swap 的作用是交换 a,b 的值,但在调用函数 main 中,x,y 的值依然保持不变。这是因为传值调用仅仅将实参 x,y 的值复制到 swap 的形参 a,b 中,在 swap 中交换的是形参 a, b 的值,并未影响到 main 中相应实参的值。如果希望 swap 中形参的操作能够影响到 main 中实参的值,可以使用传地址调用(见后续章节)。

函数的形参与实参有如下特点:

(1) 形参变量只有在被调用时才分配内存单元,在调用结束时,即刻释放所分配的内存单元。因此,形参只有在函数内部有效。函数调用结束返回主调函数后则不能再使用该形参变量。

(2) 实参可以是常量、变量、表达式、函数等,无论实参是何种类型的量,在进行函数调用时,它们都必须具有确定的值,以便把这些值传送给形参。因此,应预先用赋值、输入等办法使实参获得确定值。

(3) 实参和形参在数量上、类型上、顺序上应严格一致,否则会发生类型不匹配的错误。

(4) 函数调用中发生的数据传送是单向的,即只能把实参的值传送给形参,而不能把形参的值反向地传送给实参。因此在函数调用过程中,形参的值发生改变,而实参的值不会变化。

6.2.3　函数的返回值

函数返回语句形式:

　　return(表达式);

或　return 表达式;

或　return;

功能:使程序控制从被调函数返回到调用函数中,同时把返回值带给调用函数。

说明:

(1) 函数至多可以返回一个值,不能返回多个值;

(2) 返回值的数据类型必须与函数原型中返回值的数据类型匹配;

(3) 当遇到 return 语句时,函数执行将终止。程序控制流将立即返回调用函数。

【例 6-4】　无返回值函数。

```
void swap(int x,int y)
{   int temp;
    temp=x;
    x=y;
    y=temp;
}
```

【例 6-5】 函数带回不确定值。

```
#include <stdio.h>
printstar()
{  printf("* * * * * * * * * * ");
}
int main()
{ int a;
  a=printstar();
  printf("%d",a);
  return 0;
}
```

输出：

```
**********10
```

【例 6-6】 void 型函数无返回值。

```
#include <stdio.h>
void printstar()
{  printf("* * * * * * * * * * ");
}
int main()
{ int a;
  a=printstar();
  printf("%d",a);
  return 0;}
```

输出：

```
编译错误!
```

【例 6-7】 函数返回值类型转换。

```
#include <stdio.h>
max(float x,float y)
{   float z;
    z=x>y? x:y;
    return(z);
}
int main()
{   float a,b;
    int c;
    scanf("%f,%f",&a,&b);
    c=max(a,b);
    printf("Max is %d\n",c);
    return 0;
}
```

输入 5.6,7.3,输出:

```
Max is 7
```

当函数返回值类型与函数的类型不一致的时候,按函数的类型转换。

6.2.4 函数声明的作用

对使用被调函数的要求:

(1) 必须是已存在的函数;

(2) 库函数,需加头文件 #include <*.h>;

(3) 用户自定义函数,需进行函数声明。

函数声明在形式上与函数头部类似,最后加一个分号。函数声明中参数表里可以只写参数类型,而参数名可以写,也可以不写。

函数声明(函数原型说明)一般形式:

函数类型　函数名(形参类型　[形参名],…);

或　函数类型　函数名()

作用:告诉编译系统函数类型、参数个数及类型,以便检验。

注意:函数定义与函数声明不同。函数定义是指对函数功能的确立,从无到有地对函数进行规划,而函数声明是对已经存在的函数进行说明并通知给编译系统,便于编译工作顺利完成。

函数声明位置:程序的数据说明部分(函数内或外)。

注意:下列情况下,可不做函数声明:

(1) 若函数返回值的类型是 char 或 int 型,系统自动按 int 型处理;

(2) 被调函数定义出现在主调函数之前。

有些系统(如 Visual C++)要求函数声明指出函数返回值类型和形参类型,并且对 void 和 int 型函数也要进行函数声明。

【例 6-8】 函数声明举例。

```
#include <stdio.h>
int main()
{   float add(float,float);/*function declaration*/
    float a,b,c;
    scanf("%f,%f",&a,&b);
    c=add(a,b);
    printf("sum is %f",c);
    return 0;
}
  float add(float x,float y)
{   float z;
    z=x+y;
    return(z);
}
```

6.2.5 main 函数中的参数

main 函数是由系统调用的,一般是 void 类型的无参函数,但在某种特定情形下可以带参数,用指针数组做 main 函数的形参,其实参是和命令一起给出的,也就是在 DOS 提示符下,输入本程序的可执行文件名和需要传给 main 函数的参数。命令行的一般形式为:

可执行文件名　参数 1　参数 2　…　参数 n

带参数的 main 函数的原型是:main(int argc,char * argv[]);

其中:argc 为命令行参数(包括可执行文件名)的数目 n+1;指针数组 argv 中的各元素分别指向命令行中的各参数(包括可执行文件名),即字符串的首地址。

【例 6-9】 下面程序编译后在 D 盘根目录生成可执行程序 city.exe,在 DOS 提示符下按下述形式执行程序:city Beijing Shanghai Changsha,写出程序运行结果。

```
#include <stdio.h>
int main(int argc,char *argv[])
{   while(--argc>0)
    printf("%s\n",argv[argc]);
    return 0;
}
```

运行结果如图 6-4 所示。

```
D:\>city Beijing Shanghai Changsha
Changsha
Shanghai
Beijing
```

图 6-4　例 6-9 运行结果

6.3 函数的嵌套调用与递归调用

6.3.1 函数的嵌套调用

C 语言规定:函数定义不可嵌套,但可以嵌套调用函数。

函数的嵌套调用如图 6-5 所示:

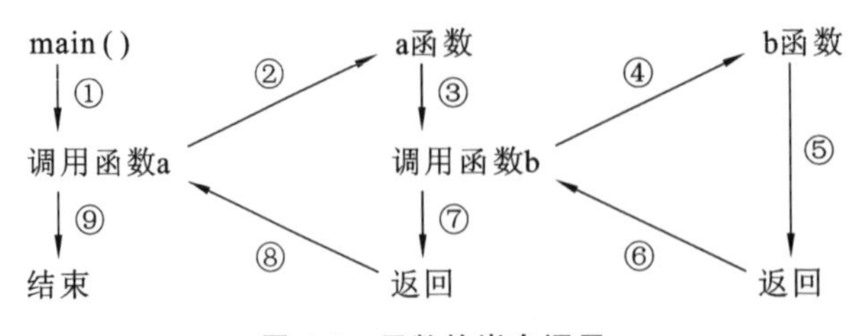

图 6-5　函数的嵌套调用

【例 6-10】 利用公式 e=1+1/(1!)+1/(2!)+1/(3!)+1/(4!)+…+1/(n!)近似计算自然常数 e。

设计函数 vfac(n)来计算 1/(n!)；

设计函数 e(n)来计算表达式 1+1/(1!)+1/(2!)+1/(3!)+1/(4!)+…+1/(n!)的值。

显然，e(n)的计算需要调用 vfac 函数，最终 main 函数调用 e(n)函数求得 e 的近似值。

这些函数的嵌套调用关系如下：

```
#include <stdio.h>
//计算 n 的阶乘的倒数
double vfac(int n)
{
    double sum=1;
    int i;
    for(i=2;i<=n;i++){
        sum=sum* i;
    }
    return 1/sum;
}

//计算多项式之和作为常数 e 的近似值
double e(int n)
{
    double sum=0;
    int i;
    for(i=0;i<=n;i++)
    {
        sum+=vfac(i);  //调用 vfac 函数来计算多项式的每一项
    }
    return sum;
}
int main()
{
    int n;
    printf("n=");
    scanf("%d",&n);
    printf("e=%lf\n",e(n));  //调用函数 e(n)来计算常数 e 的近似值
    return 0;
}
```

运行结果如图 6-6 所示。

图 6-6　例 6-10 运行结果

6.3.2 函数的递归调用

函数直接或间接地调用自身叫函数的递归调用,如图 6-7 所示。

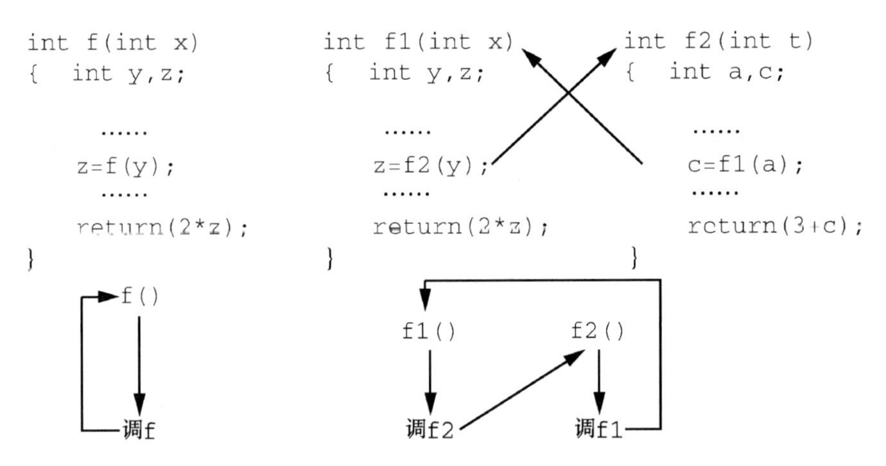

图 6-7　函数的递归调用

说明: C 语言编译系统对递归函数的自调用次数没有限制;每调用函数一次,在内存堆栈区分配空间,用于存放函数变量、返回值等信息。实际中不是所有的问题都可以采用递归调用的方法。只有满足下列要求的问题才可使用递归调用方法来解决:能够将原有的问题化为一个新的问题,而新的问题的解决办法与原有问题的解决办法相同,按这一原则依次地化分下去,最终化分出来的新的问题可以解决。

【例 6-11】 求 n 的阶乘 $n! = \begin{cases} 1, n=0,1, \\ n*(n-1)!, n>1。 \end{cases}$

```
#include <stdio.h>
long fac(int n)
{  long f;
   if(n<0)  printf("n<0,data error!");
   else if(n==0) f=1;
   else f=fac(n-1) * n;
   return(f);
}
int main()
{  int n;
   long y;
   printf("Input an integer number:");
   scanf("%d",&n);
   y=fac(n);
   printf("%d! =%ld",n,y);
   return 0;
}
```

运行结果如图 6-8 所示。

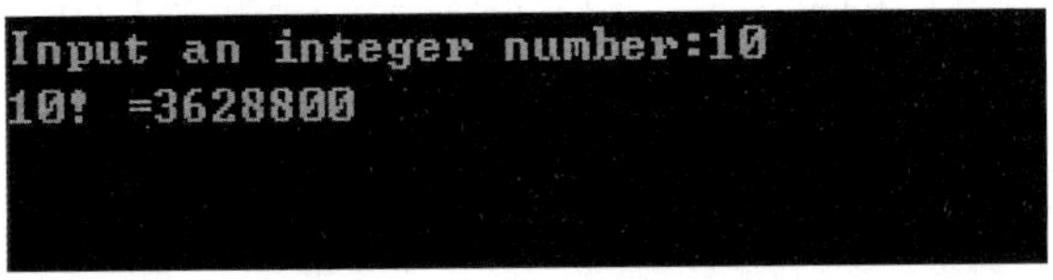

```
Input an integer number:10
10! =3628800
```

图 6-8　例 6-11 运行结果

从求 n! 的递归程序中可以看出，递归定义有两个要素：

(1) 递归边界条件，也就是所描述问题的最简单情况。它本身不再使用递归的定义，即程序必须终止。如例 6-11 中，当 n=0 时，fac(n)=1，不使用 f(n-1)来定义。

(2) 递归定义是使问题向边界条件转化的规则，即递归公式。递归定义必须能够使问题越来越简单。如例 6-11 中，f(n)由 f(n-1)定义，越来越靠近 f(0)，即边界条件。最简单的情况是 f(0)=1。

从图 6-9 所示 3! 求解过程可知，递归调用的过程可分为如下两个阶段：

第一阶段称为“递推”阶段：将原问题不断化为新问题，逐渐从未知的向已知的方向推进，最终达到已知的条件，即递归结束条件。

第二阶段称为“回归”阶段：该阶段是从已知条件出发，按“递推”的逆过程，逐一求值回归，最后到递推的开始之处，完成递归调用。可见，“回归”的过程是“递推”的逆过程。

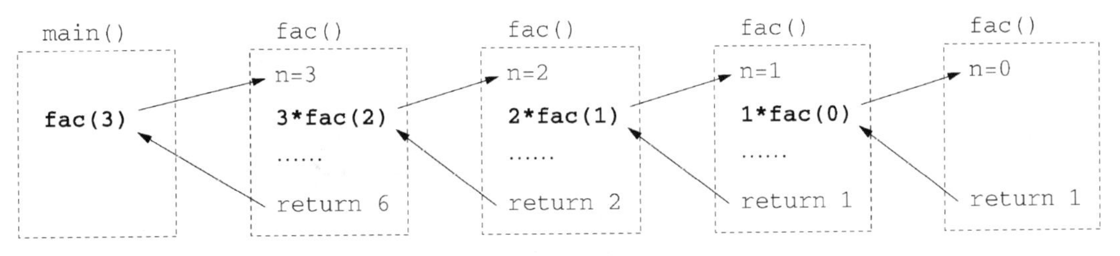

图 6-9　求 3! 的递归过程

说明：

(1) 当函数调用自己时，在内存栈中为新的局部变量和参数分配内存，函数的程序用这些变量和参数重新运行。

(2) 递归调用的层次越多，同名变量占用的存储单元也就越多。一定要记住，每次函数的调用，系统都会为该函数的变量开辟新的内存空间。

(3) 当本次调用的函数运行结束时，系统将释放本次调用时所占用的内存空间。程序的流程返回到上一层的调用点，同时取得当初进入该层时函数中的变量和形参所占用的内存空间的数据。

(4) 所有递归问题都可以用非递归的方法来解决，但对于一些比较复杂的递归问题用非递归的方法往往使程序变得十分复杂难以读懂，而函数的递归调用在解决这类问题时能使程序简洁明了，有较好的可读性；但由于递归调用过程中，系统要为每一层调用中的变量开辟内存空间、记住每一层调用后的返回点而增加许多额外的开销，因此函数的递归调用通常会降低程序的运行效率。对函数的多次递归调用可能造成堆栈的溢出。

【例 6-12】　求 Fibonacci 数列的第 n 项。

Fibonacci 数列中第 1，2 项为 1，第 n 项(n>2)由前两项之和得到，即

$$f(n)=\begin{cases}1, n=1,2,\\ f(n-1)+f(n-2), n>2。\end{cases}$$

根据递推公式可知，f(n)的值为f(n－1)与f(n－2)之和，如此递推，直至f(1)或者f(2)时递推终止，然后回归求得f(n)的值。

程序如下：

```
#include <stdio.h>
int f(int n)
{
    if(n==1||n==2)
    {
        return 1;
    }
    return f(n-1)+f(n-2);
}
int main()
{
    int a;
    printf("input a number:\n");
    scanf("%d",&a);
    printf("f(%d)=%d",a,f(a));
    return 0;
}
```

运行结果如图6-10所示。

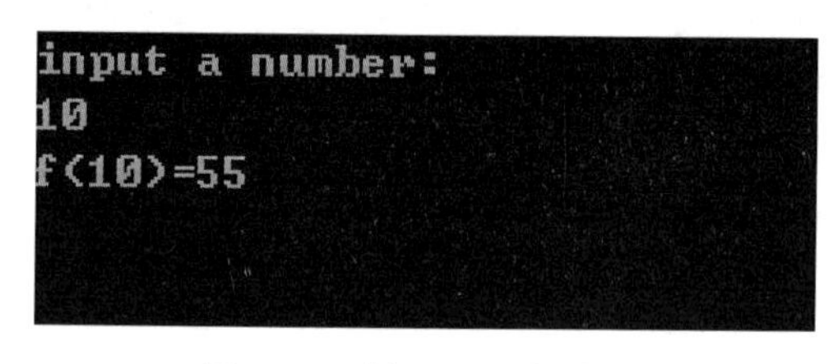

图6-10　例6-12运行结果

【例6-13】 汉诺(Hanoi)塔问题。

传说印度某间寺院有3根柱子，记为A柱、B柱和C柱，A柱上串64个圆盘，圆盘的尺寸由下到上依次变小。寺院里的僧侣依照如下规则将圆盘从A柱移动到C柱：

(1) 每次只能移动一个圆盘；

(2) 大盘不能叠在小盘上面。预言说，当这些盘子移动完毕，世界就会灭亡。这个问题称为汉诺塔问题。

注意：在圆盘的移动过程中，可将圆盘临时置于B柱，也可将从A柱移出的圆盘重新移回A柱，但都必须遵循上述两条规则。

汉诺塔问题是一个经典的递归问题，移动规则的限制使得完成任务所需移动的次数达到2^{64}次。如果每秒钟能移动1个圆盘，则需5845亿年完成任务。显然，如此长的时间已经超过了目前推测的宇宙寿命137亿年。因此，一般的汉诺塔问题中只设置较少数量的圆盘，如8个圆盘。

图6-11是一个有3个圆盘的汉诺塔问题。此时，3个圆盘都位于A柱上，而且自下向上

圆盘的尺寸在逐次递减，从小到大分别记为 P1、P2 和 P3。

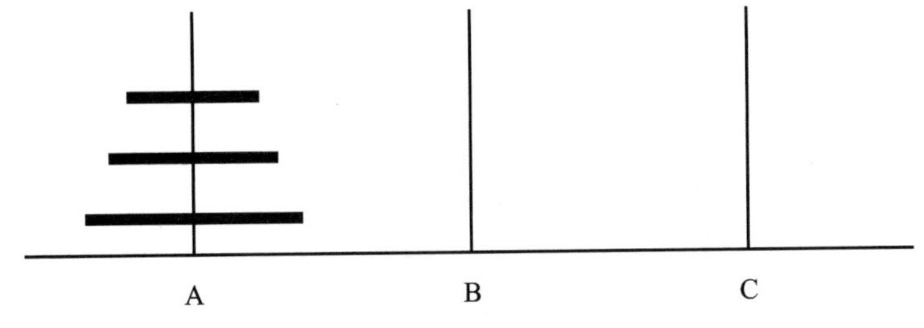

图 6-11　有 3 个圆盘的汉诺塔问题

图 6-12 说明了有 3 个圆盘的汉诺塔问题的求解过程。

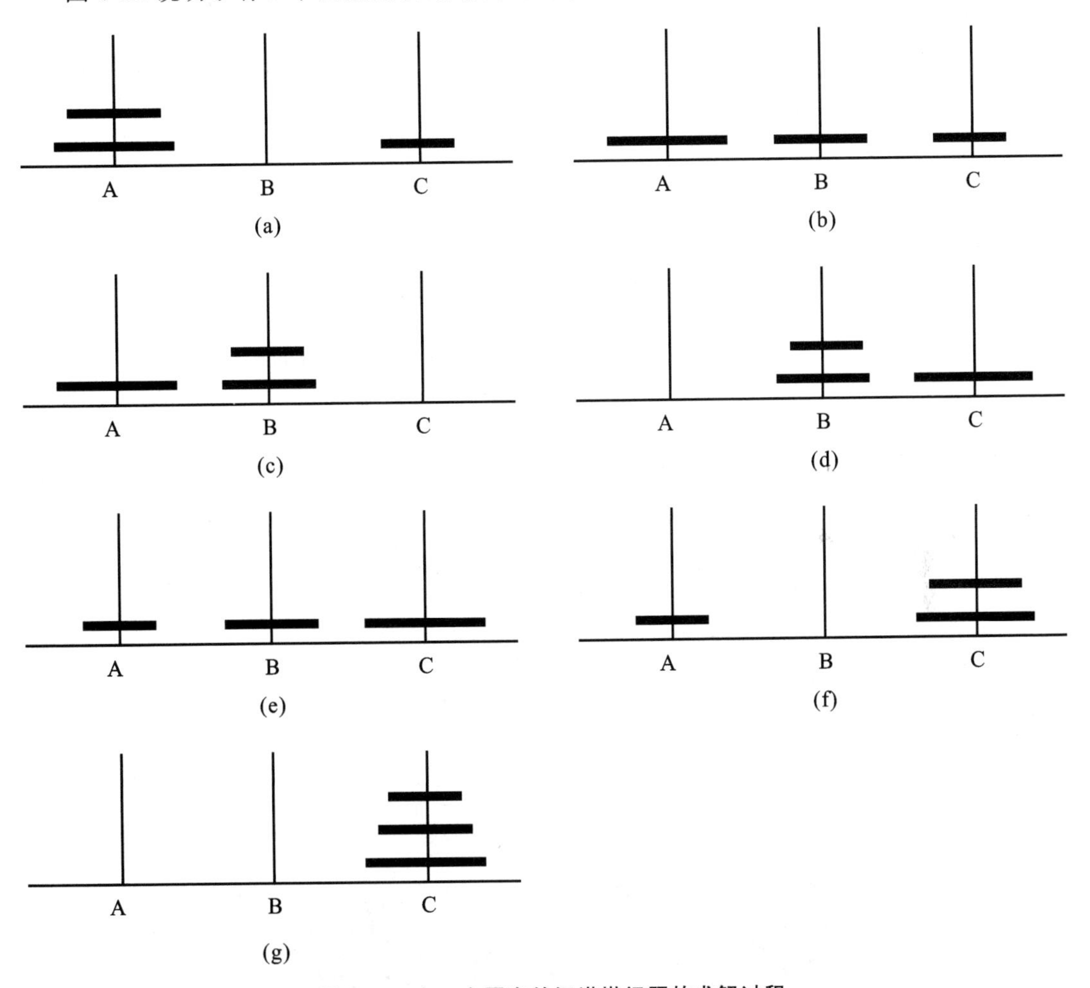

图 6-12　有 3 个圆盘的汉诺塔问题的求解过程

求解过程分为 3 个阶段：

第一个阶段包括图 6-12(a)、(b)、(c)所示的 3 个操作，这 3 个通过借助 C 柱将 P1 和 P2 这两个圆盘按照规则移到 B 柱上；

第二个阶段包括图 6-12(d)操作，该操作将最大的圆盘 P3 从 A 柱移到 C 柱；

第三个阶段包括图 6-12(e)、(f)、(g)所示的 3 个操作，这 3 个操作借助 A 柱将 B 柱上的 P1 和 P2 这两个圆盘按照规则移动到 C 柱上。

根据这个思路考虑有 n 个圆盘的汉诺塔的求解过程。首先将 A 柱上 n－1 个圆盘借助 C 柱移动到 B 柱上，然后将最大的圆盘从 A 柱移动到 C 柱，最后借助 A 柱将 B 柱上的 n－1 个圆盘移动到 C 柱上。而 n－1 个圆盘的移动仍然参照这个思想进行递推操作，直到需要移动的圆盘数量为 1 时递推结束，并将该圆盘移动到指定的柱子上。定义函数 hanoi(n,a,b,c)为借助 B 柱移动 A 柱上 n 个圆盘到 C 柱，那么汉诺塔求解的过程可按如下的递归程序进行求解。

```
#include <stdio.h>
void hanoi(int n,char a,char b,char c)
{
    if(n==1)  //需要移动的圆盘数量为 1,结束递推,直接移动该圆盘
    {
        printf("move disk P%d from %c to %c\n",n,a,c);
    }
    else  //需要移动的圆盘数量大于 1,开始递归
    {
        hanoi(n-1,a,c,b);  //阶段 1,借助 C 柱将 A 柱上的 n-1 个圆盘移动到 B 柱
        printf("move disk P%d from %c to %c\n",n,a,c);  //阶段 2,将第 n 个圆盘
        //从 A 柱移动到 C 柱
        hanoi(n-1,b,a,c);  //阶段 3,将 B 柱上的 n-1 个圆盘借助 A 柱移动到 C 柱
    }
}

int main()
{
    int disk;
    printf("input disks\n");
    scanf("%d",&disk);
    hanoi(disk,'A','B','C');
    return0;
}
```

运行结果如图 6-13 所示。

```
input disks
3
move disk P1 from A to C
move disk P2 from A to B
move disk P1 from C to B
move disk P3 from A to C
move disk P1 from B to A
move disk P2 from B to C
move disk P1 from A to C
```

图 6-13　例 6-13 运行结果

6.4 变量的作用域与存储类型

6.4.1 变量的作用域

变量是对程序中数据的存储空间的抽象，必须先定义后使用，定义后其作用范围是受约束的。变量的有效使用范围就是作用域，其规则是：每个变量仅在定义它的语句块（包含下级语句块）内有效，如图 6-14 所示。

```
float f1(int a)          )
{ int b,c;               } a,b,c 有效
  …
}                        )
char f2(int x,int y)     )
{ int i,j;               } x,y,i,j 有效
  …
}                        )
main()                   )
{ int m,n;               
  …                      } m,n 有效
  …
}                        )
```

图 6-14 变量的作用域

【例 6-14】 变量的作用域示例。

```
#include <stdio.h>
void sub()
{   int a,b;
    a=6;
    b=7;
    printf("sub:a=%d,b=%d\n",a,b);
}
int main()
{   int a,b;
    a=3;
    b=4;
    printf("main:a=%d,b=%d\n",a,b);
    sub();
    printf(" main:a=%d,b=%d\n",a,b);
    return 0;
}
```

注意:main 函数中定义的变量只在 main 函数中有效;不同函数中的同名变量,属于不同的变量,占不同内存单元;形参属于局部变量;可定义在复合语句中有效的变量,上级语句块定义的变量对下级语句块有效(除非下级语句块定义了同名变量而将上级语句块定义的变量屏蔽)。

6.4.2 全局变量

全局变量是在所有函数之外定义的变量,它的作用域是从定义位置到程序结束的范围有效,如图 6-15 中的 p,q,c1,c2,就是全局(外部)变量。相对而言,在其他语句块内定义的变量被称为局部变量,如图 6-15 中的 a,b,c,x,y,i,j,m,n。

```
int p=1,q=5;
float f1(int a)
{
    int b,c;
    …
}
int f3()
{
    …
}
char c1,c2;                    p,q 的作用范围
char f2(int x,int y)
{
    int i,j;
    …
}                              c1,c2 的作用范围
main()
{
    int m,n;
    …
}
```

图 6-15　变量的作用域

全局变量从程序运行起即占据内存,在程序整个运行过程中可随时访问,程序退出时释放内存。与之对应的局部变量在进入语句块时获得内存,仅能由语句块内的语句访问,退出语句块时释放内存,不再有效。

局部变量在定义时不会自动初始化,除非指定初值。全局变量在不指定初值的情况下自动初始化为零。

【例 6-15】 外部变量与局部变量同名。

```
#include <stdio.h>
int a=3,b=5;    /*a,b 为外部变量*/
int max(int a,int b)   /*a,b 为局部变量*/
{
```

```
    int c;
    c=a>b? a:b;
    return(c);
  }
  int main()
  {  int a=8;
    printf("%d\n",max(a,b));
    return 0;
  }
```

如果同一个源文件中,外部变量与局部变量同名,则在局部变量的作用范围内,外部变量被"屏蔽",即它不起作用。

6.4.3 变量的存储类型

变量的属性包括操作属性和存储属性。

(1) 操作属性:变量所持有的数据的性质,又称数据类型。

(2) 存储属性:数据在内存中的存储方式,又称存储类型。

变量定义格式:

[存储类型] 数据类型 变量表;

变量除作用范围受约束外,存在的时间也受约束,变量不一定在程序执行过程中始终存在,即变量有生存期。按生存期来分类,变量可分为静态存储变量和动态存储变量。所谓静态存储方式是指在程序运行期间分配固定的存储空间的方式。动态存储方式则是在程序运行期间根据需要进行动态的分配存储空间的方式。

内存中留给用户使用的存储空间分为 3 部分:

(1) 程序区;

(2) 静态存储区;

(3) 动态存储区。

数据分别存放在静态存储区和动态存储区中。存放在静态存储区中的数据,在程序执行过程中它们占据固定的存储单元,程序执行完毕就释放。存放在动态存储区的数据在函数调用开始时分配动态存储空间,函数结束时释放这些空间。变量的存储类型及其性质如表 6-1 和表 6-2 所示。变量的生存期如图 6-16 所示。

表 6-1 变量存储类型表

存储类型	名称	说明
auto	自动变量	局部变量在缺省存储类型的情况下归为自动变量
register	寄存器变量	存放在 CPU 的寄存器中。对于循环次数较多的循环控制变量及循环体内反复使用的变量均可定义为寄存器变量
static	静态变量	在程序执行时存在,并且只要整个程序在运行,就可以继续访问该变量
extern	外部变量	作用域是整个程序,包含该程序的各个文件。生存期非常长,它在该程序运行结束后才释放内存

表 6-2 变量存储类型的性质

	局部变量			外部变量	
存储类别	auto	register	局部 static	外部 static	外部
存储方式	动态		静态		
存储区	动态区	寄存器	静态存储区		
生存期	函数调用开始至结束		程序整个运行期间		
作用域	定义变量的函数或复合语句内			本文件	其他文件
赋初值	每次函数调用时		编译时赋值，只赋一次		
未赋初值	不确定		自动赋初值 0 或空字符		

```
int a;
main()
{
    …
    f2;
    …
    f1;
    …
}
f1()
{
    auto int b;
    …
    f2;
    …
}
f2()
{
    static int c;
    …
}
```

a的作用域

b的作用域

c的作用域

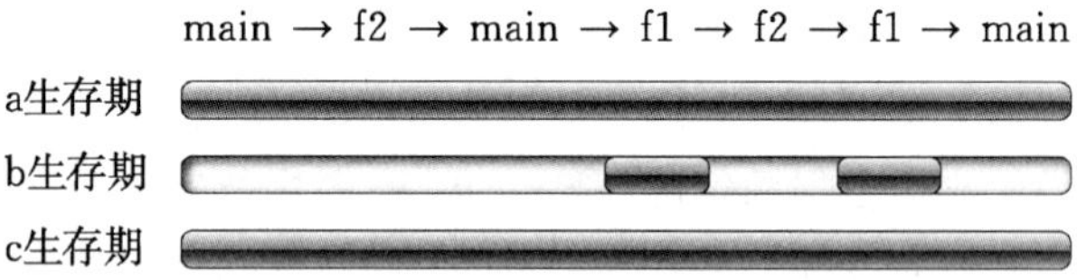

main → f2 → main → f1 → f2 → f1 → main

a生存期

b生存期

c生存期

图 6-16 变量的生存期

说明：局部变量默认为 auto 型；register 型变量个数受限，且不能为 long、double、float 型；局部 static 型变量具有全局寿命和局部可见性；局部 static 型变量具有可继承性；extern 不是变量定义，可扩展外部变量作用域。

【例 6-16】 auto 变量的作用域。

```
#include <stdio.h>
int main()
{   int x=1;
    void prt(void);
    {   int x=3;
        prt();
        printf("2nd x=%d\n",x);
    }
    printf("1st x=%d\n",x);
    return 0;
}
void prt(void)
{   int x=5;
    printf("3th x=%d\n",x);
}
```

输出结果如图 6-17 所示。

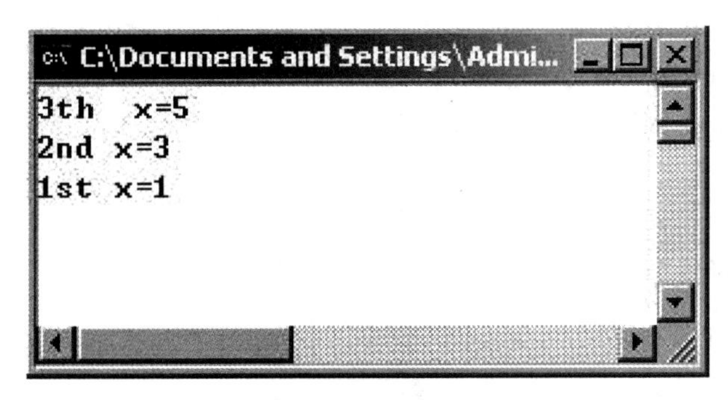

图 6-17　例 6-16 的输出结果

说明:当变量没有定义存储类型时,默认为 auto 型;由例 6-16 可见,auto 变量的作用域只在定义的语句块中。

【例 6-17】 局部静态变量值具有可继承性。

```
#include <stdio.h>
void display()
{  static int m=0;
   m++;
   if (m %5==0)
   printf("\n");
   else
   printf(" ");
}
int main()
{   int i;
    for(i=0;i<20;i++)
```

```
    {   printf("%d",i);
        display();
    }
    return 0;
}
```

输出结果如图 6-18 所示。

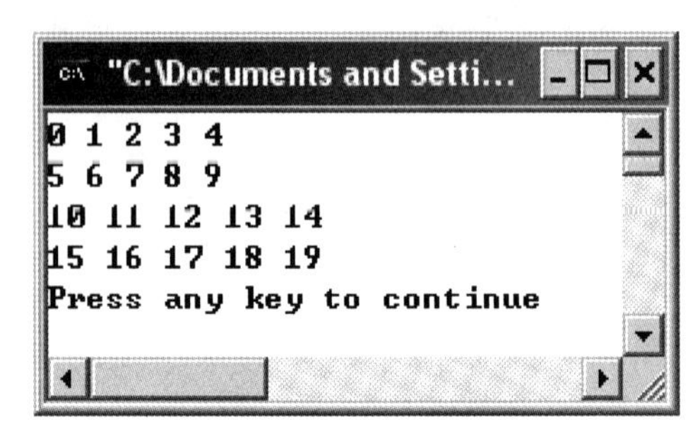

图 6-18　例 6-17 的输出结果

注意:例 6-17 的意图是通过 display 函数来进行打印格式的控制,每行输出 5 个数,然后换行。在 display 中定义了一个静态的局部变量 m 用于换行控制,由于静态局部变量在整个程序运行期有效,存放于其中的数据并不会因为 display 调用结束而释放,而是一直存在于 m 中,这是与动态变量不同的地方。因此,display 调用多少次,m 的值就累加了多少次,可以用于换行控制。

【例 6-18】 变量的生存期与可见性。

```
#include <stdio.h>
int i=1;
int main()
{   static int a;
    register int b=-10;
    int c=0;
    printf("-----MAIN------\n");
    printf("i:%da:%d  b:%d c:%d\n",i,a,b,c);
    c=c+8;
    other();
    printf("-----MAIN------\n");
    printf("i:%d a:%d b:%d c:%d\n",i,a,b,c);
    i=i+10;
    other();
    return 0;
}
void other()
{   static int a=2;
    static int b;
    int c=10;
    a=a+2;i=i+32;c=c+5;
```

```
    printf("-----OTHER------\n");
    printf("i:%d a:%d b:%d c:%d\n",i,a,b,c);
    b=a;
}
```

输出结果如图 6-19 所示。

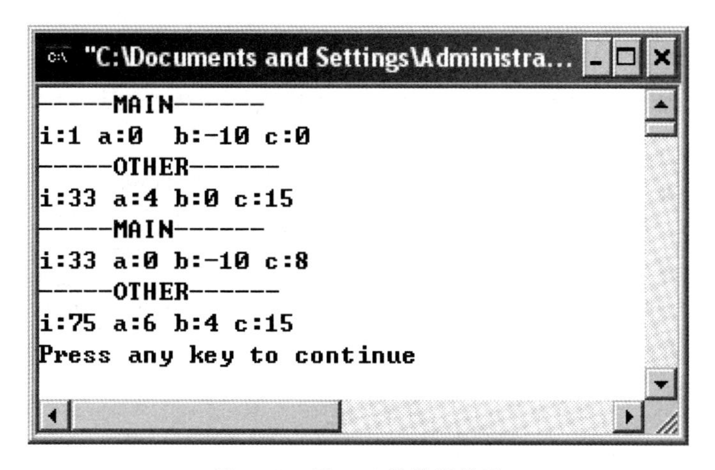

图 6-19　例 6-18 的输出结果

注意：

(1) 静态局部变量生存期为整个源程序。

(2) 静态局部变量的作用域与自动变量的相同，即只能在定义该变量的函数内使用该变量。

(3) 对基本类型的静态局部变量，若在说明时未赋以初值，则系统自动赋予 0 值。

(4) 函数被调用时，其中的静态局部变量的值将保留前次被调用的结果。

(5) 静态全局变量与普通全局变量在存储方式上完全相同；区别在于：非静态全局变量的作用域是整个源程序，而静态全局变量的作用域只是定义它的文件。

【例 6-19】 用 extern 扩展外部变量作用域。

```
#include <stdio.h>
int main()
{   void gx(),gy();
    extern int x,y;
    printf("1:x=%d\ty=%d\n",x,y);
    y=246;
    gx();
    gy();
    return 0;
}
void gx()
{   extern int x,y;
    x=135;
    printf("2:x=%d\ty=%d\n",x,y);
}
```

```
int x,y;
void gy()
{  printf("3:x=%d\ty=%d\n",x,y);
}
```

输出：

```
1:x=0  y=0
2:x=135  y=246
3:x=135  y=246
```

说明：在例 6-19 中，x，y 为外部变量，如果在 x，y 变量定义语句前的函数想要引用 x，y 变量，则应该在该函数中用关键字 extern 作“外部变量说明”。用 extern 作变量说明可扩展外部变量作用域。

【例 6-20】 引用其他文件中的外部变量，输出 a×b 和 a 的 m 次方。

```
/*c6_4_7.1.c*/
#include <stdio.h>
#include"c5_4_7.2.c"
int a;
int main()
{  int power(int n);
   int b=3,c,d,m;
   printf("Enter the number a and its power:\n");
   scanf("%d,%d",&a,&m);
   c=a*b;
   printf("%d*%d=%d\n",a,b,c);
   d=power(m);
   printf("%d**%d=%d",a,m,d);
   return 0;
}
/*c6_4_7.2.c*/extern int a;   //引用文件 c6_4_7.1.c 中的变量 a
int power(int n)
{  int i,y=1;
   for(i=1;i<=n;i++)
   y*=a;
   return(y);
}
```

输出：

```
Enter the number a and its power:
5,3
5*3=15
5**3=125
```

注意：用 extern 定义的外部变量可以将它的作用域扩大到有 extern 说明的其他源文件；用 static 定义的外部变量，只能被本文件中的函数引用，无法扩大到有 extern 说明的其他源文件。

6.5 常用系统函数

C语言为程序开发提供了常用的函数，这些函数称为系统函数。通过引入相应的头文件，可以直接调用这些系统函数。系统函数包括用于数学计算的函数、输入输出函数、时间函数、随机数函数等。

6.5.1 数学函数

数学函数用于数学计算，需要包含的头文件是 math.h。

（1）求参数 x 的正弦值：

```
double sin(double x)
```

（2）求参数 x 的余弦值：

```
double cos(double x)
```

（3）求 x 的正平方根，要求 x 大于 0：

```
double sqrt(double x)
```

（4）求 x 的 y 次方，要求 y 为整数：

```
double pow(double x,double y)
```

（5）求实型绝对值函数：

```
double fabs(double x)
```

（6）求 x 的自然对数(lnx)：

```
double log(double x)
```

（7）求不大于 x 的最大整数：

```
double floor(double x)
```

（8）求不小于 x 的最小整数：

```
double ceil(double x)
```

【例 6-21】 求不大于 5.5 的最大整数和不小于 5.5 的最小整数。

```
#include <stdio.h>
#include <math.h>
int main()
{
    double x=5.5;
    double y1=floor(x);
    double y2=ceil(x);
    printf("floor与ceil函数解释\n");
    printf("---------ceil(x)=%.2f---------\n",y2);
    printf("\n\n");
    printf("\tx=%0.2f\n",x);
    printf("\n\n");
    printf("---------floor(x)=%.2f--------\n",y1);
    return 0;
}
```

运行结果如图 6-20 所示。

```
floor与ceil函数解释
----------ceil(x)=6.00----------

            x=5.50

---------floor(x)=5.00--------
```

图 6-20　例 6-21 运行结果

6.5.2　输入输出函数

输入输出函数用于程序与外界的交互，主要从标准输入流(stdin)中读取数据，将数据输出至标准输出流(stdout)中。需要包含的头文件是 stdio. h。

(1) int printf(constchar * format[,argument]);

(2) int scanf(constchar * format[,argument]);

(3) 从标准输入流读取一个字符：

int getchar();

(4) 将字符写入标准输出流：

int putchar(int ch);

【例 6-22】 读取一行以'#'结束的小写字母，转换为大写字母输出。

```
#include <stdio.h>)
int main()
{
    char ch;
    while((ch=getchar())!='#')
    {
        ch=ch-('a'-'A');
        putchar(ch);
    }
    return 0;
}
```

程序执行解释：当用户输入一行字母按下回车键后，getchar()函数可以从缓冲区中一个一个地读取字母，每读取一个字母则将该字母放入变量 ch 中，如果该字母不是结束符'#'，则进入循环体。在循环体中将小写字母转换为大写字母，具体逻辑是将该字母的 ASCII 码减去大小写字母之间的偏移量，即可得到该字母对应的大写字母的 ASCII 码。

运行结果如图 6-21 所示。

图 6-21　例 6-22 运行结果

6.5.3 时间函数

使用时间函数需要包含头文件 time. h。

time_t time(time_t * timer)

获得从 1970 年 1 月 1 日至今的秒数，其中 time_t 可以看作整型数据。

6.5.4 随机数函数

随机数函数用于产生伪随机数，需要包含头文件 stdlib. h。

int rand()可以产生一个[0,RAND_MAX]范围内的伪随机数，其中 RAND_MAX 是一个系统定义的常量。

使用 rand()时，如果不设定随机数序列种子，则随机数序列相同。为了获得不同的伪随机数序列，可以使用函数 void srand(unsigned intseed)设置伪随机数序列的种子。一般使用时间作为种子。

【例 6-23】 使用随机数函数获得 10 个随机数。

```
#include <stdio.h>)
#include <stdlib.h>)
int main()
{
    int x;
    printf("随机数序列为:\n");
    for(int i=0;i<10;i++)
    {
        x=rand()%100;
        printf("%d",x);
    }
    return 0;
}
```

运行程序两次，第一次运行结果如图 6-22 所示。

```
随机数序列为:
41 67 34 0 69 24 78 58 62 64
```

图 6-22 例 6-23 第一次运行结果

第二次运行结果如图 6-23 所示。

```
随机数序列为:
41 67 34 0 69 24 78 58 62 64
```

图 6-23 例 6-23 第二次运行结果

从两次结果可知，在不设置种子的情况下，每次运行会得到相同的随机数序列。为了每次运行得到不同的随机数序列，可以用系统时间作为种子，获得不同的随机数序列。

将例 6-23 中的程序做如下修改：

```
#include <stdio.h>
#include <time.h>
#include <stdlib.h>

int main()
{
    int x;
    time_t t=time(NULL);  //获取系统时间
    srand(t);  //以系统时间来设置随机数种子
    printf("随机数序列为:\n");
    for(int i=0;i<10;i++)
    {
        x=rand()%100;
        printf("%d",x);
    }return 0;
}
```

分别运行程序两次，第一次运行结果如图 6-24 所示。

```
随机数序列为:
28 43 92 96 47 84 47 53 62 6
```

图 6-24　例 6-23 修改后第一次运行结果

第二次运行结果如图 6-25 所示。

```
随机数序列为:
29 2 0 66 85 6 82 90 39 42
```

图 6-25　例 6-23 修改后第二次运行结果

两次运行结果不同，说明使用时间作为随机数种子可以获得更为随机的序列。

习　　题

一、选择题

1. 以下只有在使用时才为该类型变量分配内存的存储类型说明是(　　)。

A. auto 和 static　　B. auto 和 register

C. register 和 static　　D. extern 和 register

2. 下述程序的输出结果是(　　)。

```
#include <stdio.h>
long fun(int n)
{
```

```
    long s;
    if(n==1||n==2)
        s=2;
    else
        s=n-fun(n-1);
    return s;
}
int main()
{
    printf("%ld\n",fun(3));
    return 0;
}
```

A. 1　　B. 2　　C. 3　　D. 4

3. C 语言中形参的默认存储类型是(　　)。

A. 自动(auto)　　B. 静态(static)

C. 寄存器(register)　　D. 外部(extern)

4. 下面对函数嵌套的叙述中,正确的是(　　)。

A. 函数定义可以嵌套,但函数调用不能嵌套

B. 函数定义不可以嵌套,但函数调用可以嵌套

C. 函数定义和函数调用均不能嵌套

D. 函数定义和函数调用均可以嵌套

5. 下面关于形参和实参的说法中,正确的是(　　)。

A. 形参是虚设的,所以它始终不占存储单元

B. 实参与它所对应的形参占用不同的存储单元

C. 实参与它所对应的形参占用同一个存储单元

D. 实参与它所对应的形参同名时可占用同一个存储单元

6. 关于全局变量,下列说法正确的是(　　)。

A. 本程序的全部范围

B. 离定义该变量的位置最接近的函数

C. 函数内部范围

D. 从定义该变量的位置开始到本文件结束

7. 调用一个函数,此函数中没有 return 语句,下列说法正确的是:该函数(　　)。

A. 没有返回值

B. 返回若干个系统默认值

C. 能返回一个用户所希望的函数值

D. 返回一个不确定的值

8. 以下函数调用语句中含有(　　)个实参。

```
fun((exp1,exp2),(exp3,exp4,exp5));
```

A. 1　　B. 2　　C. 4　　D. 5

9. 以下程序的输出结果是(　　)。

```
#include <stdio.h>
int fun(int a,int b,int c)
```

```
{
    c=a* a+b* b;
    return c;
}
int main()
{
    int x=22;
    fun(4,2,x);
    printf("%d",x);
    return 0;
}
```

A. 20 B. 21 C. 22 D. 23

10. C语言规定,函数返回值的类型是由(　　)。

A. return语句中的表达式类型所决定

B. 调用该函数时的主调函数类型所决定

C. 调用该函数时系统临时决定

D. 在定义该函数时所指定的函数类型所决定

二、读程序题,写出下列程序的运行结果

1.

```
#include <stdio.h>
int func(int a,int b)
{
    int c;
    c=a+b;
    return c;
}
int main()
{
    int x=6,r;
    r=func(x,x+=2);
    printf("%d\n",r);
    return 0;
}
```

2.

```
#include <stdio.h>
int d=1;
void fun(int p)
{
    int d=5;
    d+=p++;
    printf("%d",d);
}
int main()
{
    int a=3;
```

```
    fun(a);
    d+=a++;
    printf("%d\n",d);
    return 0;
}
```

3.

```
#include <stdio.h>
int d=1;
int fun(int p)
{
    static int d=5;
    d+=p;
    printf("%d",d);
    return d;
}
int main()
{
    int a=3;
    printf("%d\n",fun(a+fun(d)));
    return 0;
}
```

4.

```
#include <stdio.h>
long fib(int n)
{
    if(n>2)
    return(fib(n-1)+fib(n-2));
    else return(2);
}
int main()
{
    printf("%d\n",fib(3));
    getchar();
    return 0;
}
```

5.

```
#include <stdio.h>
func(int x,int y)
{
    static int m=2,k=2;
    k+=m+1;
    m=k+x+y;
    return (m);
}
int main()
```

```
{
    int a=8,b=1,p;
    p=func(a,b);
    printf("%d,",p);
    p=func(a,b);
    printf("%d\n",p);
    return 0;
}
```

三、编程题

1. 写两个函数,分别求两个整数的最大公约数和最小公倍数,用主函数调用这两个函数,并输出结果。两个整数由键盘输入。
2. 写一个判断素数的函数,在主函数输入一个整数,输出是否为素数的信息。
3. 编写一个判断奇偶数的函数,要求在主函数中输入一个整数,通过被调函数输出该数是奇数还是偶数的信息。
4. 已有变量定义和函数调用语句:int a=1,b=-5,c;c=fun(a,b);,fun 函数的作用是计算两个数之差的绝对值,并将差值返回调用函数,请编写程序。
5. 用递归函数编程计算1! +3! +5! +…+n!(n为奇数)。

第7章 数 组

7.1 数组的概念

数组是一组具有相同名字的变量。它是将具有相同属性的若干数据组织在一起而形成的集合。在程序中可用单个变量存储单个数据，而对一系列类型相同且数据之间有某种联系的数据，如描述全班 50 个同学某门功课的成绩，用单个变量来表示时，就需要定义 50 个变量，很不方便。如果用数组就很简单，如 int c[50]，定义了一个有 50 个元素的数组，数组名是 c。

在 C 语言中，数组有两个要素，即数组名和下标。数组用统一的数组名和下标来标识数组中的元素，用下标标识数组中元素的位置。下标从零开始，数组中元素个数减 1 结束。如描述全班 50 个同学的成绩，就可以定义一个一维数组 c[50]，则下标范围是 0～49，如表 7-1 所示。

表 7-1 数组元素与对应值之间的关系

元素	c[0]	c[1]	c[2]	c[3]	c[4]	…	c[49]
元素值	95	54	75	78	96	…	86

表 7-1 显示了整型数组 c，这个数组包含 50 个元素。数组中的元素可以用数组名加上方括号([])中该元素的下标来引用。这样，c 数组中的第一个元素为 c[0]，c 数组中的第二个元素为 c[1]，数组中的第 50 个元素为 c[49]。一般来说，c 数组中的第 i 个元素为 c[i－1]。数组名命名的规则与变量名命名的规则相同。

数组下标的方括号实际上是 C 语言运算符。方括号的优先级与括号相同。如果有 50 个学生，且每个同学都选修了 5 门功课，那么学生的成绩用一维数组描述就很困难，需要用二维数组来描述。我们可以用行来描述学生，用列来描述每门功课。那么，这个二维数组可以定义如下：

```
int a[50][5];
```

二维数组的行、列、元素表示如表 7-2 所示。

表 7-2 二维数组的行、列、元素

行＼列	0	1	2	3	4
0	a[0][0]	a[0][1]	a[0][2]	a[0][3]	a[0][4]
1	a[1][0]	a[1][1]	a[1][2]	a[1][3]	a[1][4]
⋮	⋮	⋮	⋮	⋮	⋮
49	a[49][0]	a[49][1]	a[49][2]	a[49][3]	a[49][4]

在表 7-2 的二维数组中,列号 0,1,2,3,4 分别表示第一、第二、第三、第四、第五门功课,行号 0,1,2,…,49,分别表示第一、第二、……、第五十个同学,a[i][j]表示第 i+1 个同学的第 j+1 门功课的成绩。

数学中的矩阵都可以用二维数组来描述。

7.2 数组的定义

7.2.1 一维数组

1. 定义格式

一维数组定义格式为:

类型关键字　数组名　[常量表达式]　[={初值表}];

例如:int a[5]={-5,6,-9,7,45};定义了一个数组名为 a、长度为 5 的整型数组。类型关键字为已存在的一种简单数据类型或自定义数据类型,如上例中为 int。数组名是用户定义的一个标识符,用它来表示一个数组,上例中数组名为 a,其命名规则同一般标识符的命名规则相同。

常量表达式的值是一个整型常数,用它表明该数组的长度,即数组中所含的元素的个数。如上例中数组长度指定为 5,是根据应用需求决定的。常量表达式两边的方括号是语法所要求的符号,而“[={初值表}]”两端的方括号表明其内容为可选项。

初值表是用大括号括起来并用逗号分开的一组表达式,每个表达式的值将被赋给数组中的相应元素,如上例中初值表为{-5,6,-9,7,45},依次赋给数组的每一个元素,即 a[0],a[1],a[2],a[3],a[4]。

用来表示数组长度的常量表达式可以直接用整型常量值,还可以用符号常量来表示。如:

```
# define M 20      //定义一个符号常量 M
int b[M];          //定义一个有 M 个元素的整型数组 b
```

注意:定义数组时数组的长度只能是常量或常量表达式,不能是变量。如下列数组的定义是错误的:

```
int n;
scanf("%d",&n);
int d[n];      //错,因为 n 是变量
```


定义了一个数组后,就相当于同时定义了数组所含的每个元素,而数组中每一个元素就相当于一个同类型的变量。数组中的每个元素是通过数组名和下标运算符[ ]来标识的,具体格式为:

数组名[下标];

如定义一个包含 5 个元素的整型数组 a,即 int a[5];,那么数组 a 的元素为 a[0],a[1],a[2],a[3],a[4]。在 C 语言中,规定数组的下标从 0 开始,以数组长度减 1 结束。对于一个含有 n 个元素的数组 a,C 语言规定:它的下标依次为 0,1,2,…,n-1,因此,全部 n 个元素依次为 a[0],a[1],a[2],…,a[n-1],其中 a 为数组名。对数组进行操作时,C 语言编译器不对数组下标进行检查,编程时,要确保下标不要越界,否则会产生数组越界错误。

当数组定义中包含有初始化选项时，其常量表达式可以省略，此时所定义的数组长度将是初值表中所含的表达式的个数。

一个长度为 n 的数组被定义后，系统将在内存中为它分配一块含有 n 个连续的存储单元的存储空间，每个存储单元包含的字节数等于元素类型的长度。在 C++语言中，数组名除了表示数组的名称外，它的值表示数组的首地址，即元素 a[0]的地址。一维数组元素的地址采用数组名加下标的形式表示，与数组类型无关。如一个含有 10 个整型元素的数组 a。数组元素 a[0]，a[1]，a[2]，…，a[9]分别表示为：a，a+4，a+8，…，a+36。如，一个含有 10 个双精度型元素的数组 b 的地址。数组元素 b[0]，b[1]，b[2]，…，b[9]用 b，b+1，b+2，…，b+9 分别来表示。也就是说，在 C/C++语言环境中，不管数组元素是什么类型，数组元素的地址用数组名加数组元素偏移量(即数组元素相对于第一个元素的位置，一维数组就是数组下标)来表示。在下面的叙述中，我们统一用数组名加数组元素偏移量来表示数组元素的地址。

注意：在数组的定义语句中，方括号中的常量表达式表示数组的长度，而在对数组元素操作的语句中，方括号中出现的常数、变量或表达式均为数组元素的下标。

2. 一维数组定义形式举例

数组可以是简单类型的数组，如整型、字符型、浮点类型、双精度类型，也可以是我们后面要学到的复杂类型，如指针类型、结构体类型、共用体类型等。

(1) int a[20]；

该语句定义了一个元素为 int 型、数组名为 a、包含 20 个元素的数组，所含元素依次为 a[0]，a[1]，…，a[19]，每个元素同一个 int 型的简单变量一样，占用 4 个字节的存储空间，用来存储一个整数，整个数组占用 80 个字节的存储空间，用来存储 20 个整数。

(2) ＃define MS 20

double b[MS]；

该语句定义了一个元素类型为 double、数组长度为 MS 的数组 b，该数组占用 MS×8 个字节(一个双精度类型的数据占用 8 个字节的存储空间)的存储空间，能够用来存储 MS 个双精度数，数组 b 中的元素依次为 b[0]，b[1]，…，b[MS-1]。

(3) int c[5]={1，2，3，4，0}；

该语句定义了一个整型数组 c，即元素类型为整型的数组 c，它的长度为 5，所含的元素依次为 c[0]，c[1]，c[2]，c[3]和 c[4]，并相应被初始化为 1，2，3，4 和 0。

(4) char d[]={'a'，'b'，'c'，'d'}；

该语句定义了一个字符数组 d，由于没有显式给出它的长度，所以隐含为初值表中表达式的个数 4，该数组的 4 个元素为 d[0]，d[1]，d[2]和 d[3]，依次被初始化为'a'，'b'，'c'和'd'。注意，若没有给出数组的初始化选项，则表示数组的长度的常量表达式不能省略，因为既省略了数组长度选项，又省略了初始化选项，使系统无法确定该数组的大小，从而无法分配给它确定的存储空间。如 char d[]；是一个错误的语句。

(5) int e[8]={1，4，7}；

该语句定义了一个含有 8 个元素的整型数组 e，它的初始化数据项的个数为 3，小于数组元素的个数 8，这是允许的，这种情况的初始化过程为：将利用初始化表对前面相应元素进行初始化，而对后面剩余的元素则自动初始化为常数 0。数组 e 中的 8 个元素被初始化，得到的结果为：e[0]=1，e[1]=4，e[2]=7，e[3]～e[7]=0。

(6) char f[10]={'B','A','S','i','c'};

该语句定义了一个字符数组f,它包含有10个字符元素,其中前5个元素被初始化为初值表所给的相应值,后5个元素被初始化为字符'\0',对应数值为0。

(7) float h1[5],h2[10];

该语句定义了两个单精度型一维数组h1和h2,它们的数组长度分别为5和10。在一条变量定义语句中,可以同时定义任意多个简单变量和数组,每两个相邻定义项之间必须用逗号分开。

(8) short x=1,y=2,z,w[4]={25+x,-10,x+2*y,44};

该语句定义了3个短整型简单变量x,y和z,其中x和y被初始化为1和2,定义了一个短整型数组w,它包含有4个元素,其中w[0]被初始化为25+x的值,即26,w[1]被初始化为-10,w[2]被初始化为x+2*y的值,即5,w[3]被初始化为44。

3. 数组元素的访问

通过变量定义语句定义了一个数组后,用户便可以随时访问其中的任何元素。一个数组元素又称为下标变量,所使用的下标可以为常量或表达式,但其值必须是整数,否则将产生编译错误。

使用一个数组元素如同使用一个简单变量一样,可以对它赋值,也可以取它的值。

【例7-1】 数组元素的访问。

```
//对数组元素进行操作
#include <stdio.h>
int main()
{
    int a[5]={0,1,2,3,8};      //定义数组 a 并进行初始化
    a[0]=4;                    //把 4 赋给 a[0]
    a[1]+=a[0];                //把 a[0]的值 4 累加到 a[1],使 a[1]的值变为 5
    a[3]=3*a[2]+1;             //把赋值号右边的值 7 赋给 a[3]
    printf("%d",a[a[0]]);      //因 a[0]=4,所以 a[a[0]]对应的元素为 a[4]
                               //该语句输出的值为 8
    return 0;
}
```

在C语言中,编译器不检查数组元素的下标值,也就是说,当数组下标超出它的有效变化范围0到n-1(假定n为数组长度)时,也不会产生任何错误信息。为了防止下标值越界,需要编程者对下标进行合法性检查。

【思考题】 阅读下面的程序,写出程序的运行结果。

```
//对数组元素进行操作
#include <stdio.h>
main()
{
    int a[5],i;                //(1)定义数组 a
    for(i=0;i<5;i++)           //(2)通过循环语句给数组元素赋值
    a[i]=i*i;
    for(i=0;i<5;i++)           //(3)通过循环语句输出数组元素
```

```
    printf("%d",a[i]);
    printf("\n");
    return 0;
}
```

该程序中语句(1)首先定义了一个数组 a,其长度为 5,下标变化范围为 0～4。语句(2)让循环变量 i 在数组 a 下标的有效范围内变化,使下标 i 的元素赋值为 i 的平方值,该循环执行后数组元素 a[0],a[1],a[2],a[3]和 a[4]的值依次为 0,1,4,9,16。语句(3)控制输出数组 a 中每一个元素的值,输出语句中数组元素 a[i]中的下标 i 的值不会超过它的有效范围。如果在语句(3)中,用作循环判断条件的表达式 2 不是 i<5,而是 i<=5,则虽然 a[5]不属于数组的元素,但也同样会输出它的值,而从编程角度来看,数组元素越界是一种错误。由于 C 语言编译系统不对数组元素的下标值进行有效性检查,所以用户必须通过程序检查,确保其下标值有效,保证运算结果的正确性。

4. 程序举例

【例 7-2】 定义一个一维数组,通过键盘输入各元素的值,然后逆序输出数组元素的值。

```
#include <stdio.h>
void main()
{
    int i,a[6];      //定义一个数组 a,长度为 6
    for(i=0;i<6;i++) //循环输入各元素的值
        scanf("%d",&a[i]);
    for(i=5;i>=0;i--) //逆序输出数组元素的值
        //printf("%d%c",a[i],' ');//每输出一个值,就输出一个空格,使数据分开
        printf("%d",a[i]);      //每输出一个值,就输出一个空格,使数据分开
        //第二种控制方式:在格式控制符 d 后加一个空格
    printf("\n");
}
```

若程序运行时,从键盘上输入 3,8,12,6,20,15 这 6 个数,则得到的输入和运行结果为:

输入:3 8 12 6 20 15

输出:15 20 6 12 8 3

【例 7-3】 对一个给定的数组,求数组元素中的最大值。

```
#include <stdio.h>
void main()
{
    int a[8]={25,64,38,40,75,66,38,54};  //定义一个数组 a,并赋初值
    int max=a[0],i;      //定义变量 max 存储最大值,并假定 a[0]最大
    for(i=1;i<8;i++)         //依次将 a[1]～a[7]与 max 比较
        if(a[i]>max)
            max=a[i];      //将最大者赋给 max
    printf("max:%d\n",max);  //输出最大值 max
}
```

在该程序的执行过程中,max 依次取 a[0],a[1]和 a[4]的值,不会取其他元素的值。程序运行结果为:

```
max:75
```

【思考题】 从键盘输入若干个数据,找出其中的最小数并输出。

【例 7-4】 从若干个数据元素中找出大于某一个数的所有数据。

```
#include <stdio.h>
# define  N  7      //定义符号常量N
void main()
{
    double w[N]={2.6,7.3,4.2,5.4,6.2,3.8,1.4};    //定义一个数组w并赋初值
    double re[N],x;
    int i,count=0;
    printf("%s","输入一个实数:");      //也可写成:printf("输入一个实数:");
    scanf("%lf",&x);
    for(i=0;i<N;i++)
    {
        if(w[i]>x)   //将输入的数x依次与数组的每一个元素比较,若大于x
        {
            re[count]=w[i];   //记录数组w中大于x的数组元素于数组re中
            count++;      //记录数组w中大于x的元素个数
        }
    }
    for(i=0;i<count;i++)          //输出所有大于x的数组元素
        printf("%5.2lf\n",re[i]);
    printf("\n");
}
```

此程序的功能是从数组w[N]中按顺序找出比x大的值的所有元素并显示出来。如从键盘上输入x的值为5.0,则得到的程序运行结果为:

```
输入一个实数:5.0
7.30
5.40
6.20
```

【思考题】 从若干个数据元素中找出小于某一个数的所有数据及对应的位置(可用原数组的下标来描述)。

注意:定义两个一维数组,一个用来保存小于某一个数的所有数据,另一个用来保存这些数据对应于原数组中的下标。

【例 7-5】 斐波那契数列:1,1,2,3,5,8,…,其规律是从第三个数开始,每一项等于前两项的和,即a[i]=a[i-1]+a[i-2] (i=2,3,…),求该数列的前M(M=10)项。

```
#include <stdio.h>
# define M 10
void main()
{
```

```
    int a[M]={1,1};              //定义含有 M 个元素的数组 a,a[0]=1;a[1]=1;
                                 //其余元素的值赋为 0
    int i;
    for(i=2;i<M;i++)             //计算第 i 个元素
        a[i]=a[i-1]+a[i-2];      //求第 i+1 项
    for(i=0;i<M;i++)             //按每行 5 个数据输出数列元素
    {
        printf("%8d",a[i]);      //输出 a[i]
        if((i+1)%5==0)           //若一行输出的数据个数已有 5 个,则换行
            printf("\n");        //换行
    }
}
```

该程序首先定义数组 a,并分别为数组元素 a[0]和 a[1]赋值 1 和 1;接着依次计算出 a[2]至 a[M-1]的值,每个元素值等于它的前两个元素值之和,最后按照下标从小到大的次序显示数组 a 中的每个元素的值。该程序的运行结果为:

```
1       1       2       3       5
8       13      21      34      55
```

【思考题】

(1) 简化上述程序,要求只用一个 for 循环;

(2) 对于斐波那契数列,如果不用数组来存储数列元素,而改用变量替代方式,编写程序输出斐波那契数列的前 20 个元素,每行 10 个。

7.2.2 二维数组

1. 定义二维数组

如同我们见过的表格一样,二维数组由行和列组成。其定义格式为:

类型关键字 数组名[常量表达式 1][常量表达式 2][={{初值表 1},{初值表 2},…}];

在上述定义格式中,常量表达式 1 用来确定二维数组的行数,常量表达式 2 用来确定二维数组的列数,其取值必须是整型常数,不能是变量或含变量的表达式。[={{初值表 1},{初值表 2},…}]是可选项,表示按行序给二维数组赋初值。初值表 1 表示给二维数组的第一行元素赋初值,初值表 2 表示给二维数组的第二行元素赋初值,以此类推。

二维数组定义中的常量表达式 1 指定数组的第一维下标(又称为行下标)取值的个数,若常量表达式 1 取值为整常数 m,则行下标的取值范围是 0～m－1 之间的 m 个整数。同样,二维数组定义中的常量表达式 2 指定数组的第二维下标(又称为列下标)取值的个数,若常量表达式 2 取值为整常数 n,则列下标的取值范围是 0～n－1 之间的 n 个整数。同一维数组一样,对二维数组操作时,必须保证行下标和列下标不要越界,否则会产生错误。

对于一个行数取值为 m、列数取值为 n 的二维数组 a,它所包含元素的个数为 m×n,即数组长度为 m×n,每一个元素含有两个下标,具体表示为:"数组名[行下标][列下标]"。数组 a 中的所有元素依次表示为:

a[0][0] a[0][1] … a[0][n－1]
a[1][0] a[1][1] … a[1][n－1]
⋮ ⋮ ⋮
a[m－1][0] a[m－1][1] … a[m－1][n－1]

我们知道,当定义了一个一维数组后,系统为它分配一块连续的存储空间,该空间的大小为 n×sizeof(元素类型),其中 n 为一维数组长度。

在 C 语言系统中,数组名同时表示该数组占用的存储空间的首地址。例如,若定义了一个 int 型的一维数组 b[10],则下标为 i 的元素 b[i]的首地址表示为 b+i,其中 0≤i≤9。在内存中数组 b 的存储分配如表 7-3 所示。

表 7-3 一维数组 b 的存储分配示意图

编号	0	1	2	3	4	5	6	7	8	9
元素	b[0]	b[1]	b[2]	b[3]	b[4]	b[5]	b[6]	b[7]	b[8]	b[9]
地址	b	b+1	b+2	b+3	b+4	b+5	b+6	b+7	b+8	b+9

其中:第一行为数组元素的下标,也是存储单元的顺序编号;第二行表示数组元素的存储单元;第三行为对应的数组元素首地址。

当定义了一个二维数组后,系统同样为它按行序分配一块连续的存储空间,该存储空间的大小为 m×n×sizeof(元素类型),其中 m 和 n 分别表示二维数组的行数和列数。

系统给一个二维数组中所有元素按行序分配一块连续的存储单元时,依次是第一行、第二行……例如,若定义了一个 double 型的二维数组 c[M][N],则任一元素 c[i][j]的地址为 c+(i×N+j),其中 0≤i≤M−1,0≤j≤N−1。假定常量 M 和 N 分别为 2 和 4,则数组 c 所有元素的存储分配如表 7-4 所示。

表 7-4 二维数组 c 的元素存储分配示意图

下标	0	1	2	3	4	5	6	7
元素	c[0][0]	c[0][1]	c[0][2]	c[0][3]	c[1][0]	c[1][1]	c[1][2]	c[1][3]
地址	c[0]	c[0]+1	c[0]+2	c[0]+3	c[0]+4	c[0]+5	c[0]+6	c[0]+7

同一维数组的存储分配示意图一样,第一行为存储单元的顺序编号,第二行表示对应数组元素的存储单元,第三行为对应元素的地址。

若在二维数组的定义格式中包含初始化选项,则能够在定义二维数组的同时,对所有元素进行初始化,其中每个用大括号括起来的初值表用于初始化数组中的一行元素,即初值表 1 用于初始化行下标为 0 的所有元素,初值表 2 用于初始化行下标为 1 的所有元素,以此类推。同一维数组的初始化一样,若对部分元素进行了初始化,则没有对应的初始化数据的元素,自动初始化为 0。

在二维数组的定义格式中,若带有初始化选项,则常量表达式 1 可以省略,此时将定义一个行数等于初值表个数的二维数组。

2. 二维数组定义及初始化

(1) int a[3][3];

该语句定义了 3 行 3 列的一个二维数组 a[3][3],它包含有 9 个元素,元素类型为 int,每个元素同一个 int 型简单变量一样,能够用来表示和存储一个整数。

```
(2) #define M 10      //定义符号常量 M
    #define N 12      //定义符号常量 N
    double b[M][N];
```

该语句定义了一个元素类型为 double 的二维数组 b[M][N]，它包含 M×N 个元素，每个元素用来保存一个实数，元素中行下标的有效范围为 0～M－1，列下标的有效范围为 0～N－1，任一元素 b[i][j]的存储地址为 b[8]＋(i×N＋j)。当然，i 和 j 都要在有效取值范围以内。

(3) int c[2][4]={{1,3,5,7},{2,4,6,8}};

该语句定义了一个元素类型为 int 的二维数组 c[2][4]，并对该数组进行了初始化，使得 c[0][0],c[0][1],c[0][2]和 c[0][3]的初值分别为 1,3,5 和 7；c[1][0],c[1][1],c[1][2]和 c[1][3]的初值分别为 2,4,6 和 8。

(4) int d[][3]={{0,1,2},{3,4,5},{6,7,8}};

该语句定义了一个元素类型为 int 的二维数组 d，它的列下标的取值范围为 0～2，行下标的取值范围没有显式给出。但由于给出了初始化选项，并且含有 3 个初值表，所以取值范围隐含为 0～2，相当于在数组定义的第一个方括号内省略了行下标取值个数 3。

(5) int e[3][4]={{0},{1,2}};

该语句定义了一个元素类型为 int 的二维数组 e[3][4]，它的第一行(即行下标为 0)的 4 个元素被初始化为 0，第 2 行的 4 个元素 e[1][0],e[1][1],e[1][2]和 e[1][3]分别被初始化为 1,2,0 和 0，第 3 行的 4 个元素也均被初始化为 0。

(6) #define cN 10

char f[cN+1][cN+1],c1='a',c2;　　//cN 为整型常变量

该语句定义了一个元素类型为 char 的二维数组 f，它的行下标、列下标的上界均为 cN，其取值均为 0～cN 之间的整数。该语句同时定义了字符变量 c1 和 c2，并使 c1 初始化为字符'a'。

(7) int g[10],h[10][5];

该语句定义了两个元素类型为 int 的数组，一个为一维数组 g[10]，另一个为二维数组 h[10][5]，它们分别含有 10 个元素和 50 个元素，每个元素能够表示和存储一个整数。

(8) int r[][5];

该语句定义的二维数组 r 是错误的，因为它既没有给出第一维下标的取值个数，又没有给出初始化选项，所以系统无法确定该数组的长度，从而无法为它分配一定大小的存储空间。

3. 二维数组元素的访问

二维数组元素的访问是通过数组名、行下标和列下标来确定的，其行下标和列下标不仅可以为常量，还可以为整型(或字符型)变量或表达式。

二维数组的元素像简单变量一样使用，既可以用它存储数据，又可以参加运算。

【例 7-6】 对二维数组元素进行操作，给二维数组元素赋值，并按行输出。

```
#include <stdio.h>
int main()
{
    int i,j;
    int a[4][5]={0};            //定义数组，并给所有元素赋初值 0
    a[1][2]=6;                  //向 a[1][2]元素赋值 6
    a[2][2]=3*a[1][2]+1;        //取出 a[1][2]的值 6 参与运算
                                //把赋值号右边表达式的值 19 赋给 a[2][2]元素
    for(i=0;i<4;i++)
    {
        for(j=0;j<5;j++)
```

```
            {
                a[i][j]=(i+1)*(j+1);    //把(i+1)*(j+1)的值赋给a[i][j]元素
                printf("%5d",a[i][j]); //按十进制整数输出数组元素,每个元素占5个字节
            }
            printf("\n");
        }
        return 0;
    }
```

【思考题】 定义符号常量M、N表示二维数组的行数和列数,定义一个二维数组,并赋初值,然后按行输出。

> **提示:**在程序中定义符号常量M,N分别表示二维数组的行数和列数,增强了程序的通用性,修改M,N的值就可以定义不同的二维数组,而且无须修改程序。

C语言中,不仅可以定义和使用一维数组和二维数组,也可以定义和使用三维及更高维的数组。如下面的语句定义了一个三维数组:

```
    int s[P][M][N];      //假定P、M、N均为已定义的符号常量
```

该数组的数组名为s,第一维下标的取值范围为0～P−1,第二维下标的取值范围为0～M−1,第三维下标的取值范围为0～N−1。该数组共包含P×M×N个int型的元素,共占用P×M×N×4个字节的存储空间。数组中的每个元素由3个下标唯一确定,如s[1][0][3]就是该数组中的一个元素(假定P,M和N分别大于等于2,1,4)。

若用一个三维数组来表示一本书,则第一维表示页,第二维表示页内的行,第三维表示行内一个字符位置所在的列,数组中每个元素的值就是相应位置上的字符。

4. 程序举例

【例7-7】 求二维数组元素中最大值及各行元素的平均值。

```
#include <stdio.h>
void main()
{
    int b[2][5]={{7,15,2,8,20},{12,25,37,16,28}},c[2];
    int i,j,k=b[0][0];
    for (i=0;i<2;i++)
    {   int sum=0;
        for (j=0;j<5;j++)
        {   sum+=b[i][j];      //求第i行元素的累加和
            if (b[i][j]>k)
            k=b[i][j];
        }
        c[i]=sum/5;       //求第i行元素的平均值
    }
    printf("%d\n",k);
}
```

在这个程序中首先定义了元素类型为int的二维数组b[2][5]并初始化,接着定义了int型的简单变量i,j,k,并对k初始化为b[0][0]的值7,然后使用双重for循环依次访问数组b

中的每个元素,并且每次把大于 k 的元素值赋给 k,循环结束后 k 中将保存着所有元素的最大值,并被输出。这个值就是 b[1][2]的值 37。

【思考题】 求二维数组元素中的最小值和各列元素的平均值。提示:由此扩充,可以求二维数组中每列元素的最大值和最小值,并用一维数组或二维数组保存。

【例 7-8】 求一个二维数组各行元素之和,将结果存储在一个一维数组中,最后求出二维数组的所有元素之和。

```
#include <stdio.h>
# define M  4;
void main()
{
    int c[M]={0};  //定义一个一维数组 c,保存二维数组中各行元素之和
    int d[M][3]={{1,5,7},{3,2,10},{6,7,9},{4,3,7}};   //定义一个二维数组 d
    int i,j,sum=0;  //sum 存储二维数组 d 中所有元素之和
    for(i=0;i<m;i++)
    {
        for(j=0;j<3;j++)   //求第 i+1 行元素之和
            c[i]+=d[i][j];
        sum+=c[i];  //将各行元素之和累加,用以求所有元素之和
    }
    for (i=0;i<M;i++)
         printf("%d\t",c[i]);
    printf("\n");
    printf("%d\n",sum);
}
```

该程序主函数中的第一条语句定义了一个一维数组 c[M]并使每个元素初始化为 0,第二条语句定义了一个二维数组 d[M][3]并使每个元素按所给的数值初始化,第三条语句定义了 i,j 和 sum 并初始化为 0,第四条语句是一个双重 for 循环,它依次访问数组 d 中的每个元素,并把每个元素的值累加到数组 c 中与该元素的行下标值相同的对应元素中,然后再把数组 c 中的元素值累加到 sum 变量中,第五条循环语句依次输出数组 c 中的每个元素值并换行,第六条语句输出 sum 的值。该程序把二维数组 d 中的同一行元素值累加到一维数组 c 中的每个元素中,把所有元素的值累加到简单变量 sum 中,该程序的运行结果为:

```
13  15  22  14
64
```

 7.3 数组作为函数的参数

常量和变量可以用作函数实参,同样数组元素也可以作函数实参,其用法与变量相同。数组名也可以作实参和形参,传递的是数组的起始地址。

7.3.1 用数组元素作函数实参

由于实参可以是表达式,而数组元素也是表达式,因此数组元素当然可以作为函数的实参,与用变量作实参一样,将数组元素的值传送给形参变量。

【例 7-9】 求二维数组中的元素的最大值及对应的下标(行下标和列下标),要求定义函数 max_value,求两个数中较大者并调用。

```
#include <stdio.h>
int main()
{   int max_value(int x,int max);      //声明函数,求两个数中的较大者
    int i,j,row=0,colum=0,max
    int a[3][4]={{5,12,23,56},{19,28,37,46},{-12,-34,6,8}};
                                                     //定义数组 a,并初始化
    max=a[0][0];
    for(i=0;i<=2;i++)
    for(j=0;j<=3;j++)
    {   //函数调用中使用了数组元素 a[i][j]作为实参
        max=max_value(a[i][j],max);  //调用 max_value 函数
        if(max==a[i][j])      //如果函数返回的是 a[i][j]的值
        {
            row=i;          //记下该元素行号 i
            colum=j;        //记下该元素列号 j
        }
    }
    printf("max=%d,row=%d,colum=%d\n",max,row,colum);
}
int max_value(int x,int max)        //定义 max_value 函数
{   //求两个数中的较大者
    if(x>max) return x;       //如果 x>max,函数返回值为 x
    else return max;        //如果 x≤max,函数返回值为 max
}
```

7.3.2 用数组名作函数参数

由于数组元素可以同一般变量一样使用,所以数组元素可以作为函数的参数。与一般变量作实参一样,可以将数组元素的值传送给形参变量。

数组名可以用作函数参数,此时实参与形参都用数组名(也可以用指针变量,见第 8 章)。

【例 7-10】 用选择法对数组中 10 个整数由小到大排序。所谓选择法,就是先将 10 个数中最小的数与 a[0]对换;再将 a[1]到 a[9]中最小的数与 a[1]对换……每比较一轮,就找出一个未经排序的数中最小的一个,共比较 9 轮。

根据此思路,程序编写步骤如下。

(1) 从键盘输入 10 个数,并将其存储在一个有 10 个元素的整型数组 a 中。

(2) 进行选择排序:

① int i=0; //每一轮比较起始元素的下标

  int k=0; //每一轮比较得到的最小元素的下标

② 通过循环求出 a[i]到 a[9]中最小的数的下标 k。

③ 如果 i 不等于 k,将 a[i]与 a[k]对换。

④ i=i+1,转到第②步。

(3) 输出排序的结果。

编写程序如下：

```
#include <stdio.h>
int main()
{   void select_sort(int array[],int n);    //函数声明
    int a[10],i;
    printf("Enter the originl array:\n");
    for(i=0;i<10;i++)          //输入 10 个数
        scanf("%d",&a[i]);
    printf("\n");
    select_sort(a,10);         //函数调用,数组名作实参
    printf("The sorted array:\n");
    for(i=0;i<10;i++)         //输出 10 个已排好序的数
        printf("%d",a[i]); //按十进制整数格式输出 a[i],其后跟两个空格以分隔数据
    printf("\n");
    return 0;
}
void select_sort(int array[],int n) //形参 array 是数组名
{   int i,j,k,t;
    for(i=0;i<n-1;i++)
    {   k=i;
        for(j=i+1;j<n;j++)
        {
            if(array[j]<array[k])
            k=j;
            if(k!=i)
            {
                t=array[k];array[k]=array[i];array[i]=t;
            }
        }
    }
}
```

运行情况如下：

```
Enter the originl array:
6  9  -2  56  87  11  -54  3  0  77        //输入 10 个数
The sorted array:
-54  -2  0  3  6  9  11  56  77  87
```

关于用数组名做函数参数有以下两点要说明。

(1) 如果函数实参是数组名,形参也应为数组名(或指针变量,关于指针见第 8 章),形参不能声明为普通变量(如 int array;)。实参数组与形参数组的类型应一致(现都为 int 型),如不一致,结果将出错。

(2) 需要特别说明的是:数组名代表数组首元素的地址,并不代表数组中的全部元素。

因此用数组名作函数实参时,不是把实参数组的值传递给形参,而只是将实参数组首元素的地址传递给形参。

形参可以是数组名,也可以是指针变量,它们用来接收实参传来的地址。在调用函数时,将实参数组首元素的地址传递给形参数组名。这样,实参数组和形参数组就共占同一段内存单元,如图 7-1 所示。

	a[0]	a[1]	a[2]	a[3]	a[4]	a[5]	a[6]	a[7]	a[8]	a[9]
起始地址 1000	2	4	6	8	10	12	14	16	18	20
	b[0]	b[1]	b[2]	b[3]	b[4]	b[5]	b[6]	b[7]	b[8]	b[9]

图 7-1　实参数组与形参数组公用存储空间示意图

用一般变量作函数参数时,只能将实参变量的值传给形参变量,在调用函数过程中如果改变了形参的值,对实参没有影响,即实参的值不因形参的值改变而改变。而用数组名作函数实参时,由于实参数组与形参数组公用存储单元,所以改变形参数组元素的值将同时改变实参数组元素的值。在程序设计中往往有意识地利用这一特点改变实参数组元素的值。

实际上,声明形参数组并不意味着真正建立一个包含若干元素的数组,在调用函数时,编译系统不对形参数组分配存储单元,只是用 array[ ]这样的形式表示 array 是一维数组名,以接收实参传来的地址。因此,array[ ]中方括号内的数值并无实际作用,编译系统对作为形参的一维数组方括号内的内容不予处理。形参一维数组的声明中可以写元素个数,也可以不写。

下面几种函数首部的写法都是合法的,其作用相同。

```
void select_sort(int array[10],int n)      //指定元素个数与实参数组相同
void select_sort(int array[],int n)        //可以不指定元素个数
void select_sort(int array[5],int n)       //指定元素个数与实参数组不同
```

7.3.3　用多维数组名作函数参数

如果用二维数组名作为实参和形参,声明形参数组时,必须指定第二维(即列)的大小,且应与实参的第二维的大小相同。第一维的大小可以指定,也可以不指定。如:

```
int array[3][10];        //形参数组的两个维都指定
```

或

```
int array[][10];      //第一维大小省略
```

两者都合法而且等价。但是不能把第二维的大小省略。下面的形参数组写法不合法:

```
int array[][];      //不能确定数组的每一行有多少列元素
int array[3][];     //不指定列数就无法确定数组的结构
```

在第二维大小相同的前提下,形参数组的第一维可以与实参数组不同。例如,实参数组定义为

```
int score[5][10];
```

而形参数组可以声明为

```
int array[3][10];      //列数与实参数组相同,行数不同
int array[8][10];
```

这时形参二维数组与实参二维数组都是由相同类型和大小的二维数组组成的,实参数

组名 score 代表其首元素(即第一行)的起始地址,系统不检查第一维的大小。如果是三维或更多维的数组,处理方法是类似的。

【例 7-11】 有一个 3×4 的矩阵,求矩阵中所有元素中的最大值。要求定义一个函数,用二维数组做函数的参数,求其最大数。

程序如下:

```
#include <stdio.h>
int main()
{   int max_value(int array[][4]); //声明求二维数组最大值的函数,用二维数组做参数
    int a[3][4]={{11,32,45,67},{22,44,66,88},{15,72,43,37}}; //定义数组并初始化
    printf("max value is %d\n",max_value(a));
    return 0;
}
int max_value(int array[][4])    //求数组 array 中元素的最大值
{   int i,j,max;      //i,j 为循环控制变量,max 存储最大值
    max=array[0][0];
    for(i=0;i<3;i++)
        for(j=0;j<4;j++)
            if(array[i][j]>max)
               max=array[i][j];
    return max;
}
```

运行结果如下:

```
max value is 88
```

读者可以将 max_value 函数的首部改为以下几种情况,观察编译情况。

```
int max_value(int array[][])
int max_value(int array[3][])
int max_value(int array[3][4])
int max_value(int array[10][10])
int max_value(int array[12])
```

7.4 数组应用举例

数组是表示和存储数据的一种重要方法,是一种典型的数据组织形式。数组在实际应用中非常广泛,如计算、统计、排序、查找等各种运算。

【例 7-12】 已知两个矩阵 A 和 B 如下:

$$A=\begin{pmatrix}7 & -5 & 3\\ 2 & 8 & -6\\ 1 & -4 & -2\end{pmatrix},$$

$$B=\begin{pmatrix}3 & 6 & -9\\ 2 & -8 & 3\\ 5 & -2 & -7\end{pmatrix}。$$

编写一个程序,计算出矩阵 A、B 的和、差。

分析:两个矩阵相加或相减的条件是参与运算的两个矩阵的行数和列数必须分别对应相等,它们的和或差仍为一个矩阵,并且与两个相加或相减的矩阵具有相同的行数和列数。此题中的两个矩阵均为 3 行×3 列,所以它们的和矩阵同样为 3 行 3 列。两矩阵相加或相减的运算规则是:结果矩阵中每个元素的值等于两个相加或相减矩阵中对应位置上的元素相加或相减,即 $C_{ij}=A_{ij}+B_{ij}$ 或 $C_{ij}=A_{ij}-B_{ij}$,其中 A 和 B 表示两个矩阵,C 表示运算结果矩阵。在程序中,首先定义 4 个二维数组,假定分别用标识符 a,b,c,d 表示,并对 a 和 b 进行初始化;接着,根据 a 和 b 计算出 c,d,按书写格式输出数组 c,d。根据分析编写出程序如下:

```
#include <stdio.h>
#define N 3
void main()
{
    int a[N][N]={{7,-5,3},{2,8,-6},{1,-4,-2}};
    int b[N][N]={{3,6,-9},{2,-8,3},{5,-2,-7}};
    int i,j,c[N][N],d[N][N];
    for(i=0;i<N;i++)
        for(j=0,j<N;j++)
        {
            c[i][j]=a[i][j]+b[i][j];  //计算矩阵 a,b 对应元素的和
            d[i][j]=a[i][j]-b[i][j];  //计算矩阵 a,b 对应元素的差
        }
    for(i=0;i<N;i++)        //输出矩阵 c
    {   for(j=0;j<N;j++)
            printf("%5d",c[i][j]);
        printf("\n");
    }
    for(i=0;i<N;i++)        //输出矩阵 d
    {   for(j=0;j<N;j++)
            printf("%5d",d[i][j]);
        printf("\n");
    }
}
```

【思考题】 设计函数分别计算两个矩阵的和与差,设计一个函数输出二维数组。

提示:如求两个矩阵的和,必须已知两个矩阵 A、B 和它们的维数,还需要用一个二维数组 C(和矩阵 A 或矩阵 B 具有相同行数和列数),用来保存矩阵 A 与 B 的和。因此,求两个矩阵和函数的形参就是矩阵 A、矩阵 B 和矩阵 C 及它们的维数,函数头部就可以定义为:

```
void AplusB(int A[M][N],int B[M][N],int C[M][N],int M,int N)
```

类似地,可以声明两个函数差的头部形式。

【例 7-13】 有一家公司,生产 5 种型号的产品,上半年各月的产量如表 7-5 所示,每种型号的产品的单价如表 7-6 所示,编一个程序计算上半年的总产值。

表 7-5 产量统计表

月份 \ 型号 产量	TV-14	TV-18	TV-21	TV-25	TV-29
1	438	269	738	624	513
2	340	420	572	726	612
3	455	286	615	530	728
4	385	324	713	594	544
5	402	382	550	633	654
6	424	400	625	578	615

表 7-6 单价表

型号	单价/元
TV-14	500
TV-18	950
TV-21	1340
TV-25	2270
TV-29	2985

分析：表 7-5 需要用一个二维数组来存储，该数组的行下标表示月份，即用 0～5 依次表示 1～6 月份，该数组的列下标表示产品型号，即用 0～4 依次表示 TV-14、TV-18、TV-21、TV-25 和 TV-29，数组中的每一元素值为相应月份和型号的产量。

表 7-6 也需用一个一维数组来存储，该数组的下标依次对应每一种产品型号，每一元素值为该型号的单价。假定用 b 和 c 分别表示这两个数组，则此程序开始应定义它们并进行初始化。

要计算出上半年的总产值，首先必须计算出每月份的产值，然后再逐月累加起来。为此，设一维数组 d[6]用来存储各月份的产值，即用 d[0]存储 1 月份的产值，d[1]存储 2 月份的产值，以此类推。设用变量 sum 累加每一月份的产值，当从 1 月份累加到 6 月份之后，sum 的值就是该公司上半年的总产值。根据数组 b 和 c 计算出第 i+1 月份产值的公式为：

$$d[i] = \sum 4j = b[i][j] \times c[j] (0 \leqslant i \leqslant 5)$$

根据分析，编写出此题的完整程序如下：

```
#include <stdio.h>
void main()
{
    int b[6][5]={{438,269,738,624,513},{340,420,572,726,612},
    {455,286,615,530,728},{385,324,713,594,544},
    {402,382,550,633,654},{424,400,625,578,615}};
    int c[5]={500,950,1340,2270,2985};
    int d[6]={0};
```

```
    int sum=0;
    int i,j;
    for(i=0;i<6;i++)
    {
        for(j=0;j<5;j++)
        d[i]+=b[i][j] * c[j];
        printf("%d",d[i]);//输出第 i+1 月份的产值
        sum+=d[i];//把第 i+1 月份的产值累加到 sum 中
    }
    printf("\nsum:%d\n",sum);//输出上半年总产值
}
```

若上机输入和运行该程序，则得到的输出结果为：

```
4411255 4810320  4699480  4427940 4690000 4577335
sum:27616330
```

【例 7-14】 某社区对所属 N 户居民进行月用电量统计，每隔 50 度用电量为一个统计区间，但当大于等于 500 度时为一个统计区间。编写一个程序，分析统计每个用电区间的居民户数。

分析：由题意可知，用电区间共有 11 个，其中 0～49 为第 1 个区间，50～99 为第 2 个区间，以此类推。为此定义一个统计数组，假定用 c[11]表示，用它的第一个元素 c[0]统计用电量为 0～49 区间的用户数，用它的第 2 个元素 c[1]统计用电量为 50～99 区间的用户数……用它的第 11 个元素 c[10]统计电量大于等于 500 度的用户数。在程序的主函数中，应首先定义数组 c[11]并初始化每个元素的值为 0；接着通过 N 次循环，从键盘依次输入每户的用电量 x，并统计到相应的元素中去，即下标为 x/50 的元素中，当然若 x＞＝500，则统计到 c[10]元素中，最后通过循环输出在数组 c 中保存统计的结果。

根据分析编写出程序如下：

```
#include <stdio.h>
#define N 100      //定义符号常量 N 的值为 100
void main()
{
    int c[11]={0};
    int i,x;
    printf("输入每个用户的用电量,用电量必须大于或等于零:\n");
    for(i=1;i<=N;i++)
    {
        scanf("%d",&x);      //输入每户的用电量,存储在变量 x 中
        if(x<500)
          c[x/50]++;
        else c[10]++;
    }
    for(i=0;i<=10;i++)
    printf("c[%d]=%d",i,c[i]);
}
```

【例 7-15】 已知 10 个常数 42,65,80,74,36,44,28,65,94,72,编一个程序,采用插入排序法对其进行增序排序,并输出结果。

分析:

(1) 定义一个能容纳 n 个数据的一维数组 a,并将待排序的数据存入其中;

(2) 开始时将 a[0]看成是一个有序表,它只有一个元素,把 a[1]~a[n-1]看成是一个无序表;

(3) 依次从无序表中取 a[i](i=1,2,…,n-1),把它插入到前面有序表的适当位置上,使之仍为一个有序表,直至无序表中的元素个数为 0。

(4) 插入方法:如何在第 i 次把无序表中的第一个元素 a[i]插入到前面的有序表 a[0]~a[i-1]中,使之成为一个新的有序表 a[0]~a[i]。从有序表的表尾 a[i-1]开始,依次向前使每一个 a[j](j=i-1,i-2,…,1,0)同 a[i]进行比较,若 a[i]<a[j],则把 a[j]后移一个位置,直至条件不成立或 j<0 为止,此时空出的下标 j+1 的位置就是 x 的插入位置,接着把 a[i]的值存入 a[j+1]即可。

```
#include <stdio.h>
#define n 10
int main()
{
    int i;
    void InsertSort(int a[],int m);
    int a[n]={42,65,80,74,36,44,28,65,94,72};    //定义一个数组
    InsertSort(a,n);        //调用函数进行插入排序
    for(i=0;i<n;i++)        //输出排序后的结果
        printf("%d",a[i]);
    printf("\n");
    return 0;
}

void InsertSort(int a[],int m)
{
    int i,j,x;
    for(i=1;i<n;i++)
    {
        x=a[i];      //将待排序的元素 a[i]存储到 x 中
        for(j=i-1;j>=0;j--)        //寻找插入位置
        {
            if(x<a[j])
            a[j+1]=a[j];   //后移一个位置
            else
            break;
        }
        a[j+1]=x;         //将 x 插入到已找到的插入位置
    }
}
```

在对数组 a[10]中的元素进行插入排序的过程中,每次从无序表中取出第一个元素插入前面的有序表后各元素值的排列情况如图 7-2 所示,其中方框内为本次得到的有序表,其后

为无序表。

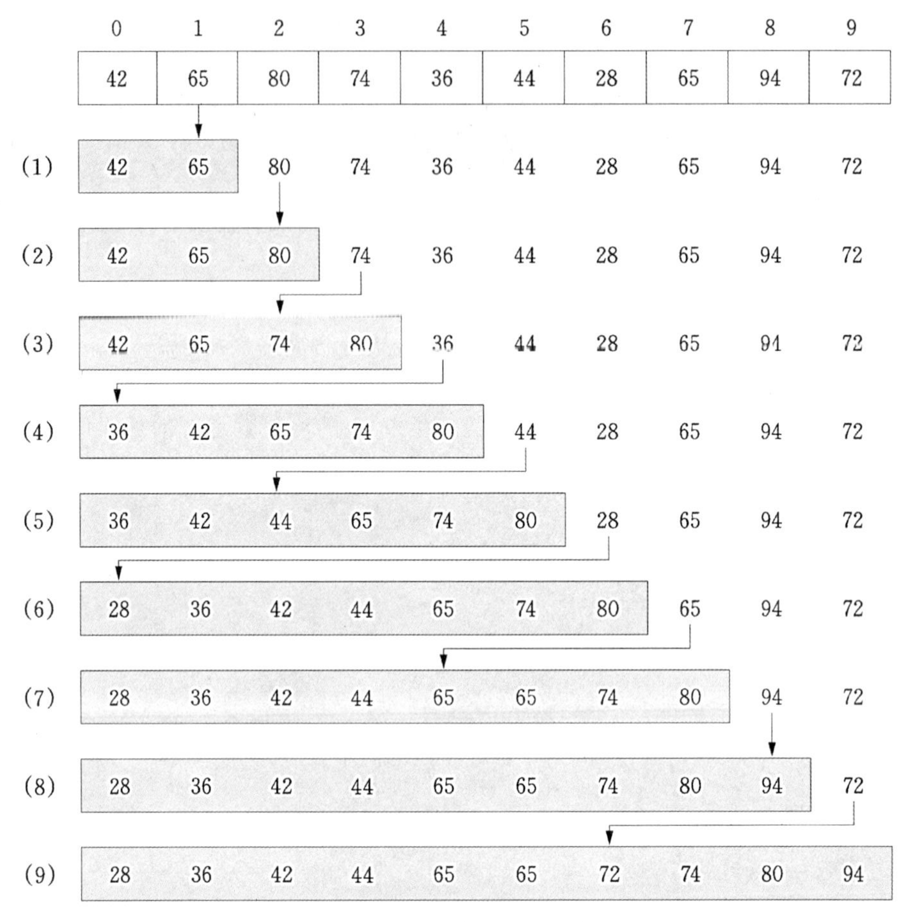

图 7-2　插入排序过程示例

【例 7-16】 假定在一维数组 a[10]中保存着 10 个整数 42,55,73,28,48,66,30,65,94,72,编译程序从中顺序查找出具有给定值 x 的元素。若查找成功,则返回该元素的下标位置;否则表明查找失败,返回－1。

分析:此程序比较简单,假定把从一维数组中顺序查找的过程单独用一个函数模块来实现,把调用该函数进行顺序查找通过主函数来实现,则整个程序如下。

```
#include <stdio.h>
#define N 10          //假定把数组中保存的整数个数用常量 N 表示
int a[N]={42,55,73,28,48,66,30,65,94,72};
int SequentialSearch(int x)        //顺序查找算法
{
    int i;
    for(i=0;i<N;i++)
        if(x==a[i],return i;       //查找成功,返回元素 a[i]的下标值
    return -1;         //查找失败,返回-1
}
void main()
{   int x1=48,x2=60,f;
    f=SequentialSearch(x1);            //从数组 a[N]中查找值为 x1 的元素
```

```
    if(f==-1)
        printf("查找:%d失败!\n",x1);
    else
        printf("查找:%d成功! 下标为:%d\n",x1,f);
        //查找成功或失败分别显示出相应的信息
    f=SequentialSearch(x2);//查找值为x2的元素,返回值赋给f
    if(f==-1)
        printf("查找:%d失败!\n",x2);
    else
        printf("查找:%d成功! 下标为:%d\n",x2,f);
}
```

上机输入和运行该程序,得到的输出结果为:

```
查找48成功! 下标为4
查找60失败!
```

【例 7-17】 假如一维数组 a[N]中的元素是一个从小到大顺序排列的有序表,编写一个程序从 a 中二分查找出其值等于给定值 x 的元素。

分析:二分查找又称折半查找或对分查找。它比顺序查找要快得多,特别是当数据量很大时效果更显著。二分查找只能在有序表上进行,对于一个无序表则只能采用顺序查找。

在有序表 a[N]上进行二分查找的过程为:

首先,待查找区间为所有 N 个元素 a[0]～a[N－1],将其中点元素 a[mid](mid＝(N－1)/2)的值同给定值 x 进行比较:若 x＝＝a[mid],则表明查找成功,返回该元素的下标 mid 的值;若 x＜a[mid],则表明待查元素只可能落在该中点元素的左边区间 a[0]～a[mid－1]中;若 x＞a[mid],则表明待查元素只可能落在该中点元素的右边区间 a[mid＋1]～a[N－1]中。接着,只要在这个左(或右)边区间内继续进行二分查找即可。这样经过一次比较后就使得查找区间缩小一半,如此进行下去,直到查找到对应的元素,返回下标值,或者查找区间变为空(即区间下界 low 大于区间上界 high),表明查找失败返回－1 为止。假定数组 a[10]中的 10 个整型元素如表 7-7 所示。

表 7-7 数组 a 的下标与对应的元素关系

下标	0	1	2	3	4	5	6	7	8	9
元素值	15	26	37	45	48	52	60	66	73	90

若要从中二分查找出值为 37 的元素,具体过程为:开始时查找区间为 a[0]～a[9],其中点元素的下标 mid 为 4,因 a[4]值为 48,其给定值 37 小于它,所以应接着在左区间 a[0]～a[3]中继续二分查找,此时中点元素的下标 mid 为 1,因 a[1]的值为 26,其给定值 37 大于它,所以应接着在右区间 a[2]～a[3]中继续二分查找,此时中点元素的下标 mid(为(2＋3)/2)的值 2,因 a[2]的值为 37,给定值与它相等,到此查找结束,返回该元素的下标值 2。此查找过程可用图 7-3 表示出来,其中每次二分查找区间用方框括起来,该区间的下界和上界分别用 low 和 high 表示。

若要从数组 a[10]中二分查找值为 70 的元素,则经过 3 次比较后因查找区间变为空,即区间下界 low 大于区间上界 high,所以查找失败,其查找失败过程如图 7-4 所示。

下标	0	1	2	3	4	5	6	7	8	9
(1)	15	26	37	45	48	52	60	66	73	90
	low				mid					high
(2)	15	26	37	45	48	52	60	66	73	90
	low	mid		high						
(3)	15	26	37	45	48	52	60	66	73	90
			low, mid	high						

图 7-3　二分查找 37 的过程示意图

下标	0	1	2	3	4	5	6	7	8	9
(1)	15	26	37	45	48	52	60	66	73	90
	low				mid					high
(2)	15	26	37	45	48	52	60	66	73	90
						low		mid		high
(3)	15	26	37	45	48	52	60	66	73	90
									low, mid	high
(4)	15	26	37	45	48	52	60	66	73	90
								high	low	

图 7-4　二分查找 70 的过程示意图

根据以上的分析和举例说明，编写出此题完整程序如下：

```
#include <stdio.h>
#define N 10        //定义符号常量 N,其值等于 10
int a[N]={15,26,37,45,48,52,60,66,73,90}   //定义数组 a[N],并初始化
int BinarySearch(int x)          //二分查找算法
{
    int low=0,high=N-1;          //定义并初始化区间下界和上界变量
    int mid;        //定义保存中点元素下标的变量
    while(low<=high)
    {     //当前查找区间非进行一次二分查找过程
        mid=(low+high)/2;        //计算出中点元素的下标
        if(x==a[mid])
            return mid;          //查找成功,返回
        else if(x<a[mid])
            high=mid-1;          //修改得到左区间
```

```
        else low=mid+1;        //修改得到右区间
    }
    return -1;      //查找失败,返回-1
    }
void main()
{
    int b[3]={37,48,70};       //假定待查元素值用数组 b 表示
    int f,i;//用于保存调用二分查找函数的返回值
    for(i=0;i<3;i++)
    {
        f=BinarySearch(b[i]);
        if(f!=-1)
            printf("二分查找:%d 成功,其下标为:%d\n",<<b[i],f);
        else
            printf("二分查找:%d 失败! \n",b[i]);
    }
}
```

该程序运行结果如下：

```
二分查找 37 成功! 下标为 2
二分查找 48 成功! 下标为 4
二分查找 70 失败!
```

7.5 字符串

7.5.1 字符串的概念

1. 字符串的定义

在 C 语言中，字符串就是用一对双引号引起来的一串字符，其双引号是该字符串的起止标识符，它不属于字符串本身的字符。如："inputaintegertox："就是一个 C 语言字符串。

一个字符串的长度等于双引号内所有字符的个数(包括空格)，其中每个 ASCII 码字符的长度为 1，每个区位码字符(如汉字)的长度为 2，如字符串"input a integer to x："的长度为 21。

特殊地，一个不含有任何字符的字符串，称为空串，其长度为 0，当只含有一个字符时，其长度为 1，如""是一个空格串，"A"是一个长度为 1 的字符串。

注意：'A'和"A"是不同的，前者表示一个字符 A，后者表示一个字符串 A，虽然它们的值都是 A，但它们具有不同的存储格式。

在一个字符串中不仅可以使用一般字符，而且可以使用转义字符(如\"、\n 等)。如字符串"\"cout＜＜ch\"\n"包含有 11 个字符，其中第 1 个和第 10 个为表示双引号的转义字符，最后一个为表示换行的转义字符，转义字符其形式上是用两个字符来表示一个字符。

2. 字符串的存储

在 C 语言中，利用一维字符数组来存储字符串，该字符数组的长度要大于等于待存字符

串的长度加1。设一个字符串的长度为n,则用于存储该字符串数组的长度应至少为n+1。

把一个长度为n的字符串存入字符数组时,就是把字符串中的每个字符依次存入到字符数组对应的元素中,即把字符串的第1个元素存到下标为0的元素中,第2个字符存入下标为1的元素中,以此类推,最后把一个空字符'\0'存储到下标为n的元素中。当然,存储每个字符就是存储它的ASCII码或区位码。如利用一个字符数组a[10]来存储字符串"Springs.\n"时,数组a中的内容如表7-8所示。

表7-8 "Springs.\n"存储表示

下标	0	1	2	3	4	5	6	7	8	9
元素值	S	p	r	i	n	g	s	.	\n	\0
ASCII值	115	112	114	105	110	103	115	46	10	0

表7-8的第一行是数组的下标,第二行是字符串在数组中的存储表示,第三行是字符串中对应字符的ASCII码值。

若一个数组被存储了一个字符串后,其尾部还有剩余的元素,实际上也被自动存储上空字符'\0'。在上述例子中,a[9]元素的值就是被自动置为'\0'。

3. 利用字符串初始化字符数组

可以在定义字符数组时用字符串初始化数组,并存入到数组中,但不能通过赋值表达式直接给字符数组赋值。如:

(1) char a[10]="array";

该语句定义了字符数组a[10]并被初始化为"array",其中a[0]～a[5]元素的值依次为字符'a','r','r','a','y','\0',其余元素为'\0'。

(2) char c[8]="";

该语句定义了字符数组c[8]并初始化为一个空串,此时它的每一个元素的值均为'\0'。

(3) char a[10];a="struct";

该语句是非法的,因为它试图使用赋值运算符把一个字符串直接赋值给一个数组。

(4) char a[10]="array"; a[0]='A';

该语句是合法的,它把字符'A'赋给了元素a[0],使得字符数组中保存的字符串变为"array"。

利用字符串初始化字符数组也可以写成初值表的方式。如上述第(1)条语句与下面语句完全等效。

char a[10]={'a','r','r','a','y','\0'};

其中'\0'也可直接写为0。

注意: 最后一个字符'\0'是必不可少的,它是一个字符串在数组中结束的标志。

4. 字符串的输入和输出

用于存储字符串的字符数组,其元素可以通过下标运算符访问,此外,还可以对字符串进行整体输入输出操作和有关的函数操作。如假定a[11]为一个字符数组,则:

(1) scanf("%s",a);

(2) printf("%s",a);

是允许的,即允许通过字符串控制符"%s"实现向字符数组输入字符串或输出字符数组中保存的字符串。

计算机执行上述第1条语句时,要求用户从键盘上输入一个不含空格的字符串,用空格或回车键作为字符串输入的结束符,系统就把该字符串存入到字符数组a中,当然在存入的整个字符串的后面将自动存入一个结束符'\0'。

注意:输入的字符的长度要小于数组a的长度,这样才能够把输入的字符串有效地存储起来,否则是程序设计的一个逻辑错误,可能导致程序运行出错。另外,输入的字符串不需要另加双引号定界符,只要输入字符串本身即可,假如输入了双引号则被视为一般字符。

执行上述第(2)条语句时,向屏幕输出在数组a中保存的字符串,它将从数组a中下标为0的元素开始,依次输出每个元素的值,直到碰到字符串结束符'\0'为止。若数组a中的内容如表7-9所示:

表7-9　数组a中的内容

下标	0	1	2	3	4	5	6	7	8	9	10
元素值	w	r	i	t	e	\0	r	e	a	d	\0

则输出a时只会输出第一个空字符前面的字符串"write",而它后面的任何内容都不会被输出,因为字符串以空零('\0')作为结束符,空零('\0')后的内容不属于该字符串。

5. 利用二维数组存储若干字符串

一维字符数组能够保存一个字符串,而二维字符数组能够同时保存若干个字符串,每行保存一个字符串,每个字符串长度至多为二维字符数组的列数减1,而且最多能保存的字符串个数等于该数组的行数。如:

(1) char a[7][4]={"SUN","MON","TUE","WED","THU","FRI","SAT"};

在该语句中定义了一个二维字符数组a,它包含7行,每行具有4个字符空间,每行用来保存长度小于等于3的一个字符串。该语句同时对a进行了初始化,使得"SUN"被保存到行下标为0的行里,该行包括a[0][0],a[0][1],a[0][2]和a[0][3]这4个元素,每个元素的值依次为'S','U','N'和'\0',同样"MON"被保存到行下标为1的行里……"SAT"被保存到行下标为6的行里。既可以利用二维数组元素a[i][j](0≤i≤6,0≤j≤3)访问每个字符元素,也可以利用只带行下标的单下标变量a[i](0≤i≤6)访问每个字符串。如a[2]表示字符串"TUE"的首地址,a[5]表示字符串"FRI"的首地址。

(2) char b[][8]={"well","good","middle","pass","bad"};

该语句定义了一个二维字符数组b,它的行数没有显式地给出,隐含为初值表中所列字符串的个数,因所列字符串为5个,所以数组b的行数为5,又因为列数被定义为8,所以每一行所存字符串的长度要小于等于7。该语句被执行后b[0]表示字符串"well",b[1]表示字符串"good"……

(3) char c[6][8]={"int","double","char"};

该语句定义了一个二维数组c,它最多能存储6个字符串,每个字符串的长度不超过7,该数组前3个字符串c[0],c[1]和c[2]分别被初始化为"int","double"和"char",后3个字符串均被初始化为空串。

【例 7-18】 从键盘上依次输入 10 个字符串到二维字符数组 w 中保存起来，输入的每个字符串的长度不得超过 29。

```
#include <stdio.h>
#define N 10
int main()
{   int i;
    char w[N][30];
    for(i=0;i<N;i++)            //从键盘输入 N 个字符串
        scanf("%s",w[i]);       //w[i]前为什么不加取地址运算符?
    for(i=N-1;i>=0;i--)
        printf("%s\n",w [i]);   //按相反的次序依次输出在数组 w 中保存的所有字符串
    return 0;
}
```

7.5.2 字符串函数

C 语言系统专门为处理字符串提供了一些预定义函数供编程者使用，这些函数的原型被保存在"string. h"头文件中，当用户在程序文件开始使用#include<string. h>命令把该头文件引入之后，就可以调用头文件"string. h"中定义的字符串函数，对字符串做相应的处理。

C 语言系统提供的处理字符串的预定义函数有许多，从 C 库函数资料中可以得到全部说明，下面简要介绍其中几个主要的字符串函数。

1. 求字符串长度

函数原型：int strlen(const chars[]);

此函数用来求一个字符串的长度。例如 strlen("Cprogramming")，表示求字符串"Cprogramming"的长度，其结果是 13。

调用该函数时，将返回实参字符串的长度。

2. 字符串拷贝

函数原型：char * strcpy(char * dest,char * src);

此函数将指针 src 指向的字符串复制到目标指针 dest 指向的存储空间中。

【例 7-19】 将一个字符串复制到另一个字符串中，并求它们的长度。

分析：字符串的复制是将一个字符串复制到另一个字符串中，同其他简单类型的数据不同，不能通过赋值运算符来完成，而必须使用 C 语言系统提供的字符串复制操作函数来完成。C 语言中的字符串操作函数包含在头文件"string. h"中。

```
#include <stdio.h>
#include <string.h>          //必须包含这个头文件
int main()
{
    char a[10],b[10]="copy";
    strcpy(a,b);          //将 b 指向字符串"copy"复制到 a 指向的字符串中
    printf("%s%s",a,b);   //输出字符串 a 和 b,它们应该相同
    printf("%d%d\n",strlen(a),strlen(b));    //输出这两个字符串的长度
    return 0;
}
```

该程序段首先定义了两个字符数组 a 和 b,并对 b 初始化为"copy";接着调用 strcpy 函数,把 b 所指向(即数组 b 保存)的字符串"copy"复制到 a 所指向(即数组 a 占用)的存储空间中,使得数组 a 保存的字符串同样为"copy";该程序段中的第 3 条语句输出 a 和 b 所指向的字符串,或者说输出数组 a 和 b 中所保存的字符串;第 4 条语句输出 a 和 b 所指向的字符串的长度。该程序段的运行结果为:

```
Copy copy 44
```

3. 字符串连接

函数原型:char * strcat(char * dest,constchar * src);

该函数的功能是把第二个参数 src 所指字符串复制到第一个参数 dest 所指字符串之后的存储空间中,或者说,把 src 所指字符串连接到 dest 所指字符串之后。该函数返回 dest 的值。使用该函数时要确保 dest 所指字符串之后有足够的存储空间用于存储 src 串。

调用此函数之后,第一个实参所指字符串的长度将等于两个实参所指字符串的长度之和。

【例 7-20】 将两个字符串连接成一个字符串,输出连接以后的字符串及其长度。

```
#include <stdio.h>
#include <string.h>        //必须包含这个头文件
int main()
{
    char a[20]="string";       //字符串长度为 6
    char b[]="catenation";        //字符串长度为 10
    strcat(a,"");        //连接一个空格到 a 串之后
    strcat(a,b);        //把 b 串连接到 a 串之后
    printf("%s%d\n",a,strlen(a));
    return 0;
}
```

执行该程序段得到的输出结果为:

```
stringcatenation 17
```

【思考题】 从键盘输入 3 个字符串,将它们连接成一个字符串,并求其长度。

4. 字符串比较

函数原型:int strcmp(constchar * s1,constchar * s2);

此函数带有两个字符指针参数,各自指向相应的字符串,函数的返回值为整型。

该函数的功能为:比较 s1、s2 所指字符串的大小,若 s1 串大于 s2 串,则返回一个大于 0 的值,在 VC++ 6.0 中返回 1;若 s1 串等于 s2 串,则返回值为 0;若 s1 串小于 s2 串,则返回一个小于 0 的值,在 VC++ 6.0 中返回-1。

比较 s1 串和 s2 串的大小是一个循环的过程,需要从两个串的第一个字符起依次向后比较对应字符的 ASCII 码值,其 ASCII 码值大的字符串就大,其 ASCII 码值小的字符串就小,若两个字符串的长度相同,对应字符的 ASCII 码值也相同,则这两个字符串相等。整个比较过程可用下面的程序段描述出来。

【例 7-21】 设计一个字符串比较函数,用来比较两个字符串 s1 和 s2 的大小:若 s1 大于 s2,则返回 1;若 s1 等于 s2,则返回 0;否则返回-1。在主函数中调用该函数,验证其正确性。

```
#include <stdio.h>
#include <string.h>     //必须包含这个头文件
int compare(char s1[],char s2[]);          //比较两个字符串的大小
main()
{
    char a[20]="string";       //字符串长度为 6
    char b[]="catenation";          //字符串长度为 10
    printf("strcmp(\"%s\",\"1234\")=%d\n",a,compare(a,"1234"));
    //转义字符\"表示"
    printf("strcmp(\"%s\",\"%s\")=%d\n",a,b,compare(a,b));
    printf("strcmp(\"123\",\"%s\")=%d\n",a,compare("123",a));
    printf("strcmp(\"A\",\"a\")=%d\n",compare("A","a"));
    printf("strcmp(\"英文\",\"汉字\")=%d\n",compare("英文","汉字"));
    printf("strcmp(\"英文\",\"英文\")=%d\n",compare("英文","英文"));
    return 0;
}

int compare(chars1[],chars2[])          //比较两个字符串的大小
{   //在这个程序段中使用的 s1[i]和 s2[i]分别为 s1 数组和 s2 数组中下标为 i 的元素
    //分别表示 s1 和 s2 所指字符串中的第 i+1 个字符
    int i;
    for(i=0;s1[i] && s2[i];i++)
    {   //循环的正常结束要等到任一个字符串中的字符比较完
        if(s1[i]>s2[i])
        return 1;
        else if(s1[i]<s2[i])
        return -1;
        if(s1[i]==0 && s2[i]==0) //等于号右边的数值 0 可改为'\0'
        return 0;
    }
    if(s1[i]!=0)
    return 1;
    else if(s2[i]!=0)
    return -1;
    else
    return 0;
}
```


程序的运行结果：

```
strcmp("string","1234")=1
strcmp("string","catenation")=1
strcmp("123","string")=-1
strcmp("A","a")=-1
strcmp("英文","汉字")=1
strcmp("英文","英文")=0
```

在程序中使用转义字符,在显示窗口中显示的字符串将用双引号引起来,更符合我们的使用习惯。

7.5.3 字符串应用举例

【例 7-22】 编写一个程序,首先从键盘上输入一个字符串,接着输入一个字符,然后分别统计出字符串中的大于、等于、小于该字符的字符个数。

分析:设用于保存输入字符串的字符数组用 a[N]表示,用于保存一个输入字符的变量用 ch 表示,用于分 3 种情况进行统计的计数变量分别用 c1,c2 和 c3 表示。定义字符数组所使用的 N 为一个需事先定义的整型常量,它要大于输入的字符串的长度。

下面是此题的一个完整程序:

```
#include <stdio.h>
#define N 30      //假定输入的字符串的长度小于 30
void main()
{
    char a[N],ch;
    int c1,c2,c3;
    printf("输入一个字符串:");
    scanf("%s",a);
    getchar();
    printf("输入一个字符:");
    scanf("%c",&ch);
    while(a[i])
    {  //统计
        if(a[i]>ch)
        c1++;
        else if(a[i]==ch)
        c2++;
        else
        c3++;
        i++;
    }
    printf("c1=%d\n",c1);
    printf("c2=%d\n",c2);
    printf("c3=%d\n",c3);
}
```

【例 7-23】 编写一个程序,首先输入 5 个字符串到一个二维字符数组中,接着输入一个待查询的字符串,然后从二维字符数组中查找并统计出该待查字符串的个数。

此程序比较简单,编写如下:

```
#include <stdio.h>
#include <string.h>
# define  N  5//定义符号常量
void main()
```

```
{
    char a[N][30]={""};
    //用于存储 5 个字符串,假定每个串的长度小于 30
    char s[30];//存储待查的字符串
    int i,k=0;
    printf("输入%d 个字符串:",N);
    for(i=0;i<N;i++)
    scanf("%s",a[i]);
    printf("输入待查的字符串:");
    scanf("%s",s);
    for(i=0;i<N;i++)//查找字符串 s
    if(strcmp(a[i],s)==0)k++;
    printf("字符串%s 个数:%d\n",s,k);
}
```

【例 7-24】 编写一个程序,首先输入 M 个字符串到一个二维字符数组中,并假定每个字符串的长度均小于 N,M 和 N 为事先定义的整型常量,接着对这 M 个字符串进行选择排序,最后输出排列结果。

分析:在前面我们已经学习了对简单类型的数据进行选择排序的方法和算法描述,把它移植过来用于这里的字符串排序。不过,对字符串的比较和赋值必须使用字符串比较和拷贝函数来实现。

此题的完整程序如下:

```
#include <stdio.h>
#include <string.h>
#define  M  5       //定义符号常量 M
#define  N  30      //定义符号常量 N
void SelectSort(char a[M][N])   //对字符串进行选择排序算法
{
    int i,j,k,y;
    char x[N];
    for(i=1;i<M;i++)
    {   //进行 M-1 次选择和交换
        k=i-1;          //给 k 赋初值
        //选择出当前区间内的最小值 a[k]
        for(j=i;j<M;j++)
        if(strcmp(a[j],a[k])<0)
        k=j;      //进行字符串比较
        //定义字符数组 x 用于交换 a[i-1]和 a[k]的值
        //利用字符串拷贝函数交换 a[i-1]与 a[k]的值
        strcpy(x,a[i-1]);
        strcpy(a[i-1],a[k]);
        strcpy(a[k],x);
    }
}
void main()
```

```
{
    char b[M][N]={""};  //定义二维字符数组 b 并初始化每个字符串为空串
    int i;
    printf("输入%d个字符串:",M);
    for(i=0;i<M;i++)          //从键盘输入 M 个字符串到字符串数组 b 中
    scanf("%s",b[i]);
    //调用字符串选择排序算法对字符串数组 b 进行选择排序
    SelectSort(b);
    //依次输出字符串数组 b 中的每个字符串
    for(i=0;i<M;i++)
    printf("%s\n",b[i]);
}
```

【例 7-25】 编写一个程序，首先定义二维字符数组 ax[M][N]和一维整型数组 bx[M]，接着从键盘上依次输入 M 个人的姓名和成绩，每次输入的姓名和成绩分别存到 ax[i]和 bx[i]中，其中 $0\leqslant i\leqslant M-1$，然后调用选择排序算法按照成绩从高到低的次序排列 ax 和 bx 数组中的元素，最后按照成绩从高到低的次序输出每个人的姓名和成绩。

根据以往所学的知识，可以编写出完整程序如下：

```
#include <stdio.h>
#include <string.h>
#define M 10      //定义常量 M
#define N 30      //定义常量 N
void SelectSort(char a[M][N],int b[M])
//算法中对数组参数的操作就是对相应实参数组的操作
{
    int i,j,k;
    for(i=1;i<M;i++)
    {   //进行 M-1 次选择和交换
        k=i-1;      //给 k 赋初值
        //选择当前区间内的最大值 b[k]
        for(j=i;j<M;j++)
        {
            if(b[j]>b[k])
            k=j;
        }
        //交换 a[i-1]和 a[k],b[i-1]和 b[k]的值,使成绩和姓名同步被交换
        strcpy(x,a[i-1]);strcpy(a[i-1],a[k]);strcpy(a[k],x);
        y=b[i-1];b[i-1]=b[k];b[k]=y;
    }
}
void main()
{
    //定义数组 ax 和 bx
    char ax[M][N];
    int bx[M];
```

```
    //从键盘输入 M 个人的姓名和成绩到数组 ax 和 bx 中
    int i;
    printf("输入%d个人的姓名和成绩:",M);
    for(i=0;i<M;i++)
    scanf("%s%d",ax[i],&bx[i]);
    //调用选择排序算法对 ax 和 bx 数组按成绩进行选择排序
    SelectSort(ax,bx);
    //按排序结果依次输出每个人的姓名和成绩
    for(i=0;i<M;i++)
    printf("%30s%4d\n",ax[i],bx[i]);
}
```

下面是程序的一次运行结果：

```
输入10个人的姓名和成绩:
wer 76 erty 93 asdf 54 wqert 80 dwerty 65
zxc 88 vcfdshjk 58 gfhj 42 sfr 74 jkzh 86
erty         93
zxc          88
jkzh         86
wqert        80
wer          76
sfr          74
dwerty       65
vcfdshjk     58
asdf         54
gfhj         42
```

习　　题

一、选择题

1. 合法的数组说明是(　　)。

   A. int a[ ]="string";　　B. int a[ ]={0,1,2,3,4,5};

   C. char a="string";　　D. char a[5]={'0','1','2','3','4','5'};

2. 以下对一维整型数组 a 的说明正确的是(　　)。

   A. #define SIZE 10　int a[SIZE];　　B. int n=10,a[n];

   C. int n;scanf("%d",&n);　int a[n];　　D. int a(10);

3. 已知:int a[10];,则对 a 数组元素的正确引用是(　　)。

   A. a[10]　　B. a[3.5]

   C. a(5)　　D. a[10-10]

4. 以下对一维数组 a 进行正确初始化的语句是(　　)。

   A. int a[10]=(0,0,0,0,0);　　B. int a[10]={};

   C. int a[ ]={0};　　D. int a[2]={10,9,8};

5. 对以下说明语句的正确理解是(　　)。

```
int a[10]={6,7,8,9,10};
```

   A. 将 5 个初值依次赋给 a[1]至 a[5]

   B. 将 5 个初值依次赋给 a[0]至 a[4]

C. 将 5 个初值依次赋给 a[6]至 a[10]

D. 因为数组长度与初值的个数不相同,所以此语句不正确

6. 已知:int i;x[3][3]={1,2,3,4,5,6,7,8,9};,则下面语句的输出结果是(　　)。

```
for(i=0;i<3;i++)
printf("% d",x[i][2-i]);
```

A. 3　5　7　　　　B. 1　4　7

C. 1　5　9　　　　D. 3　6　9

7. 以下对二维数组 a 的正确说明是(　　)。

A. int a[3][];　　　　B. float a(3,4)

C. double a[1][4];　　　　D. float a(3)(4);

8. 已知:int a[3][4];,则对数组元素引用正确的是(　　)。

A. a[2][4]　　　　B. a[1,3]

C. a[1+1][0]　　　　D. a(2)(1)

9. 已知:int a[3][4];,则对数组元素的非法引用是(　　)。

A. a[0][2*1]　　　　B. a[1][3]

C. a[4-2][0]　　　　D. a[0][4]

10. 以下能对二维数组 a 进行正确赋值的语句是(　　)。

A. int a[2][]={{1,0,1},{5,2,3}};

B. int a[][3]={{1,2,3},{4,5,6}};

C. int a[2][4]={{1,2,3},{4,5},{6}};

D. int a[][3]={{1,0,1},{},{1,1}};

11. 以下不能对二维数组 a 进行正确赋值的语句是(　　)。

A. int a[2][3]={0};　　　　B. int a[][3]={{1,2},{0}};

C. int a[2][3]={{1,2},{3,4},{5,6}};　　　　D. int a[][3]={1,2,3,4,5,6};

12. 已知:int a[3][4]={0};,则下面正确的叙述是(　　)。

A. 只有元素 a[0][0]可得到初值

B. 此说明语句是错误的

C. 数组 a 中每个元素都可得到初值,但其值不一定为 0

D. 数组 a 中每个元素均可得到初值 0

13. 若有说明:int a[][3]={1,2,3,4,5,6,7};,则 a 数组第一维的大小是(　　)。

A. 2　　　　B. 3

C. 4　　　　D. 无确定值

14. 若二维数组 a 有 m 列,则在 a[i][j]前的元素个数为(　　)。

A. j*m+i　　　　B. i*m+j

C. i*m+j-1　　　　D. i*m+j+1

15. 已有定义:char a[ ]="xyz",b[ ]={'x','y','z'};,以下叙述中正确的是(　　)。

A. 数组 a 和 b 的长度相同　　　　B. a 数组长度小于 b 数组长度

C. a 数组长度大于 b 数组长度　　　　D. 上述说法都不对

16. 下面程序段的运行结果是(　　)。

```
char c[5]= {'a','b','\0','c','\0'};
printf("%s",c);
```

A. 'a"b'　　　　B. ab

C. ab c　　　　D. abc

二、读程序题,写出下列程序的运行结果

1. 当运行以下程序时,从键盘输入“AhaMA Aha”,写出下面程序的运行结果。

```
#include <stdio.h>
void main()
{
    char s[80],c='a';
    int i=0;
    scanf("%s",s);
    while(s[i]!='\0')
    {
        if(s[i]==c) s[i]=s[i]-32;
        else if(s[i]==c-32)
        s[i]=s[i]+32;
        i++;
    }
    puts(s);
}
```

2.

```
#include <stdio.h>
void main()
{
    char str[]="SSSWLIA",c;
    int k;
    for(k=2;(c=str[k])!='\0';k++)
    {
        switch(c)
        {
            case 'I':++k;break;
            case 'L':continue;
            default:putchar(c);continue;
        }
        putchar('* ');
    }
}
```

3.

```
#include <stdio.h>
void main()
{
    char ch[]="600";
    int a,s=0;
    for(a=0;ch[a]>='0'&&ch[a]<='9';a++)
    s=10* s+ch[a]-'0';
    printf("%d",s);
}
```

4.

```
#include <stdio.h>
#include <string.h>
```

```
void main()
{
    char ch[]="abc",x[3][4];
    int i;
    for(i=0;i<3;i++)
    strcpy(x[i],ch);
    for(i=0;i<3;i++)
    printf("%s",&x[i][i]);
    printf("\n");
}
```

5.

```
#include <stdio.h>
#include <string.h>
void main()
{
    int a[]={9,3,0,4,8,1,7,2,5,6},i=0,j=9,t;
    while(i<j)
    {
        if(a[i]>a[j])
        {
            t=a[j];
            a[j]=a[i];
            a[i]=t;
        }
        i++;
        j--;
    }
    for(i=0;i<10;i++)
    printf("%d",a[i]);
}
```

6.

```
#include <stdio.h>
#include <string.h>
void main()
{   int a[]={19,43,0,54,98,13,57,24,59,26},i,t1=5000,t2=50;
    for(i=0;i<5;i++)
    {
    if(a[i*2]>=a[i*2+1])
        {
            t1=t1<a[i*2+1]? t1:a[i*2+1];
            t2=t2>a[i*2]? t2:a[i*2];
        }
    else
        {
            t1=t1<a[i*2]? t1:a[i*2];
            t2=t2>a[i*2+1]? t2:a[i*2+1];
        }
```

```
    }
    printf("%d %d",t1,t2);
}
```

三、程序填空题

1. 下面程序以每行 4 个数据的形式输出 a 数组，请填空。

```
#include <stdio.h>
#define N 20
void main()
{
    int a[N],i;
    for(i=0;i<N;i++)
    scanf("%d",&a[i]);
    for(i=0;________;i++)
    {
        if(________)
        printf("\n");
        printf("%d",________);
    }
    printf("\n");
}
```

2. 下列函数 inverse 的功能是使一个字符串按逆序存放，请填空。

```
#include <string.h>
void inverse(char str[])
{
    char m;
    int i,j;
    for(i=0,j=strlen(str);______ ;i++,______ )
    {
        m=str[i];
        str[i]=____ ;
        str[j-1]=m;
    }
}
```

3. 以下程序用来统计一行字符单词的个数，单词之间用空格分隔开，完善此程序。

```
#include <stdio.h>
void main()
{   char string[81];
    int i,num=0,word=0;
    char c;
    gets(string);
    for (i=0;________;i++)
    if(c==' ') word=0;
    else if(word==0)
    {   word=1;
        num++;}
    printf("There are %d words in theline.\n",num);
}
```

四、编程题

1. 输出以下图案：

```
*****
 *****
  *****
   *****
    *****
```

2. 将一个数组中的值按逆序重新存放。例如，原来顺序为 8,6,5,4,1，要求改为 1,4,5,6,8。
3. 编写一个程序，从键盘输入 10 个学生的成绩，计算平均分。
4. 找出一个二维数组中的鞍点，即该位置上的元素在该行上最大，在该列上最小。也可能没有鞍点。
5. 求一个整型矩阵对角线元素之和。
6. 编写程序将下面两个二维数组对应元素加起来，存到另一个二维数组中。

$$a=\begin{pmatrix}10 & 20\\ 30 & 40\\ 50 & 60\end{pmatrix},\quad b=\begin{pmatrix}1 & 4\\ 2 & 5\\ 3 & 6\end{pmatrix}$$

第8章 指　　针

8.1　指针的概念

指针变量是存放其他变量的地址的变量，即存放某一变量内存单元的地址的变量。注意：指针变量中存储的不是一般的数据，而是其他变量的地址。在C语言中，所有数据类型都有相应类型的指针变量，如整型指针、字符型指针、浮点型指针、双精度型指针等。根据指针变量定义的位置，可以将指针变量声明为局部指针或全局指针。

每一种类型的数据在内存中占用固定字节数的存储单元，在VC++ 6.0环境中，char型数据（即字符）占用一个字节的存储单元，short int型整数占用2个字节的存储单元，int型整数占用4个字节的存储单元，double型实数占用8个字节的存储单元。计算机系统为保存一个数据分配一个固定大小的存储空间，该空间的大小（即所含的字节数）等于该数据所属类型的长度。一般称某一类型数据所占用内存空间的第一个内存单元的地址为指向该数据的指针。值得注意的是：指针的类型必须与所指向的数据的类型相同，否则可能会产生错误。

在VC++ 6.0语言环境中，每个指针变量占用4个字节的存储空间，用来存储一个数据对象（或变量）的首地址。通过指针（变量）访问它所指向的数据时，必须把指针定义为指向该数据类型的指针，因为指针必须指向与它同类型的数据对象。如把一个指针变量定义为指向int类型的指针，则当通过该指针存取它所指向的数据将是一个整数；若把一个指针变量定义为指向double类型的指针，则存取它所指向的数据将是一个双精度数。

8.2　指针变量

8.2.1　指针的定义

1. 定义格式

指针的定义格式为：

类型关键字 * 指针变量名[=指针表达式]；

如：int *pi；定义了int指针类型的变量pi，该语句中，int表示类型关键字，pi为指针变量名，pi前面的间接引用操作符*表示该变量是一个指针变量，在*和指针变量名之间可以有空格，也可以没有空格，两者均可。

定义指针变量同定义普通变量一样，都需要给出类型名（即类型关键字）和变量名，同时可以有选择地给出初值表达式，用于给指针变量赋初值，当然，初值表达式的类型应与赋值号左边的被定义变量的类型相一致。如：

```
int a=10,*pa=&a;
```

该语句定义了一个整型变量a和一个整型指针变量pa，并将整型变量a的地址赋给指针变量pa，即pa指向变量a，可以通过pa存取a的值。如图8-1所示，变量a的值为10，指针变量 pa 的值是变量 a 的地址 &a。

2. 指针变量定义举例

除了可以定义上面整型指针外，还可以定义其他类型的指针。举例如下：

(1) char c='a', * pc=&c;

该语句定义了一个字符变量 c(并赋初值'a')和另一个字符指针变量 pc，并将字符变量 c 的地址赋给指针变量 pc，即 pc 指向变量 c，可以通过 pc 存取 c 的值。如图 8-2 所示。

图 8-1　指针和变量的关系　　**图 8-2　字符指针 pc 指向字符变量 c**

(2) char * ph1="abc", * ph2=ph1;

该语句定义了字符类型指针变量 ph1、ph2，定义时将字符串"abc"赋给 ph1，即 ph1 指向常量字符串"abc"所在存储空间的首地址；指针变量 ph2 被初始化为 ph1，即 ph2 也指向常量字符串"abc"，如图 8-3 所示。

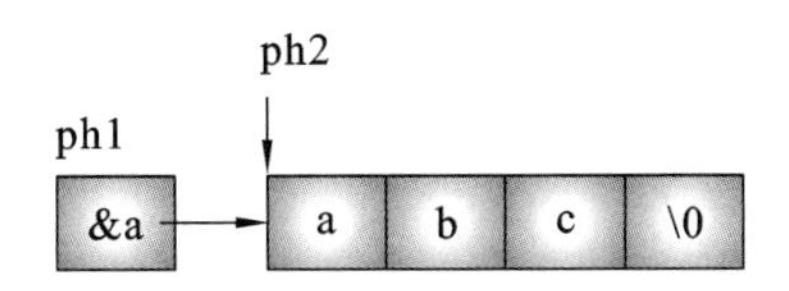

图 8-3　字符指针 ph1,ph2 指向同一个字符串"abc"

(3) int c=10, * pc=&c;

　void * p1=0, * p2=pc;

这两条语句中：第一条语句定义一个整型变量 c 并赋初值 10，定义一个指针 pc，它指向变量 c；第二条语句定义了两个空类型的指针变量 p1 和 p2，给 p1 赋初值 0(即空指针 NULL)，对 p2 赋初值 pc，即 p2 和 pc 都指向整型变量 c。

指针应在声明或在赋值语句中初始化。指针可以初始化为 0、NULL 或一个地址。数值 0 或 NULL 的指针不指向任何内容。记住，指针在使用前必须初始化。

在 C 语言中，指针类型也是一种数据类型。指针类型关键字也可以理解为一般数据类型关键字后加星号 * 所组成，如 int * 为 int 指针类型关键字。void * 是一个特殊的类型关键字，它只能用来定义指针变量，表示该指针变量无类型，或者说只指向一个存储单元，不指向任何具体的数据类型。

8.2.2　指针运算符(& 和 *)

指针运算有两个重要运算符：一个是 &，另一个是 * 。

“&”运算符为取地址运算符，&a 表示取变量 a 的地址。注意 & 与指针一起运用时，为取地址运算符。

“ * ”运算符是间接引用操作符，产生指针所指向的数据。如：

```
float a=20,*pa=&a;
printf("%d%d\n",a,*pa);
```

第一条语句定义了一个 float 类型的变量 a，并赋初值 20，还定义了一个 float 型的指针 pa，并将变量 a 的地址赋给 pa。在第二条输出语句中，* pa 表示指针 pa 所指的数据对象，即变量 a，实际上是对变量 a 间接引用，所以该语句的输出结果是：

```
20    20
```

假定 x 是一个变量,则 * &x 的结果仍为 x。这是因为,按照 * 和 & 的运算规则,它们属于同一优先级运算,并且其结合性是从右向左,所以先进行 & 运算,取出 x 的地址,再进行 * 运算,访问该地址所指向的对象 x,因此整个运算结果仍为 x。

同样,若 p 是一个指针对象,则 & *p 的值仍为 p 的值。因为应先进行 * 运算,得到 p 所指向的对象,接着进行 & 运算,得到该对象的地址,该地址就是 p 的值。例如:

```
#include <stdio.h>
int main()
{
    double x=100,*px=&x;
    printf("%lf%lf\n",x,*&x);
    printf("%#x%#x\n",px,&*px);
    return 0;
}
```

该程序段的运行结果:

```
100.000000  100.000000
0x12FF5C  0x12FF5C
```

该结果说明: * &x 的运行结果是 x, & * px 的运算结果就是 px。

在变量定义语句中,一个变量前面有星号(*),表示该变量为指针变量。在引用指针运算的语句中,指针变量前面的星号(*)是一个间接引用运算符,表示该指针变量指向的数据对象。

8.2.3 指针作为函数的参数

指针可以将普通变量地址传递给被调函数,在被调函数中可以对这个地址进行操作,其操作的结果在函数调用结束后依然存在,可以在主调函数中引用。函数的参数不仅可以是整型、实型、字符型等数据,还可以是指针类型。

按照 C 语言关于函数参数的规定:实参和形参个数、类型、顺序一致。如果将某个变量的地址作为函数的实参,相应的形参就是指针。函数的调用有两种形式,如果将变量的值传递给函数,这种机制称为传值调用。如果函数调用能改变主调函数中变量的值,这种机制称为传址调用。在传址调用中,定义函数时,将指针作为函数的参数,在函数调用时,把变量的地址作为实参。

分析下列程序中的函数 swap1,swap2,swap3,理解传址调用和传值调用的区别。

```
#include <stdio.h>     //交换两个指针所指向对象的值
void swap1(int *p1,int *p2)
{
    int temp;
    temp=* p1;* p1=*p2;*p2=temp;
}    //交换两个指针
void swap2(int *p1,int *p2)
{
    int *temp;
```

```
    temp=p1;p1=p2;p2=temp;
}   //交换两个变量的值
void swap3(int a,int b)
{
    int temp;
    temp=a;
    a=b;
    b=temp;
}
main()
{
    int a,b;
    int *pa,*pb;
    pa=&a;
    pb=&b;
    //调用函数 swap3
    printf("输入两个整数,用逗号分隔:");
    scanf("%d,%d",&a,&b);
    swap1(pa,pb);
    printf("调用函数 swap1 的结果:\n%d,%d\n",a,b);
    //调用函数 swap2
    printf("输入两个整数,用逗号分隔:");
    scanf("%d,%d",&a,&b);
    swap2(pa,pb);
    printf("调用函数 swap2 的结果:\n%d,%d\n",a,b);
    //调用函数 swap3
    printf("输入两个整数,用逗号分隔:");
    scanf("%d,%d",&a,&b);
    swap3(a,b);
    printf("调用函数 swap3 的结果:\n%d,%d\n",a,b);
    return 0;
}
```

运行结果:

```
输入两个整数,用逗号分隔:5,10
调用函数 swap1 的结果:
10,5
输入两个整数,用逗号分隔:5,10
调用函数 swap2 的结果:
5,10
输入两个整数,用逗号分隔:5,10
调用函数 swap3 的结果:
5,10
```

从运行结果可以看出,只有函数 swap1 实现了交换两个变量值的目标,而 swap2,swap3 没有实现交换两个变量值的目标。是什么原因?

(1) swap1是用户定义的函数,它的作用是交换两个变量(a和b)的值。swap1函数的形参p1、p2是指针变量。程序运行时,先执行main函数,将a和b的地址分别赋给指针变量pa和pb,使pa指向a,pb指向b,如图8-4(a)所示,通过键盘输入a和b的值。然后接着执行swap1函数。

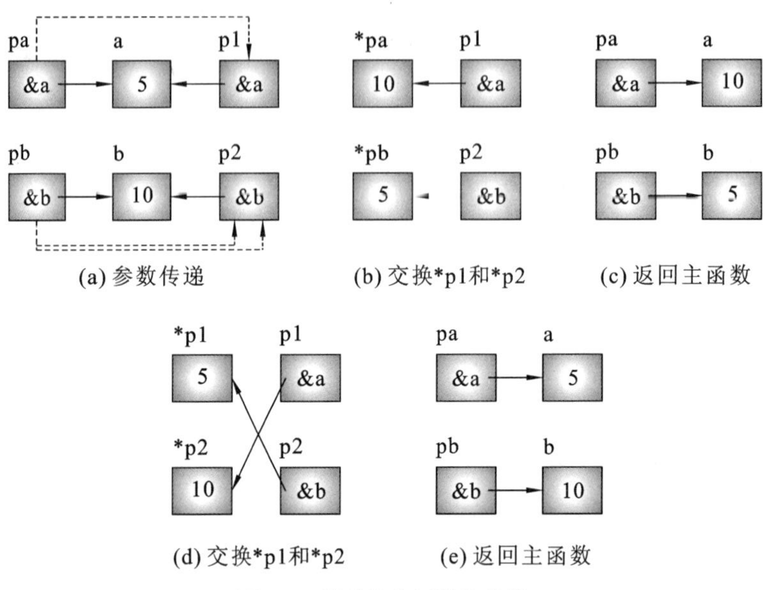

图 8-4　指针作为函数的参数

注意实参pa和pb是指针变量,在函数调用时,将实参变量的值传递给形参变量,采取的依然是"值传递"方式。因此虚实结合后,形参p1的值为&a,p2的值为&b。这时p1和pa指向变量a,p2和pb指向变量b,通过形参指针改变所指变量的值,也就改变了实参指针所指变量的值,如图8-4(a)所示。接着执行swap1函数的函数体,使*p1和*p2的值互换,即p1和p2所指存储单元的值互换,如图8-4(b)所示,也就是使主调函数中a和b的值互换。

函数调用结束后,p1和p2不复存在(已释放),如图8-4(c)所示。最后在main函数中输出的a和b的值是已经过交换的值。

(2) swap2也是用户定义的函数,swap2函数的形参与swap1一样,p1、p2是指针变量。但在函数swap2中直接交换了形参指针p1和p2的值,并没有改变形参指针所指变量的值,如图8-4(d)所示,形参指针p1和p2的值改变不会影响对应的实参指针pa和pb,因此调用该函数不能改变主调函数中变量a和b的值,如图8-4(e)所示。

(3) 函数swap3使用的变量调用,也就是传值调用或称值传递,参数的传递从实参变量到形参变量的单方向上的传递,即使在函数中改变了形参的值,也不会反过来影响实参的值。因此,调用函数swap3不能实现a和b值的互换。

【思考题】

(1) 找出下面函数段的错误:

```
void swap4(int *p1,int *p2)
{ int *temp;
*temp=*p1;/*此语句有问题*/
*p1=*p2;
*p2=temp;
}
```

(2) 找出下面函数的错误：

```
void swap5(int *x,int *y)
{   int temp;
    *x=temp;
    *x=*y;
    *y=temp;
}
```

8.2.4 多级指针与指针数组

1. 多级指针

如果一个指针变量的值是一个同类型变量的地址，则称该指针为一级指针。如果一个指针变量的值是一个一级指针变量的地址，则称该指针为二级指针。以此类推，可以定义多级指针变量。

```
int n=20,*pn=&n,**pp=&pn;
```

该语句定义了一个整型变量 n，并赋初值 20，定义指针 pn 指向整型变量 n，而后又定义二级指针变量 pp 指向指针 pn。其关系如图 8-5 所示。

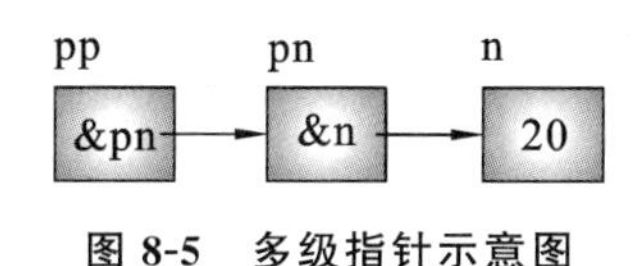

图 8-5　多级指针示意图

2. 指针数组

如果一个数组的每一个元素都是指针变量，则称该数组为指针数组。如

```
double*pd[5]={0},*qd=pd[0];
```

像定义普通数组一样，可以定义指针数组，在指针数组中的每一个元素都是指针变量，通过数组名和下标来操作指针数组中的每一个元素。上面语句定义了一个 double 类型的指针数组 pd，它包含 5 个指针变量 pd[0]，pd[1]，pd[2]，pd[3]，pd[4]，qd 是一个 double 类型的指针变量，并赋初值 pd[0]。指针之间赋值要求类型相同，如 *qd=pd[0]是正确的，指针 qd，pd[0]都是双精度型的指针，如图 8-6 所示。

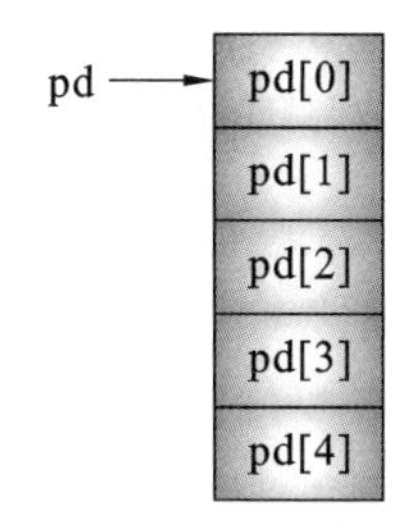

图 8-6　pd 是二级指针

指针数组名 pd 指向指针数组元素 pd[0]，所以指针数组名 pd 是一个二级指针。

定义指针数组时要求对指针进行初始化，使指针指向某一数组对象或为空指针。如

```
int *pi[10]={0};     //空指针
```

可以用“NULL”或 0 表示。

该语句定义一个指向整型数据的指针数组 pi，该数组中的每一个元素都是 int * 型变量，各自用来保存一个整数存储空间的地址，该语句对指针数组 pi 进行了初始化，使得每个元素的值为 0，即空指针 NULL。

例如：

```
char *pr[3]={"rear","middle","front"};
```

该语句定义了一个字符指针数组 pr，它的每一个元素都是字符指针变量，并且分别被初始化为相应字符串常量的首地址，如图 8-7 所示。

pr[0]指向"rear"字符串，pr[1]指向"middle"字符串，pr[2]指向"front"字符串。pr[0]，

pr[0] →	r	e	a	r	\0		
pr[1] →	m	i	d	d	l	e	\0
pr[2] →	f	r	o	n	t	\0	

图 8-7　字符指针数组与字符串常量

pr[1],pr[2]的值分别为对应字符串第一个字符的存储地址。

8.3　指针运算

指针运算除了取地址 &、间接访问运算 * 外,还可以对指针进行赋值、比较、自增、自减等。

1. 赋值(=)

指针之间也能够赋值,它是把赋值号右边指针表达式的值赋给左边的指针对象,该指针对象必须是一个左值,并且赋值号两边的指针类型必须相同。但有一点例外,那就是允许把任一类型的指针赋给 void 类型的指针对象。如:

```
char ch='d',*pch;
pch=&ch;          //把 ch 的地址赋给 pch
void *pv=pch;         //将字符指针赋给 void *指针
```

2. 自增(++)和自减(--)

增 1 和减 1 操作符同样适用于指针类型,使指针值增加或减少所指数据类型的长度值。分析下面的程序段:

```
int a[4]={10,25,36,48};       //定义了一个整型数组 a,并初始化
int *p=a;        //定义整型指针 p 并使之指向数组 a 中的第一个元素 a[0]
printf("%d",*p);//输出 p 所指对象 a[0]的值
p++;      //p 增加 1,即 p 指向 a[1]
printf("%d",*p++);//先计算* p,即输出 a[1],然后 p 增加 1,指向 a[2]
printf("%d\n",*++p);   //先使 p 增加 1,即 p 指向 a[3],再计算*p,即输出 a[3]
```

该程序段的运行结果为:

```
10  25  48
```

对于表达式(*p)++,将首先访问 p 所指向的对象,然后使这个对象的值增 1,而指针 p 的值将不变。

分析下面的程序段:

```
char b[10]="abcde";//定义一个字符数组 b,用字符串"abcde"对其进行初始化
char *p=b;//定义一个字符指针 p 并使之指向数组 b 中的第一个元素 b[0]
printf("%c",*p++);        //输出*p,并使 p 指向 b[1]
p++;      //使 p 指向 b[2]
p++;     //使 p 指向 b[3]
printf("%c",*p--);      //输出*p,即 b[3],并使 p 反向指向 b[2]
printf("%c\n",*--p);//使 p 指向 b[1],输出*p,即 b[1]
```

该程序段的运行结果为:

```
a  d  b
```

3. 加(+)和减(-)

一个指针可以加上或减去一个整数(假定为n),得到的值将是该指针向后或向前第n个数据的地址。如:

```
char a[10]="ABCDEF";
int b[6]={1,2,3,4,5,6};
char *p1=a,*p2;
int * q1=b,* q2;
p2=p1+4;q2=q1+2;
printf("%c%c%c\n",*p1,*p2,* (p2-1));
printf("%d%d%d\n",* q1,* q2,* (q2+3));
```

该程序段的运行结果为:

```
A E D
1 3 6
```

一个指针也可以减去另一个指针,其值为它们之间的数据个数。若被减数较大,则得到正值;否则为负值。如:

```
double a[10]={0};         //定义数组 a,所有元素初始化为 0
double *p1=a,*p2=p1+8; //指针 p1 指向元素 a[0],p2 指向元素 a[8]
p1++;--p2;     //p1 增加 1,指向 a[1],p2 减 1,指向 a[7]
printf("%d\t%d\n",p2-p1,p1-p2);
```

该程序段的运行结果为:

```
6 -6
```

4. 强制指针类型转换

若需要把一个指针表达式的值赋给一个与之不同的指针类型的变量,则应把这个值强制转换为被赋值变量所具有的指针类型,当然在转换后,只有类型发生了变化,其具体的地址值(即一个十六进制的整数代码)不变。如:

```
char * cp;
int a[10];
cp=(char * ) &a[0];
```

在这里,cp为char *类型的指针变量,而&a[0]为int类型的地址表达式,要把这个表达式的值赋给cp,必须把&a[0]强制转换为char *类型。

5. 比较(==,!=,<,<=,>,>=)

因为指针是一个地址,地址有大小,即后面数据的地址大于前面数据的地址,所以两个指针可以比较大小。设p和q是两个同类型的指针,则:

① 当p大于q时,关系式p>q,p>=q和p!=q的值为1,而关系式p<q,p<=q和p==q的值为0;

② 若p的值与q的值相同,则关系式p==q,p<=q和p>=q成立,其值为1,而关系式p!=q,p<q和p>q不成立,其值为0;

③ 当p小于q时,关系式p<q,p<=q和p!=q的值为1,而关系式p>q,p>=q和p==q的值为0。

指针可以同其他任何对象一样,作为一个逻辑值使用,当它的值不为空时为逻辑值真,否则为逻辑值假。该条件可表示为p或p!=NULL。

8.4 指针与数组

8.4.1 指针与一维数组

在C语言中,数组名代表数组中第一个元素(即序号为0的元素)的地址,是一个常量值,因为在程序运行过程中,数组在内存中的地址是不能改变的。因此,对于一个含有n个元素的数组a,第一个元素的地址是a,第二个元素的地址是a+1……第n个元素的地址是a+n−1。例如:

```
int a[10],*p;  //定义了一个整型数组a,一个指针变量p
p=a;  //指针p指向数组a,现在p的值为数组a的首地址,即a[0]的地址
*p=1;  //对p当前所指向的数组元素a[0]赋予数值1
*(p+i)=2;  //表示将指针p+i所指元素a[i]赋予数值2
```

注意:如果指针变量p已指向数组中的一个元素,则p+1指向同一数组中的下一个元素。

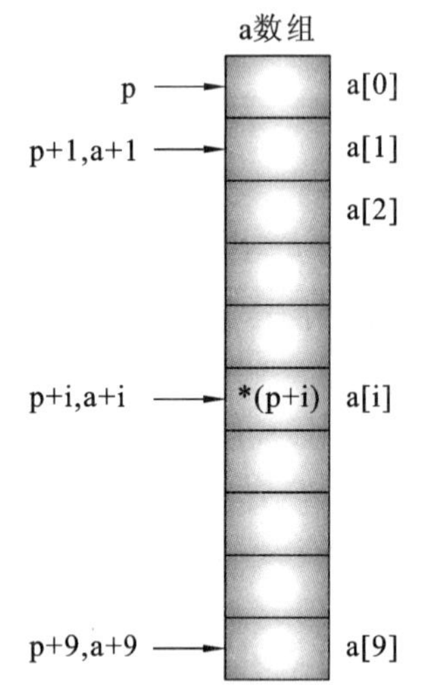

图8-8　指针、数组名表示的地址与数组元素的关系

如果p的初值为&a[0],则:

(1) p+i和a+i就是a[i]的地址,或者说,它们指向a数组的第i+1个元素,如图8-8所示。

(2) *(p+i)或*(a+i)是p+i或a+i所指向的数组元素,即a[i]。对a[i]的求解过程是:先按a+i×d计算数组元素的地址,然后找出此地址所指向的单元中的值。其中d为数组元素所属类型在内存中占用存储空间的长度,如整型数据为4字节,字符型数据为1字节等。

(3) 指向数组元素的指针变量也可以带下标,如p[i]与*(p+i)等价,即a[i]。

【例8-1】 假设有一个整型数组a,有10个元素。使用数组下标输入数组元素,使用数组名表示元素的地址,输出各元素的值。

```
#include <stdio.h>
int main()
{
    int a[10];
    int i;
    for(i=0;i<10;i++)
    scanf("%d",&a[i]);  //输入数组元素a[i]
    printf("\n");
    for(i=0;i<10;i++)
    printf("%d",*(a+i));  //通过数组名引用数组元素a[i]
```

```
    printf("\n");
    return 0;
}
```

运行情况如下：

```
9 8 7 6 5 4 3 2 1 0     (输入 10 个元素的值)
9 8 7 6 5 4 3 2 1 0     (输出 10 个元素的值)
```

【例 8-2】 假设有一个整型数组 a，有 10 个元素。使用数组名表示元素的地址输入数组元素，用指向数组元素的指针变量输出各元素的值。

```
#include <stdio.h>
int main()
{
    int a[10];
    int i,*p=a; //指针变量 p 指向数组 a 的首元素 a[0]
    for(i=0;i<10;i++)
    scanf("%d",a+i); //输入 a[0]~a[9],共 10 个元素
    for(p=a;p<(a+10);p++)
    printf("%d",*p); //p 先后指向 a[0]~a[9]
    printf("\n");
    return 0;
}
```

运行情况与前相同。请仔细分析 p 值的变化和 * p 的值。

(1) * p++。由于++和 * 同优先级，结合方向为自右而左，因此它等价于 * (p++)。作用是：先得到 p 指向的变量的值(即 * p)，然后再使 p 的值加 1。例 8-2 程序中最后一个 for 语句：

```
for(p=a;p<(a+10);p++)
printf("%d",* p);
```

可以改写为

```
for(p=a;p<(a+10);)
printf("%d",* p++);
```

(2) * (p++)与 * (++p)作用不同。前者是先取 * p 值，然后使 p 加 1；后者是先使 p 加 1，再取 * p。若 p 的初值为 a(即 &a[0])，则执行 * (p++)得到 a[0]的值，p 指向 a[1]；若 p 的初值为 a(即 &a[0])，则执行 * (p++)，先使 p 指向 a[1]，再取得 a[1]的值。

(3) (* p)++表示 p 所指向的元素值加 1，即(a[0])++，如果 a[0]=3，则(a[0])++的值为 4。注意：是元素值加 1，而不是指针值加 1。

(4) 如果 p 当前指向 a[i]，则：

* (p--)先对 p 进行“ * ”运算，得到 a[i]，再使 p 减 1，p 指向 a[i-1]。

* (p++)先对 p 进行“ * ”运算，得到 a[i]，再使 p 加 1，p 指向 a[i+1]

* (--p)先使 p 自减 1，指向 a[i-1]，再作 * 运算，得到 a[i-1]。

* (++p)先使 p 自加 1，指向 a[i+1]，再作 * 运算，得到 a[i+1]。

将++和--运算符用于指向数组元素的指针变量十分有效，可以使指针变量自动向前或向后移动，指向下一个或上一个数组元素。例如，如果输出整型数组 a 的 100 个元素，可以用图 8-9 所示的语句。

由于数组名是指针常量，其值不能被改变(也不应该被改变，若改变了就无法再找到该

```
p=a;
while(p<a+100)
    printf("%d ",*p++);
```

或

```
p=a;
while(p<a+100)
{
    printf("%d",*p);
    p++;
}
```

图 8-9　同一方法输出数组元素的不同表达形式

数组),所以不能够对数组名施加增 1 或减 1 运算。但若用一个指针变量指向一个数组,则可改变这个指针变量的值,从而使它指向数组中任何一个元素。据此可将例 8-2 改写如下:

```
int a[10],i,s=0;
int * p=a;//p 指向数组 a 的第一个元素 a[0]
for(i=0;i<10;i++)
scanf("%d",p++);
p=a;//使 p 重新指向数组 a 的开始位置
for(i=0;i<10;i++)
{
    s+=*p;
    printf("%d",*p++);
}
printf("\n%d \n",s);
```

使用指针变量指向数组后,同样有下标和指针两种访问数组元素的方式。若把上述程序段改写为下标访问方式,则为:

```
int a[10],i,s=0;
int *p=a;//p 指向数组 a 的第一个元素 a[0]
for(i=0;i<10;i++)
scanf("%d",&p[i]);//输入数组元素 p[i]
p=a;//使 p 重新指向数组 a 的开始位置
for(i=0;i<10;i++)
{
    s+=p[i];//求数组元素的累加和
    printf("%d",p[i]);
}
printf("\n%d \n",s);
```


8.4.2　指针与二维数组

如果一个一维数组的每一个元素仍是一个一维数组,那么该一维数组就是一个二维数组。一般情况下,一个二维数组可以定义如下:

```
#define M  10//定义符号常量 M
#define N  20//定义符号常量 N
int a[M][N];
```

该数组的第一行可以看成一个一维数组，数组名为 a[0]，有 a[0][0]，a[0][1]，…，a[0][N－1]N 个元素，类似地，第二行也可以看成一个一维数组，数组名为 a[1]，有 a[1][0]，a[1][1]，…，a[1][N－1]N 个元素……第 M 行也可以看成一个一维数组，数组名为 a[M－1]，也有 a[M－1][0]，a[M－1][1]，…，a[M－1][N－1]N 个元素。而 a[0]，a[1]，…，a[M－1]构成一个一维数组，数组名为 a。根据数组名的含义，a[0]，a[1]，…，a[M－1]分别表示二维数组第一行、第二行、……、第 M 行的首地址，是一级地址。这里数组名 a 是地址的地址，它表示二级地址，如图 8-10 所示。

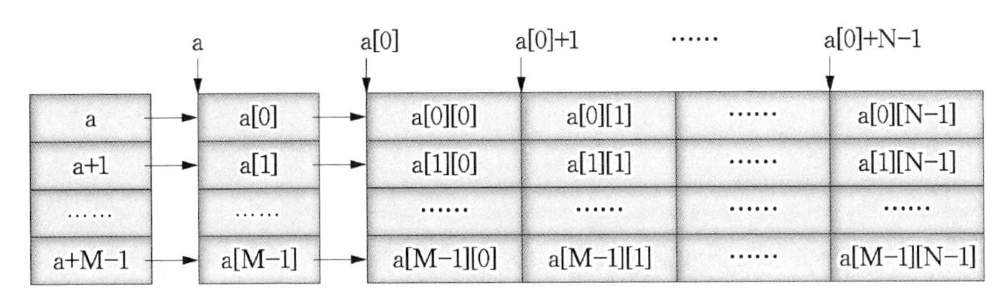

图 8-10　二维数组的行地址与列地址

因为一个数组的数组名就是指向该数组第一个元素的指针，所以 a[i]就是指向二维数组 a 中行下标为 i、元素类型为 int 的一维数组的指针，即 a[i]的值为元素 a[i][0]的地址，类型为 int *。同理，二维数组名 a 是指向第一个元素 a[0]的指针，由于 a[0]表示具有 N 个 int 型元素的一维数组，即 a[0]的类型为 int[N]，所以 a 的值为具有 int(*)[N]类型的指针。

一般称具有 int(*)[N](N 为整常量)类型的指针为指向具有 N 个 int 型元素数组的指针。如：

```
#define N 10
int(*p)[N];
```

定义了一个指向具有 N 个 int 型元素的一维数组的指针 p，它是一个二级指针，因为这个指针指向的对象是一个一维数组。

由于二维数组名 a 的值为 int(*)[N]类型，该值增 1 就使指针后移 4×N 个字节，因此 a＋i 指向数组 a 的行下标为 i 的一维数组的开始位置，即 a[i][0]元素的位置。

对于二维数组 a 中的一维元素 a[i]，其指针访问方式为 *(a＋i)，所以二维数组 a[M][N]中任一元素 a[i][j]可以等价表示为下列 3 种情况之一。

(*(a＋i))[j]或 *(*(a＋i)＋j)或 *(a[i]＋j)

上面三个式子中所加的圆括号，确保间接访问操作优先于下标运算符，按照 C 语言运算规则，下标运算优先于间接访问运算符(*)。

在二维数组 a[M][N]中，a、a[0]和 &a[0][0]的值都相同，但类型不同，a 的值为 int(*)[N]类型，而 a[0]和 &a[0][0]的值均为 int * 类型。a＋1 则比 a 增加 4×N 个字节，而 a[0]＋1(或 &a[0][0]＋1)则比 a[0](或 &a[0][0])只增加 4 个字节。

若把一个指针定义为指向具有 N 个元素的一维数组的类型，并用一个具有列数为 N 的二维数组的数组名进行初始化，则该指针就指向了这个二维数组。通过指向二维数组的指针，同样可以访问该二维数组元素。

【例 8-3】 使用指向数组指针访问二维数组元素。

【方法 1】

```
int a[3][4]={{2,4,6,8},{3,6,9,12},{4,8,12,16}};
int (*p)[4]=a; //p与a的值具有相同的指针类型,均为int(* )[4]类型
int i,j;
for(i=0;i<3;i++)
{
    for(j=0;j<4;j++)
    printf("%5d",p[i][j]);
    //采用下标的方式访问p所指向的二维数组
    printf("\n");
}
```

该程序段的运行结果为:

```
2  4  6   8
3  6  9  12
4  8  12  16
```

上面的 for 双重循环也可以改写为方法 2 所示:

【方法 2】

```
for(i=0;i<3;i++)
{
    int* q=p[i]; //或使用*p++或使用*(p+i),指向二维数组行下标为i的行
    for(j=0;j<4;j++)
    printf("%5d",*q++); //采用指针访问方式
    printf("\n");
}
```

【思考题】 设计访问二维数组元素的其他方法。提示:利用二维数组元素的等价表示形式。由于C语言系统中,二维数组的存储是按行序来存取的,即二维数组在内存的存取是按一维数组的形式来组织的,因此上面的程序段还可以改写如下:

```
int *q=a[0];  //或 &a[0][0]或(int*)a
for(i=0;i<3;i++)
{
    for(j=0;j<4;j++)
    printf("%5d",*q++);
    printf("\n");
}
```


8.4.3 指针与字符数组

1. 指针与字符串的关系

对于一个存储字符串的字符数组,其数组名就是指向该字符串的指针,因为它的值就是字符串第一个字符在内存中的地址。

(1) 定义字符数组时,可以将字符串常量赋给字符数组。如:

```
char ch[30]="characterarray";
```

但是在一般赋值语句中,不允许将字符串常量赋给字符数组变量。如:

```
char ch[30];
ch="characterarray";
```

该语句是错误的，因为C语言不支持字符串数据的整体赋值，但可以使用字符串函数进行整体赋值。如：

```
strcpy(ch,"characterarray");
```

(2) 定义指向字符的指针，指向字符串常量或字符数组。如：

```
char *pc="characterarray";
char ch[30]; //char ch[30]="TheWorldbelongstome! "
pc=ch;
pc="IlovetheWorld! ";
```

C语言的编译器自动为字符串常量分配存储空间，第1个语句定义字符指针pc，编译器为字符串常量"characterarray"分配存储空间，并将其首地址赋给字符指针pc。第2个语句是定义一个字符数组ch，长度为30个字节。第3个语句将字符数组名ch赋给字符指针pc，即将字符数组的首地址赋给字符指针pc，改变了字符指针的指向。

(3) 从字符串的任意位置开始到字符串的尾部都是一个字符串对于一个存储字符串的数组，其数组名就是指向其字符串的指针，因为它的值为字符串中第1个字符的存储地址。实际上，指向一个字符串中任一字符位置的指针都是指向字符串的指针，因为从该字符位置开始到末尾空字符为止的所有字符，就是整个字符串的一个子串。例如：

```
#include <stdio.h>
void main()
{
    int i;
    char slp[]="StringPointer";
    char *sp=slp; //slp的值为char *类型
    printf("%s\n",sp);
    printf("%s\n",sp+6);
    char s2[10];
    for(i=0;i<6;i++)
    s2[i]=sp[i];
    s2[i]=0;
    printf("%s%s\n",s2,&slp[6]); //&slp[6]等于slp+6
    //记住，在输出格式中，与格式控制符"s"匹配的是相应的字符串的首地址
}
```

该程序段的运行结果为：

```
String Pointer
Pointer
String Pointer
```

对于每个字符串常量，从任一字符开始也都是一个字符串，它是整个字符串的一个尾部子串。如：

```
char *s1="AddSubstruct";
char *s2=s1+3;
printf("%s%s\n",s1,s2);
printf("%s\n",s2);
```

该程序段的运行结果为：

```
AddSubstruct Substruct
Substruct
```

2. 指向字符的指针既可作为函数的参数又可作为函数的返回值

指向字符的指针不仅可以作为函数的参数,还可以作为函数的返回值。在下面的程序中,利用类型定义来定义数组类型,如定义一个长度为50的字符数组类型:

```
typedef char string[50];
```

定义该语句后,其后可以使用这个新的字符数组类型名来定义长度为50的字符数组:

```
string s1,s2;
```

该语句定义了两个长度为50的字符数组s1和s2。

【例8-4】 设计一个函数,将第二个字符串从下标n开始到尾部的子串连接到第一个字符串的尾部,并返回连接后字符串的首地址。要求:在主函数中输入字符串s1、字符串s2,第二个字符串中要连接到第一个字符串后的子字符串的起始下标n,然后调用字符串连接函数,将连接后的新字符串的首地址赋给指向字符的指针s3,最后输出s3指向的字符串。

```
#include <stdio.h>
typedef char string[50]; //定义字符数组
string char * strncat(char* str1,char * str2,int n);
int main()
{
    string s1,s2; //定义字符数组变量 s1 和 s2
    char *s3; //定义指向字符的指针变量
    int n;
    printf("Input string s1:");
    gets(s1);
    for(n=0;s1[n];n++) //使用数组名访问数组元素
    printf("%c",s1[n]);
    printf("Input string s2:");
    gets(s2);
    printf("Input integer n:");
    scanf("%d",&n);
    s3=strncat(s1,s2,n); //调用函数连接字符串
    printf("%s\n",s3); //输出连接后的新字符串
    return 0;
}
char * strncat(char* str1,char* str2,int n)
{
    //将字符串 str2 中从下标 n 开始的子字符串连接到字符串 str1 的后面
    int i=0,j;
    while(*(str1+i)) //将 i 定位到第一个字符串 str1 的尾部
    {
        i++;
    }
    for(j=n;*(str2+j);i++,j++) //进行字符串连接
    *(str1+i)=*(str2+j);
    str1[i]='\0'; //在连接后的字符串尾部加上结束标志
    return str1;
}
```

【思考题】 将上述程序的函数声明改为:

```
char* strncat(string str1, string str2, int n)
```

请问要不要修改函数体？若要修改，如何修改？

注意：数组名是一个数组类型的变量，类型长度为该数组所占用的存储空间的大小。如在例 8-4 中定义的 s1 和 s2 就是两个数组变量，其类型为 char string[50]，即含有 50 个字符元素的数组类型长度为 10。但是当只访问数组名时，它返回的是该数组的第 1 个元素的地址，编程者得到这个地址后可以访问到该数组中的每个元素。而单纯的指针名是一个指针变量，如指向字符的指针变量 s2，它的类型长度为 4，即存储一个指针所占有的字节数，用来保存程序调用返回的地址值。

8.4.4 指针与函数

指针与函数包含两个内容，一是函数返回值是指针，二是指向函数的指针。函数的返回值除了可以返回一个一般类型或自定义类型变量的值外，还可以返回一个变量的地址，即指针。函数指针包含函数在内存中的地址。从第 7 章知道，数组名实际上是数组中第一个元素的内存地址。同样，函数名实际上是执行函数任务的代码在内存中的开始地址。函数指针可以传入函数、从函数返回、存放在数组中和赋给其他的函数指针。

1. 函数返回值是指针

类型标识符 * 函数指针名(形参表)；

```
int *sort(int a[], int n);
```

此语句定义了一个返回值是指向整数类型对象的指针，形参是一个有 n 个元素的整型数组 a。

【例 8-5】 定义一个函数，使用指针对 n 个数据进行排序，要求返回这组数据的地址。

```
#include <stdio.h>
#include <stdlib.h>
#include <time.h>
int * sort20(int a[], int n); //函数的返回值是一个指针
void print(int a[], int n); //输出数组的前 n 个数
int main()
{
    int a[20];
    int i;
    int *p;
    srand(time(0)); //产生一个随机数的种子
    for(i=0;i<20;i++)
    a[i]=rand()%100; //随机产生小于 100 的整数
    printf("Print 20 numbers,before sorting\n");
    print(a,20); //输出产生的 20 个随机数
    p=sort20(a,20);
    printf("Print 20 numbers,after sorting\n");
    print(p,20); //输出已排序的 20 个随机数
    printf("Print 10 numbers,after sorting\n");
    print(p,10); //输出已排序的前 10 个随机数
```

```
    return 0;
}
int *sort20(int a[],int n)
{
    int i,j,k,temp;
    int *pa=a;
    for(i=0;i<n-1;i++)
    {
        k=i; //设 k 为第 i+1 轮排序中最小数的下标
        for(j=i+1;j<n;j++) //求下标从 i 到 n-1 之间最小数的下标
        {if(*(pa+k)>*(pa+j))
        k=j;
    }
    if(k!=i) //将最小数与下标为 i 的数进行交换
        {
            temp=*(pa+i);
            *(pa+i)=*(pa+k);
            *(pa+k)=temp;
        }
    }
return pa; //返回已排序的 n 个数据的首地址
}
void print(int a[],int n)
{ //输出数组 a 的前 n 个数
    int i;
    for(i=0;i<n;i++)
    {
        printf("%5d",a[i]); //每个数占 5 个字节的宽度
        if((i+1)%10==0) //每行输出 10 个数 printf("\n");
    }
    printf("\n");
}
```

运行结果如下：

```
Print 20 numbers,before sorting
26  47  26  41  53  59  7   9  99  37
8   3  63  16  65  97  35  0   9  79
Print 20 numbers,after sorting
0   3   7   8   9   9  16  26  26  35
37  41  47  53  59  63  65  79  97  99
Print 10 numbers,after sorting
0  3  7  8  9  9  16  26  26  35
```


函数的返回值是一个指针变量，主要用于要求函数一次返回多个数据的情形。

2. 指向函数的指针

(1) 指向函数的指针的定义形式：

类型标识符(＊函数指针名)(形参表);

```
int (*compare)(int a,int b);
```

此语句定义了一个返回类型为整型,具有两个整型参数的函数指针 compare。

(2) 指向函数指针的赋值:

```
int Ascending(int a,int b);
compare=Ascending;
```

此语句说明:将函数 Ascending 赋给同类型的函数指针 compare,它们都具有两个整型参数,返回值都是整型。也就是说,指向函数的指针指向与它具有相同类型(指针类型与函数返回值类型相同)、相同参数的函数。

(3) 通过指向函数的指针调用函数的形式:

(＊指向函数的指针)(形参表);

```
int a=3,b=4,p;
p=(*compare)(a,b);
```

或

```
p=compare(a,b);
```

它们具有相同的效果,但第一个形式更好理解,compare 是指向函数 Ascending 的指针,(＊compare)就是指针 compare 所指的对象 Ascending,可以代替 Ascending,符合指针运算的规则。对于第二种调用形式,因为有赋值语句"compare＝Ascending;",就可以用指向函数的指针 compare 替代它指向的函数名了。

【例 8-6】 设计一个程序,分别计算正方形的周长和面积、圆的周长和面积,使用指向函数的指针实现对上面 4 个函数的循环调用。

定义一个头文件实现计算正方形的周长和面积、圆的周长和面积,程序如下:

```
//指向函数的指针.h
#ifdef FUNC_H
#define FUNC_H
const float PI=3.1416;
float Square_Girth(float l){return  4*l;}
float Square_Area(float l){return  l*l;}
float Round_Girth(float r){return  2*PI*r;}
float Round_Area(float r){return  PI*r*r;}
#endif
```

在主调程序中,定义维数为 4 的指向函数的指针数组 pfun,将头文件定义的四个函数的函数名分别赋给相应的数组元素,然后通过循环语句调用这四个函数。

```
//指向函数的指针数组.c
#include <stdio.h>
#include "指向函数的指针.h"
void main()
{
    int i;
    float x=1.23;
    float (*pfun[4])(float); //定义指向函数的指针数组 pfun
    //分别将函数名依次赋给对应的指向函数指针数组元素
```

```
    pfun[0]=Square_Girth;
    pfun[1]=Square_Area;
    pfun[2]=Round_Girth;
    pfun[3]=Round_Area;
    for (i=0;i<4;i++)
    printf("%10.2f\n",(*pfun[i])(x)); //通过指向函数的指针调用函数
    return;
    }
```

(4) 函数指针的典型用法如下。

函数指针的一个典型用法是建立菜单驱动系统,提示用户从菜单选择一个选项(例如从1到3)。每个选项由不同函数提供服务,每个函数的函数名(即函数的首地址)存放在函数指针数组中。用户选项作为数组下标,数组中的指针用于调用这个函数。

【例8-7】 设计一个菜单驱动程序,每一个菜单选项对应一个具有指定功能的函数,要求通过函数指针调用相应的函数,完成菜单对应的功能。

分析:本例提供了声明和使用函数指针的一般例子。这些函数(function1、function2、function3)都定义成取整数参数并且不返回值。这些函数的指针存放在函数指针数组f中,声明如下:

```
    void (*f[3])(int)={function1,function2,function3}
```

声明从最左边的括号读起,表示f是3个函数指针的数组,各取一个整数参数并返回void。数组用3个函数名(是指针)初始化。用户输入0到2的值时,用这些值作为函数指针数组的下标。函数调用如下:

```
    (*f[choice])(choice);
```

调用时,f[choice]选择数组中choice位置的指针。引用函数指针以调用函数,并将choice作为参数传入函数中。每个函数打印自己的参数值和函数名,表示正确调用了这个函数。本例还要求开发一个菜单驱动系统。

```
    //演示指向函数的指针数组
    #include <stdio.h>
    void function1(int);
    void function2(int);
    void function3(int);
    int main()
    {
        void (*f[3])(int)={function1,function2,function3};
        int choice;
        printf("Enter a number between 0 and 1,2 to end:");
        scanf("%d",&choice);
        while(choice>=0&&choice<3)
        {
            (*f[choice])(choice);
            printf("Enter a number between 0 and 1,2 to end:";)
            scanf("%d",&choice);
        }
        printf("Program execution completed.\n");
```

```
    return 0;
}

void function1(int a)
{
    printf("You entered %d, so function1 was called\n\n", a);
}
void function2(int b)
{
    printf("You entered %d, so function2 was called\n\n", b);
}
void function3(int c)
{
    printf("You entered %d, so function3 was called\n\n", c);
}
```

程序运行结果如下：

```
Enter a number between 0 and 1,2 to end:0
You entered 0 so function1 was called
Enter a number between 0 and1,2 to end:1
You entered 1 so function2 was called
Enter a number between 0 and1,2 to end:2
You entered 2 so function3 was called
Enter a number between 0 and1,2 to end:3
Program execution completed.
```

8.5 动态存储分配

在C语言中，指针是一个非常灵活且强大的编程工具，有非常广泛的应用。大多数C语言程序都在某种程度上使用了指针。C语言还进一步增强了指针的功能，为在代码中使用指针提供了很强的激励机制，它允许在执行程序时动态分配内存。只有使用指针，才能动态分配内存。

在C语言中，内存分成4个区，它们分别是堆、栈、全局/静态存储区和常量存储区。

(1) 栈(stack)，就是那些由编译器在需要的时候分配，在不需要的时候自动回收的变量存储区。这里的变量通常是局部变量、函数参数等。在执行完该函数后，存储参数和本地变量所占用的内存空间就会自动释放。

(2) 堆(heap)，就是在程序执行期间，可用C语言中库函数malloc()、calloc()和realloc()分配的内存区域。堆中由动态内存分配申请的内存块的释放是由库函数free()来完成的，而不是由C语言的编译器完成的。如果程序员没有在程序中通过free()函数释放由malloc()、calloc()和realloc()分配的存储空间，那么在程序结束后，操作系统会自动回收。但是，在该程序运行过程中会造成内存泄漏。

(3) 全局/静态存储区，全局变量和静态变量被分配到同一块内存中，它们共同占用同一块内存区域。

(4) 常量存储区，这是一块比较特殊的存储区，存放的是常量，不允许修改。C语言的函数库中提供了动态申请和释放内存存储块的库函数，下面分别介绍。

1. malloc 函数

其函数原型为

void * malloc(unsigned int size);

参数 size 为无符号整型，一般与运算符 sizeof()关联。sizeof()是一个计算指定数据类型长度的运算符，如 sizeof(int)计算一个整型数据所占用的存储空间。

函数值为指针，即地址，这个指针是指向 void 类型的，也就是不规定指向任何具体的类型。其作用是在内存的动态存储区中分配一个长度为 size 的连续空间。此函数的返回值是一个指向分配域起始地址的指针，如果内存缺乏足够大的空间进行分配，则返回空指针，即地址 0(或 NULL)。

(1) 要求给一个整数分配存储空间：

```
int *pi;
pi=(int*)malloc(sizeof(int));
if(pi! =0)
*pi=10;
else
printf("动态分配失败!");
```

第 1 个语句定义一个整型指针 pi；第 2 个语句调用 malloc()函数申请一个存储整数的内存空间，并将其转换成(int *)赋给指针 pi；第 4 个语句将 10 存储到 pi 所指的存储空间。类似地，可以为不同类型的数据申请存储空间。

(2)给任意指定的 n 个整数分配存储空间，即可以为一维(或二维)数组分配存储空间。一维数组的动态分配可以表达如下：

```
int n,*pn;
scanf("%d",&n);
pn=(int *)malloc(n*sizeof(int));
```

在上述程序段中，第 1 行定义一个整型变量 n，一个指向整数的指针 pn；第 2 行就是输入一个任意的整数 n，它的值只能在程序运行过程中确定；第 3 行是调用 C 语言的库函数 malloc，申请能存储 n 个整数的存储空间，每个整数占用的存储空间为 sizeof(int)，所以 n 个整数占用的存储空间就是 n * sizeof(int)，函数的返回值要通过强制类型转换，即(int *)，转换成整数类型的指针，并赋给指针变量 pn。

【例 8-8】 设计一个程序，求任意多个长整数的和。要求：

(1) 设计一个函数，求任意多个长整数的和；

(2) 使用动态内存分配创建一个数组空间，存储从键盘输入的长整数。

分析：第(1)个问题，求给定的任意多个长整型数的和。在 C 语言函数中，可用长整型数组存储数据，一个整数来表示数组的长度，作为函数的形参，假设函数名为 sum，其形式可以表达为：

```
sum(signed long array[],int n)
```

又由于 n 个长整型数的和仍然是一个长整型数，因此，函数的返回类型是长整型。函数声明语句如下：

```
signed long sum(signed long array[],int n);
```

第(2)个问题，调用动态内存分配函数 malloc()，申请一个能够存储 n 个长整型数据的存储空间，其长度为 n * sizeof(signed long)，其中 sizeof(signed long)的值是一个长整型数占用的存储空间。

```
#include <stdio.h>
#include <malloc.h>
signed long sum(signed long array[],int n)
{
    int i;
    signed long result=0;
    for(i=0;i<n;i++)
    {
        result+=array[i];
    }
    return result;
}
void main()
{
    int n=0,i;
    printf("你想输入多少个数?");
    scanf("%d",&n);//输入分配的存储空间的数量
    signed long *arr=(signed long* )malloc(sizeof(signed long)*n);
    //动态内存分配
    for(i=0;i<n;i++)
    {
        printf("请输入第%d个数:",i+1);
        scanf("%d",&arr[i]);
    }
    printf("累计总和:%d\n",sum(arr,n));
    free(arr);//释放 arr 指向的内存空间
}
```

2．calloc 函数

其函数原型为

void * calloc(unsigned n,unsigned size);

其作用是在内存的动态存储区中分配 n 个长度为 size 的连续空间。函数返回一个指向分配域起始地址的指针;如果分配不成功,返回 NULL。

用 calloc 函数可以为一维数组开辟动态存储空间,n 为数组元素个数,每个元素长度为 size,size 的大小可以由运算符 sizeof()来确定。

其实,calloc()函数的功能也可以用 malloc()函数来替代。

【例 8-9】 使用 calloc()函数创建一个动态数组,要求按下标方式给数组元素赋值,按指针方式输出数组元素。

```
#include <stdio.h>
int main()
{
    int n,i;
    printf("请输入一个动态数组的长度:");
```

```
    scanf("%d",&n);
    int *a=(int*)calloc(n,sizeof(int)); //创建能存储 n 个整型元素的动态数组
    a[0]=1;
    for(i=1;i<n;i++)
    a[i]=2*a[i-1]+1; //下标访问方式
    for(i=0;i<n;i++)
    printf("%5d",*(a+1)); //指针访问方式
    printf("\n");
    free(a);
    return 0;
}
```

3. realloc()函数

其函数原型为

void ＊realloc(void ＊p,unsigned int size);

该函数的功能是将指针 p 指向的存储空间的大小改为 size 个字节,函数的返回值是新分配的存储空间的首地址,与原来的分配地址不一定相同。

【例 8-10】 编写一个程序,动态分配内存空间,并赋值;然后重新分配存储空间(增加),并给增加部分赋值,最后输出结果,比较重新分配空间前已赋值空间的值有没有改变。

```
#include <stdio.h>
#include <stdlib.h>
int main()
{
    int i,*p;
    p=(int*)malloc(5*sizeof(int)); //动态分配 5 个整数存储单元的内存
    for(i=0;i<5;i++) //输入 5 个存储单元的值
    scanf("%d",(p+i));
    //将先前动态分配 5 个整数存储单元改为 10 个存储单元
    p=(int*)realloc(p,10*sizeof(int));
    for(i=5;i<10;i++) //输入后面增加的存储单元的值
    scanf("%d",(p+i));
    for(i=0;i<10;i++) //输出重新分配后所有存储单元的值
    printf("%5d",*(p+i));
    printf("\n");
    return 0;
}
```

给第 1 次分配的存储空间赋值:11 12 13 14 15

给重新分配存储空间后增加的部分赋值:21 22 23 24 25

输出重新分配后存储空间的值:

11 12 13 14 15 21 22 23 24 25

从运行结果可以看出,前面已分配存储空间的值,在系统重新分配空间后没有改变。所以,编程过程中只需考虑重新分配后增加部分的存储空间的操作。

4. free 函数

其函数原型为

void free(void *p);

其作用是释放由 p 指向的内存区域,使这部分内存区域能被其他变量使用。p 是调用 calloc 或 malloc 函数时返回的值。free 函数无返回值。

【例 8-11】 使用动态内存分配编写程序,从键盘上依次输入 M 个人的姓名和成绩,设计一个选择排序算法,按照成绩从高到低的次序排列姓名和成绩,最后按照成绩从高到低的次序输出每个人的姓名和对应的成绩。

根据以往所学的知识,可以编写出完整程序如下:

```
#include <stdio.h>
#include <string.h>
#include <stdlib.h>
#define M  10
#define N  30 //定义常量 M 和 N
void SelectSort(char *a[M],int b[M])
//算法中对数组参数的操作就是对相应实参数组的操作
{
    int i,j,k;
    for(i=1;i<M;i++)
    {//进行 M-1 次选择和交换
        k=i-1; //给 k 赋初值
        //选择当前区间内的最大值 b[k]
        for(j=i;j<M;j++)
        if(b[j]>b[k])
        k=j;
        //交换 a[i-1]和 a[k],b[i-1]和 b[k]的值,使成绩和姓名同步被交换
        char x[N];int y;
        strcpy(x,a[i-1]);strcpy(a[i-1],a[k]);strcpy(a[k],x);
        y=b[i-1];b[i-1]=b[k];b[k]=y;
    }
}
void main()
{
    //定义 ax 和 bx 数组
    char *ax[M];
    int bx[M];
    //从键盘输入 M 个人的姓名和成绩到数组 ax 和 bx 中
    int i;
    printf("输入%d 个人的姓名和成绩:",M);
    for(i=0;i<M;i++)
    {
        ax[i]=(char*)malloc(N); //调用动态内存分配函数分配内存
        scanf("%s%d",ax[i],&bx[i]); //输入姓名和成绩
    }
```

```
    //调用选择排序算法对 ax 和 bx 数组按成绩进行选择排序
    SelectSort(ax,bx);
    //按排序结果依次输出每个人的姓名和成绩
    for(i=0;i<M;i++)
    printf("%30s%4d\n",ax[i],bx[i]);
    for(i=0;i<M;i++)
    free(ax[i]);//释放由 malloc()分配的内存空间
}
```

下面是程序的一次运行结果：

```
输入 10 个人的姓名和成绩：
wer 76 erty 93 asdf 54 wqert 80 dwerty 65
zxc 88 vcfdshjk 58 gfhj 42 sfr 74 jkzh 86
erty        93
zxc         88
jkzh        86
wqert       80
wer         76
sfr         74
dwerty      65
vcfdshjk    58
asdf        54
gfhj        42
```

习　题

一、选择题

1. 下面程序对两个整型变量的值进行交换，以下正确的说法是(　　)。

```
#include <stdio.h>
swap(int p,int q);
void main()
{
    int a=10,b=20;
    printf("第一次 a=%d,b=%d\n",a,b);
    swap(&a,&b);
    printf("第二次 a=%d,b=%d\n",a,b);
}
swap(int p,int q)
{ int t;t=p;p=q;q=t;}
```

A. 该程序完全正确

B. 该程序有错，只要将语句 swap(&a,&b);中的参数改为 a,b 即可

C. 该程序有错，只要将 swap 函数中形参 p 和 q 以及 t 均定义成指针即可

D. 以上说法都不正确

2. 已有定义 int k=2;int *p1,*p2;且 p1 和 p2 均已指向变量 k，下面不能正确执行的赋值语句是(　　)。

A. k= * p1+ * p2;　　B. p2=k;　　C. p1=p2;　　D. k= * p1 * (* p2)

3. 变量的指针,其含义是指该变量的(　　)。

A. 值　　B. 地址　　C. 名　　D. 一个标志

4. 若有语句 int * point,a=4;和 point=&a;,下面均代表地址的一组选项是(　　)。

A. a,point, * &a　　B. & * a,&a, * point

C. &point, * point,&a　　D. &a,& * point,point

5. 程序段 char * s="abcde";s+=2;printf("%s\n",s);的运行结果是(　　)。

A. cde　　B. 空零(无显示)

C. 字符'c'的地址　　D. 无确定的输出结果

6. 下面程序段的运行结果是(　　)。

```
char str[]="ABC",* p= str;printf("% c\n",*(p+2));
```

A. 67　　B. 0

C. 字符'C'的地址　　D. C

7. 下面程序的运行结果是(　　)。

```
#include <stdio.h>
void main()
{
    char a[]="language",*p;p=a;
    while(*p!='u')
    {
        printf("%c",*p-32);
        p++;
    }
}
```

A. LANGUAGE　　B. language

C. LANG　　D. langUAGE

8. 若有定义 char s[10];,则在下面表达式中不表示 s[1]的地址的是(　　)。

A. s+1　　B. s++　　C. &s[0]+1　　D. &s[1]

9. 若有定义 int a[5], * p=a;,则对 a 数组元素的不正确引用是(　　)。

A. int a[5], * p;p=&a;

B. int a[5], * p;p=a;

C. inta[5];int * p=a;

D. int a[5];int * p1, * p2=a; * p1= * p2;

10. 下列代码段,(　　)是正确的。

A. int * pointer,x;pointer=x;　　B. int * pointer,x; * pointer=x;

C. int * pointer,x;pointer=&x;　　D. int * pointer,x;x=&pointer;

11. C 语言中,在函数之间进行数据传递的方法除了通过返回值和全程变量(外部变量)外,还可以采用(　　)方式(将被调函数中的数据传递给主调函数)。

A. 形参与实参之间传值　　B. 形参与实参之间传址

C. 局部变量　　D. 局部静态变量

12. 下面程序的功能是按字典顺序比较两个字符串 a、b 的大小,如果 a 大于 b 则返回正值,等于则返回 0,小于则返回负值。请选择填空(　　)。

```
#include <stdio.h>
s(char *s,char *t)
{
    for(;*s==*t;t++,s++)
    if(*s=='\0')
    return 0;
    return(*s-*t);
}
void main()
{
    char a[20],b[10],*p,*q;
    int i;
    p=a;q=b;
    scanf("%s%s",a,b);
    i=s(________);
    printf("%d\n",i);
}
```

A. p,q　　B. q,p　　C. a,p　　D. b,q

二、程序填空题

1. 下面程序是判断输入的字符串是否是"回文"(顺读和倒读都一样的字符串称"回文",如 level)。

```
#include <stdio.h>
#include <string.h>
void main()
{
    char s[81],*p1,*p2;
    int n;
    gets(s);
    n=strlen(s);
    p1=s;
    p2=______________;
    while(______________)
    {
        if(*p1!=*p2) break;
        else{p1++;______________;}
    }
    if(p1<p2)
        printf("NO\n");
    else
      printf("YES\n");
}
```

2. 以下函数的功能是把两个整数指针所指的存储单元中的内容进行交换。

```
void exchange(int *x,int *y)
{
    int t;
    t=*y;
    *y=______________;
    *x=______________;
}
```

3. 以下函数的功能是删除字符串 s 中的所有数字字符。

```
void dele(char *s)
{
    int n=0,i;
    for(i=0;s[i];i++)
    if(________________)
    s[n++]=s[i];
    s[n]=________________;
}
```

三、读程序题,写出下列程序的运行结果

1.

```
#include <stdio.h>
sub(int x,int y,int *z)
{*z=y-x;}
void main()
{   int a,b,c;
    sub(10,5,&a);
    sub(7,a,&b);
    sub(a,b,&c);
    printf("%d,%d,%d\n",a,b,c);
}
```

2.

```
#include <stdio.h>
void main()
{
    int a,b,k=4,m=6,*p1=&k,*p2=&m;
    a=p1==&m;
    b=(*p1)/(*p2)+7;
    printf("a=%d\n",a);
    printf("b=%d\n",b);
}
```

3.

```
#include <stdio.h>
#include <string.h>
int*p;
pp(int a,int *b)
{
    int c=4;*p=*b+c;a=*p-c;
    printf("第二:%d,%d,%d\n",a,*b,*p);
}
void main()
{
    int a=1,b=2,c=3;p=&b;pp(a+c,&b);
    printf("第一:%d,%d,%d\n",a,b,*p);
}
```

4.

```
#include <stdio.h>
int a=2;
```

```
int f(int *a)
{
    return(*a)++;
}
void main()
{
    int s=0;
    {
        int a=5; //提示 a 为局部变量
        s+=f(&a);
    }
    s+=f(&a);
    printf("%d\n",s);
}
```

5.

```
#include <stdio.h>
void main()
{
    int a[5]={1,2,3,4,5};
    int m,n,*p;p=&a[0];
    m=*(p+2);n=*(p+4);
    printf("*p=%d,m=%d,n=%d\n",*p,m,n);
}
```

6.

```
#include <stdio.h>
void delch(char *s)
{   int i,j;char *a;a=s;
    for(i=0,j=0;a[i]!='\0';i++)
    if(a[i]>='0'&&a[i]<='9')
    {   s[j]=a[i];j++;
    }
    s[j]='\0';
}
void main()
{
    char b[]="a34bc",*item=b;
    delch(item);
    printf("%s",item);
}
```


四、编程题

1. 从键盘输入十个整数存入一维数组中，求出它们的和及平均值并输出（要求用指针访问数组元素）。
2. 编写一个程序计算一个字符串的长度。
3. 输入 3 个字符串，按由小到大的顺序输出。
4. n 个人围成一圈，顺序排号。从第 1 个人开始报数（从 1 到 3 报数），凡报到 3 的人退出圈子，问最后留下的是原来第几号的那位。
5. 写一个函数，将一个 3×3 的整型矩阵转置。

第9章 编译预处理

在此之前，很多程序多次使用过以“#”号开头的预处理命令，如包含命令“#include”，宏定义命令“#define”等。在源程序中这些命令都放在函数之外，而且一般都放在源文件的前面，称为预处理部分。所谓编译预处理，是指在对源程序进行编译之前，先对源程序中的编译预处理命令进行处理，然后再将处理的结果和源程序一起进行编译，以得到目标代码。

C语言提供了三种预处理功能：

(1) 宏定义；

(2) 文件包含；

(3) 条件编译。

这三种预处理功能分别用宏定义命令、文件包含命令、条件编译命令来实现。为了与一般C语句相区别，这些命令以符号“#”开头。

9.1 宏定义

9.1.1 不带参数的宏定义

不带参数的宏定义的一般形式为：

#define 标识符 字符串

其作用是：用一个指定的标识符(即名字)来代表一个字符串。

说明：其中的#表示这是一条预处理命令。define为宏定义命令。“标识符”为所定义的宏名。“字符串”可以是常数、表达式、字符串等。如：#define PI 3.14159 的作用是用标识符PI代替常量3.14159，在编译处理时，将程序中该定义以后的所有标识符PI都用3.14159代替。

【例9-1】 半径已知，编程求圆的周长、面积和球的体积，并输出结果。要求使用不带参数的宏定义圆周率。

```
#include <stdio.h>
#define PI 3.1415926        /*PI是宏名，3.1415926是用来替换宏名的常数*/
void main()
{   float r,l,a,v;
    printf("请输入圆的半径:");
    scanf("%f",&r);
    l=2*PI*r;                       /*引用无参宏求周长*/
    a=PI*r*r;                       /*引用无参宏求面积*/
    v=PI*r*r*r*3/4;                 /*引用无参宏求体积*/
    printf("周长=%.2f,面积=%.2f,球体积=%.2f\n",l,a,v);
}
```

运行结果如下：

```
请输入圆的半径:4↙
周长=25.13,面积=50.27,球体积=268.08
```

对于宏定义还要说明以下几点。

(1) 宏名一般习惯用大写字母表示,以便与变量名相区别,但这并非规定,也可用小写字母。

(2) 宏定义是用宏名来代表一个字符串,在宏展开时又以该字符串取代宏名,这只是一种简单的代换。字符串中可以含任何字符,可以是常数,也可以是表达式,预处理程序对它不做任何检查。如有错误,只能在编译被宏展开后的源程序中发现。例如:

```
#define N  100
int a[N];
```

先用N来代表常数100,然后定义一个一维数组a,其数组元素为100个。再例如:

```
#define M 3+4
s=5*M;
```

其中计算之后s的值为19,即实际在编译运行时执行的是s=5*3+4=19。这和下面的例子并不等价。

```
#define M (3+4)
s=5*M;
```

此时,在程序运行时执行的是s=5*(3+4)=35。

(3) 宏定义不是说明或语句,在行末不必加分号,如加上分号则连分号一起置换。例如:

```
#define N 100;
int a[N];
```

经宏展开后,该语句为

```
#define N 100;
int a[100;];
```

显然出现了语法错误。

(4) 宏名在源程序中若用引号引起来,则预处理程序不对其做宏代换。

```
#define OK 200
void main()
{
    printf("OK");
    printf("\n");
}
```

上面定义宏名OK表示200,但在printf语句中OK被引号引起来,因此不做宏代换。程序的运行结果为

```
OK
```

这表示程序把“OK”当作字符串处理。

(5) 宏定义必须写在函数之外,其作用域为宏定义命令起到源程序结束。如要终止其作用域,可使用命令#undef撤销已定义的宏。如:

```
#define PI 3.14
⋮
#undef
⋮
```

在＃undef 命令行之后的范围，PI 不再代表 3.14。

（6）宏定义允许嵌套，在宏定义的字符串中可以使用已经定义的宏名。在宏展开时由预处理程序层层代换。例如：

```
#define PI 3.1415926
#define S PI*y*y
printf("%f",S);
```

在宏展开后为：

```
printf("%f",3.1415926*y*y);
```

（7）宏定义是专门用于预处理命令的一个专用名词，它与定义变量的含义不同，只做字符替换，不分配内存空间。

在程序中使用宏定义，有以下优点。

（1）能提高源程序的可读性。例如，对于以下语句：

```
return (2.0*3.1415926536*2.0);
```

和

```
return (3.1415926536*2.0*2.0);
```

读者能否很快地看出它们的意义呢？显然不能。但如果写成下面的形式：

```
return (2.0*PI*RADIUS);
```

和

```
return (PI *RADIUS*RADIUS);
```

读者就能一眼看出：这是在计算圆周长和圆面积。

（2）能提高源程序的可移植性。如要将 RADIUS 的值由 2.0 修改为 3.0，只要在＃define 命令中修改一处便可。而在不使用宏定义的文件中，则要将多处的 2.0 修改为 3.0。

9.1.2 带参数的宏定义

C 语言允许宏带有参数。在宏定义中的参数称为形式参数，在宏调用中的参数称为实际参数。对带参数的宏，在调用时不仅要进行宏展开，而且还要进行参数替换。

带参数的宏定义的一般形式为：

＃define 宏名(形参表) 字符串

在字符串中含有各个形参。带参数的宏调用的一般形式为：

宏名(实参表)；

【例 9-2】 带参数的宏定义。

```
#include <stdio.h>
#define PI 3.1415926
#define S(r) PI*r*r
void main()
{
    floata,radius;
    printf("请输入圆半径:");
    scanf("%f",&radius);
    a=S(radius);     /*宏调用*/
    printf("圆的面积为:%.2f",a);
}
```

运行结果为：

```
请输入圆半径:4↙
圆的面积为:50.27
```

说明：在宏调用时，用输入的半径 4 代替宏定义中的参数 r，经预处理宏展开后的语句为 a=3.1415926*4.0*4.0。

对于带参数的宏定义做如下几点说明。

(1) 宏名和形参表之间不能有空格出现。例如把"#define S(r) PI*r*r"写为"#define S (r) PI*r*r"将被认为是无参数的宏定义，宏名S代表字符串"(r) PI*r*r"，宏展开时，宏调用语句"a=S(radius);"，在宏展开后将变为"a=(4.0) 3.1415926*4.0*4.0;"。这显然是错误的。

(2) 形式参数不分配内存单元，因此不必做类型定义。而宏调用中的实参有具体的值，要用它们去代换形参，必须做类型说明。

(3) 在宏定义中，字符串内的形参通常要用括号括起来以避免出错。

【例 9-3】 计算长方形的面积。

```
#define S(a,b) a*b  /*宏定义,形参为 a 和 b*/
void main(void)
{   int len,wid,area;     /*area 代表长方形的面积*/
    printf("请输入长和宽:");
    scanf("%d%d",&len,&wid);
    area=S(len+10,wid);
    printf("area=%d\n",area);     /*宏调用中实参为 len+10 和 wid*/
}
```

程序运行结果如下：

```
请输入长和宽:2 2↙
area=22
```

该程序在进行宏展开时，用 len+10 代换 a，再用 a*b 代换 S，得到如下语句：

```
area=len+10*wid;
```

即：

```
area=2+10*2=22
```

该结果显然不是我们想要的。在C语言中，带参数的宏定义调用时，实参不会把值传递给形参，而只是做简单的替换。如果我们把宏定义中的参数加上括号，那结果就不一样了。即改写成：

```
#define S(a,b) (a)*(b)
```

其他不变，那么宏展开之后将变成：

```
area=(len+10)*(wid);
```

即：

```
area=(2+10)*(2)=24
```

有些读者容易把带参数的宏和函数混淆。的确，它们之间有一定类似之处，在调用函数时也是在函数名后的括弧内写实参，也要求实参与形参的数目相等。但是，带参数的宏定义与函数是不同的。其不同之处主要有：

① 函数调用时，先求出实参表达式的值，然后代入形参；而使用带参数的宏只是进行简单的字符替换。

② 函数调用是在程序运行时处理的，为形参分配临时的内存单元；而宏展开则是在编译前进行的，在展开时并不分配内存单元，不进行值的传递处理，也没有“返回值”的概念。

③ 函数中的实参和形参都要定义类型，二者的类型要求一致，如不一致，应进行类型转换；而宏不存在类型问题，宏名无类型，它的参数也无类型，只是一个符号代码，展开时代入指定的字符串即可。宏定义时，字符串可以是任何类型的数据。例如：

```
#define PR PROGRAM  （字符）
#define a 3.6  （数值）
```

PR 和 a 不需要定义类型，它们不是变量，在程序中凡遇 PR 均以 PROGRAM 代之；凡遇 a 均以 3.6 代之，显然不需定义类型。对带参数的宏同样如此，如：

```
#define s(r) PI*r*r
```

r 也不是变量，如果在语句中有 S(3.6)，则展开后为 PI * 3.6 * 3.6，语句中并不出现 r。当然也不必定义 r 的类型。

④ 调用函数只能得到一个返回值，而用宏可以设法得到几个结果。

【例 9-4】 计算圆的周长、面积和圆球的体积。

```
#define PI 3.1415926
#define CIRCLE(R,L,S,V) L=2*PI*R;S=PI*R*R;V=4.0/3.0*PI*R*R*R
void main()
{   float r,l,s,v;
    scanf("%f",&r);
    CIRCLE(r,l,s,v);
    printf("r=%6.2f,s=%6.2f,v=%6.2f\n",r,l,s,v);
}
```

经预编译宏展开后源程序变成：

```
void main()
{   float r,l,s,v;
    scanf("%f",&r);
    l=2*3.1415926*r;s=3.1415926*r*r;v=4.0/3.0*3.1415926*r*r*r;
    printf("r=%.2f,l=%.2f,s=%.2f,v=%.2f\n",r,l,s,v);
}
```

程序运行结果如下所示。

```
3.2↙
r=3.20,l=20.11,s=32.17,v=137.26
```

实参 r 的值已知，可以从宏带回 3 个值(l，s，v)。其实，只不过是字符代换而已，将字符 r 代换 R，l 代换 L，s 代换 S，v 代换 V，而并未在宏展开时求出 l、s、v 的值。

⑤ 使用宏次数多时，宏展开后源程序长，因为每展开一次都使程序增长，而函数调用不使源程序变长。

⑥ 宏替换不占运行时间，只占编译时间，而函数调用则占运行时间（分配单元、保留现场、值传递、返回）。

一般用宏来代表简短的表达式比较合适。有些问题，用宏和函数都可以。如：

```
#define MAX(x,y) (x)>(y)?(x):(y)
main()
{   int a,b,c,d,t;
    ⋮
```

```
    t=MAX(a+b,c+d);
    ⋮
}
```

赋值语句展开后为

```
t=(a+b)>(c+d)?(a+b):(c+d);
```

MAX 不是函数,这里只有一个 main 函数,在 main 函数中就能求出 t 的值。

这个问题也可用函数的形式:

```
int max(int x,int y)
{return(x>y?x:y);}
void main()
{   int a,b,c,d,t;
    ⋮
    t=max(a+b,x+d);
    ⋮
}
```

max 是函数,在 main 函数中调用 max 函数求出 t 的值。

如果善于利用宏定义,可以实现程序的简化。例如,事先将程序中的“输出格式”定义好,可以减少在输出语句中每次都要写出具体的输出格式的麻烦。

9.2 文件包含

以上讲述了 C 语言提供的预处理命令——宏定义,下面介绍另一个预处理命令——文件包含。文件包含是指,一个源文件可以将另一个源文件的全部内容包含进来,即将另外的文件包含到本文件之中。

文件包含命令的一般形式为:

#include "包含文件名"

或

#include <包含文件名>

以上两种格式的区别如下。

使用双引号:系统首先到当前目录下查找被包含文件,如果没找到,再到系统指定的"包含文件目录"(由用户在配置环境时设置)中查找。

使用尖括号:直接到系统指定的“包含文件目录”中查找(称为标准方式)。

一般来说,如果要包含库函数,宜用尖括号;如果要包含用户自己编写的文件,宜用双引号。大多数情况下,使用双引号比较保险。

【例 9-5】 编写程序,比较两个整数的值,求出其中较大的那一个。

```
/*求两个整数中较大数的程序 max.c*/
max(int x,int y)
{   int m;
    m=x;
    if(y>x)
      m=y;
    return(m);
}
```

【例 9-6】 利用上例中的文件,编写程序计算三个整数中最大的数,并输出。

```
#include <stdio.h>
#include <max.c>
main()
{   int a,b,c,z;
    printf("请输入三个整数:");
    scanf("%d,%d,%d",&a,&b,&c);
    z=max(a,b);
    if(z<c)
       z=c;
    printf("最大数为:%d",z);
}
```

文件包含命令的功能是把指定的文件插入该命令行位置取代该命令行,从而把指定的文件和当前的源程序文件连成一个源文件。在程序设计中,文件包含是很有用的。一个大的程序可以分为多个模块,由多个程序员分别编程。有些公用的符号常量或宏定义等可单独组成一个文件,在其他文件的开头用包含命令包含该文件即可使用。这样,可避免在每个文件开头都要书写那些公用部分,从而避免重复编写,并减少出错。

对文件包含命令还要说明以下几点。

(1) 编译预处理时,预处理程序将查找指定的被包含文件,并将其复制到 #include 命令出现的位置上,如图 9-1 所示。

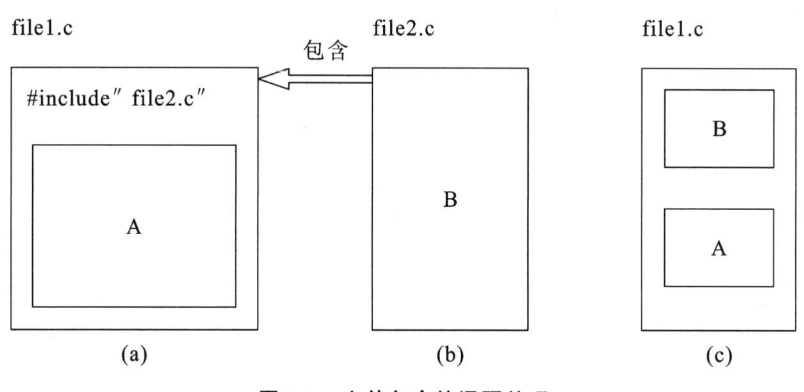

图 9-1 文件包含编译预处理

图 9-1 表示"文件包含"的含义。图 9-1(a)为文件 file1.c,它有一个 #include"file2.c"命令,然后还有其他内容(以 A 表示)。图 9-1(b)为另一文件 file2.c,文件内容以 B 表示。在编译预处理时,要对 #include 命令进行"文件包含"处理:将 file2.c 的全部内容复制插入到 #include"file2.c"命令处,即 file2.c 的内容被包含到 file1.c 中,得到图 9-1(c)所示的结果。在编译时,只将图 9-1(c)中的 file1.c 作为源文件进行编译。

(2) 常用在文件头部的被包含文件,称为标题文件或头部文件,常以.h(head)作为后缀,简称头文件。在头文件中,除可包含宏定义外,还可包含外部变量定义、结构类型定义等。

(3) 一条包含命令,只能指定一个被包含文件。如果要包含 n 个文件,则要用 n 条包含命令。例如:

```
#include <stdio.h>
#include <string.h>
main()
{…}
```

(4) 文件包含可以嵌套,即被包含文件中又包含另一个文件,如图 9-2 所示。

file1.c

#include"file2.c"

⋮

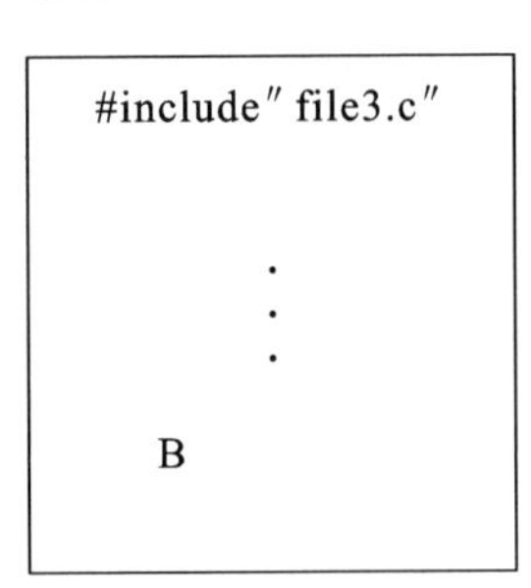

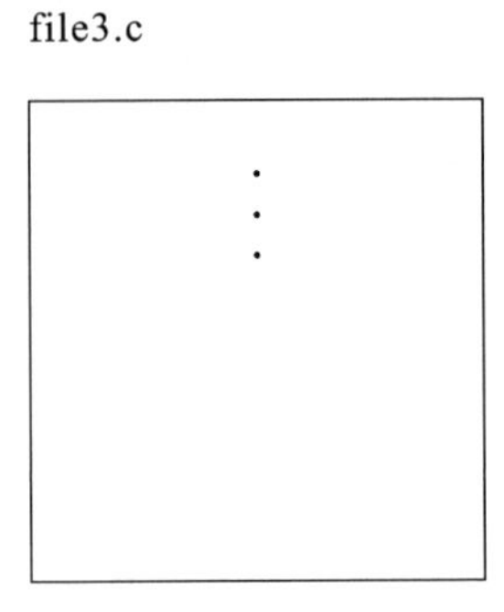

图 9-2 文件包含嵌套

9.3 条件编译

预处理程序提供了条件编译的功能,可以按不同的条件编译不同的程序部分,从而产生不同的目标代码文件。这对于程序的移植和调试是很有用的。条件编译可有效地提高程序的可移植性,并广泛地应用在商业软件中,为一个程序提供各种不同的版本。

条件编译有如下三种形式。

(1) #ifdef ~ #endif 命令。

该组命令一般格式为:

```
#ifdef 标识符
    程序段 1
#else
    程序段 2
#endif
```

其功能是:如果标识符已被#define 命令定义过,则对程序段 1 进行编译;否则,对程序段 2 进行编译。如果没有程序段 2(它为空),本格式中的#else 可以没有,即可以写为:

```
#ifdef 标识符
    程序段
#endif
```

【例 9-7】 条件编译示例程序。

```
#define NUM ok
void main(void)
{
    #ifdef NUM    /*条件编译预处理命令*/
    printf("NUM被定义过");
    #else
    printf("NUM没有被定义过");
    #endif
}
```

本程序要根据 NUM 是否被定义过来决定编译哪一个 printf 语句。而在程序的第一行已对 NUM 做过宏定义,因此应对第一个 printf 语句做编译。故运行结果是:

```
NUM 被定义过
```

在程序的第一行宏定义中，定义 NUM 表示字符串 ok(其实也可以为任何字符串，甚至不给出任何字符串，写为＃define NUM 也具有同样的意义)。只有取消程序的第一行才会编译第二个 printf 语句。

(2)＃ifndef ～＃endif 命令。

该组命令的一般格式为：

＃ifndef 标识符

　　程序段 1

＃else

　　程序段 2

＃endif

与第一种形式的区别是，将"ifdef"改为"ifndef"。其功能是：如果标识符未被＃define 命令定义过，则对程序段 1 进行编译；否则，对程序段 2 进行编译。这与第一种形式的功能正相反。

(3) ＃if ～＃endif 命令。

该组命令的一般格式为：

＃if 常量表达式

　　程序段 1

＃else

　　程序段 2

＃endif

它的功能是：如常量表达式的值为真(非 0)，则对程序段 1 进行编译；否则，对程序段 2 进行编译。因此可以使程序在不同条件下，完成不同的功能。

【例 9-8】 条件编译示例程序。

```
#define R 1
void main(void)
{   float c,r,s;
    printf ("input a number:");
    scanf("%f",&c);
    #if R
    r=3.14159*c*c;
    printf("area of round is:%f\n",r);
    #else
    s=c*c;
    printf("area of square is:%f\n",s);
    #endif
}
```

本例中采用了第三种形式的条件编译。在程序第一行宏定义中，定义 R 为 1，因此在条件编译时，常量表达式的值为真，故计算并输出圆面积。上面介绍的条件编译当然也可以用条件语句来实现。但是用条件语句将会对整个源程序进行编译，生成的目标代码程序很长，而采用条件编译，则根据条件只编译其中的程序段 1 或程序段 2，生成的目标程序较短。如果条件选择的程序段很长，采用条件编译的方法是十分必要的。

本章介绍的编译预处理功能是C语言特有的，有利于程序的可移植性，增加程序的灵活性。

习　　题

一、读程序题

1. 有如下程序：

```
#include <stdio.h>
#define N 2
#define M N+1
#define NUM 2*M+1
void main()
{
    int i;
    for(i=1;i<=NUM;i++)
    printf("%d\n",i);
}
```

该程序中的for循环执行的次数是__________________。

2. 程序中头文件type1.h的内容是：

```
#define N 5
#define M1 N*3
```

程序如下：

```
#include "type1.h"
#define M2 N*2
void main()
{
    int i;
    i=M1+M2;
    printf("%d\n",i);
}
```

程序编译后运行的输出结果是__________________。

3. 以下程序的输出结果是__________________。

```
#include <stdio.h>
#define SQR(X) X*X
void main()
{
    int a=16,k=2,m=1;
    a/=SQR(k+m)/SQR(k+m);
    printf("%d\n",a);
}
```

二、编程题

1. 定义一个带参数的宏，使两个参数的值互换，并写出程序，输入两个数作为使用宏时的实参。输出交换后的两个值。
2. 编写程序：求3个数中的最大者，要求用带参数的宏实现。

第10章 结构体和共用体

本章主要介绍C语言结构体与共用体的基本概念，结构体的应用场合，结构体类型与结构体变量，结构体数组，结构体与指针，结构体与函数，链表的创建、输出、删除、插入，共用体的定义和使用，枚举类型数据的定义和引用。学习本章应深入领会结构体类型和共用体类型之间的差异，在掌握使用结构体实现链表的基本运算的基础上，能够实现链表算法，能够灵活地自定义结构体类型。

10.1 结构体的应用场合

C语言中的数据类型非常丰富，到目前为止，我们已经介绍过的数据类型有简单变量、数组和指针。简单变量是一个独立的变量，它同其他变量之间不存在固定的联系；数组则是同一类型数据的组合；指针类型数据主要用于动态存储分配。可以说，它们各有各的用途。但是，在实际问题中，一组相互联系的数据往往具有不同的数据类型，而又需要将它们组合在一个整体，以便引用。

例如，对一个学生的档案管理，需要将每个学生的学号、姓名、性别、年龄、成绩、居住地等类型不同的数据列在一起，虽然这些数据均面向同一个处理对象——学生的属性，但它们却不完全属于同一类型。

对于这个实际问题，用前面掌握的数据类型显然难以处理这种复杂的数据结构。如果用简单的变量来分别代表每个属性，不仅不能反映它们的内在联系，而且使程序冗长难读；数组又无法容纳不同类型的元素。那么，这样的一组数据该如何存放呢?

为了解决这个问题，C语言给出了另一种构造数据类型——“结构”(structure)或叫“结构体”。将不同类型的数据组合在一起，如图10-1所示。这种结构体数据类型相当于其他高级语言中的记录。

num	name	sex	score
10010	张三	男	90.5

图10-1 学生信息结构

此结构体可书写成如下形式：

```
struct stu
{
    int num;
    char name[20];
    char sex;
    float score;
}
```

10.2 结构体类型与结构体变量

10.2.1 结构体类型的声明

“结构”是一种构造类型,它是由若干“成员”组成的。每一个成员可以是一个基本数据类型,或者是一个构造类型。结构体既然是一种“构造”而成的数据类型,那么在说明和使用之前必须先定义它,也就是构造它,如同在说明和调用函数之前要先定义函数一样。

定义一个结构体的一般形式为:

struct 结构体名

{成员表列};

成员表列由若干个成员组成,每个成员都是该结构的一个组成部分。对每个成员都必须做类型说明,其形式为:

类型说明符 成员名;

成员名的命名应符合标识符的书写规定。例如:

```
struct stu
{
    int num;
    char name[20];
    char sex;
    float score;
};
```

在这个结构体定义中,结构体名为stu,该结构体由4个成员组成。第一个成员为num,整型变量;第二个成员为name,字符数组;第三个成员为sex,字符变量;第四个成员为score,浮点型变量。应注意,括号后的分号是不可少的。结构体定义之后,即可进行结构体变量定义。凡定义为结构体stu的变量都由上述4个成员组成。由此可见,结构体是一种复杂的数据类型,是数目固定、类型不同的若干有序变量的集合。

10.2.2 结构体变量的定义

定义结构体变量有以下三种方法。以上面定义的stu为例来加以说明。

(1)先定义结构体类型,再定义结构体变量。定义形式如下:

struct　结构体名　结构体变量名

例如:

```
struct stu
{
    int num;
    char name[20];
    char sex;
    float score;
};
struct stu boy1,boy2;
```

定义了结构体类型 stu 后，再定义两个变量 boy1 和 boy2 为 stu 结构体类型。定义了一个结构体类型后，可以多次用它来定义变量。

(2)在定义结构体类型的同时，定义结构体变量。定义形式如下：

struct 结构体名
{
    成员表列
} 变量名表列；

例如：

```
struct stu
{
    int num;
    char name[20];
    char sex;
    float score;
}boy1,boy2;
```

(3)没有结构体名，直接定义结构体变量。定义形式如下：

struct
{
    成员表列
} 变量名表列；

例如：

```
struct
{
    int num;
    char name[20];
    char sex;
    float score;
}boy1,boy2;
```

第三种方法与第二种方法的区别在于第三种方法中省去了结构体名，而直接给出了结构体变量。用三种方法定义的 boy1，boy2 变量都具有结构体 stu 所拥有的四个成员，有图 10-2 所示的结构。

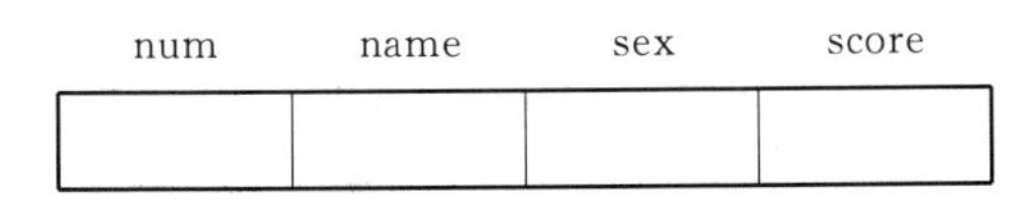

图 10-2 stu 结构体结构

定义了 boy1，boy2 变量为 stu 结构体类型后，即可向这两个变量中的各个成员赋值。在上述 stu 结构体定义中，所有的成员都是基本数据类型或数组类型。当然，成员也可以又是一个结构，即构成了嵌套的结构。

10.2.3 结构体变量的引用

由于一个结构体变量就是一个整体，要访问它其中的一个成员，必须要先找到这个结构

体变量,然后从中找出它其中的一个成员。引用格式如下:

结构体变量名.成员名

其中,“.”为成员运算符。

例如:boy1.num 即第一个人的学号;boy2.sex 即第二个人的性别。

如果某成员本身又是一个结构体类型,则只能通过多级的分量运算,对最低一级的成员进行引用。此时的引用格式可扩展为如下形式:

结构体变量.成员.子成员.....最低一级子成员

例如:boy1.birthday.month,即第一个人出生的月份成员可以在程序中单独使用,与普通变量完全相同。

结构体变量的赋值就是给各成员赋值,可用输入语句或赋值语句来完成。

【例 10-1】 给结构体变量赋值并输出其值。

```
main()
{
    struct stu
    {
      int num;
      char *name;
      char sex;
      float score;
    } boy1,boy2;                                    /*定义结构体及其两个变量*/
    boy1.num=102;
    boy1.name="Zhang ping";
    printf("input sex and score\n");
    scanf("%c %f",&boy1.sex,&boy1.score);    /*给 boy1 变量中的各成员赋值*/
    boy2=boy1;                               /*boy1 的所有成员的值整体赋予 boy2*/
    printf("Number=%d\nName=%s\n",boy2.num,boy2.name);
    printf("Sex=%c\nScore=%f\n",boy2.sex,boy2.score); /*输出 boy2 各成员值*/
}
```

程序运行结果:

```
input sex and score
m  94.5
Number=102
Name=Zhangping
Sex=m
Score=94.500000
```


程序提示:本程序用赋值语句给 num 和 name 两个成员赋值,name 是一个字符串指针变量;用 scanf 函数动态地输入 sex 和 score 成员值,然后把 boy1 的所有成员的值整体赋予 boy2;最后分别输出 boy2 的各个成员值。本例表述了结构体变量的引用和赋值方法。

10.2.4 结构体变量的初始化

和其他类型变量一样,对结构体变量可以在定义时进行初始化赋值。其一般形式为:

结构体变量={初值表列}

【例 10-2】 对结构体变量初始化。

```
main()
{
    struct stu    /*定义结构体*/
    {
      int num;
      char *name;
      char sex;
      float score;
    }boy2,boy1={102,"Zhang ping",'M',78.5};/*定义结构体变量的同时给boy1各成员赋初值*/
    boy2=boy1;                              /*boy1整体赋给boy2*/
    printf("Number=%d\nName=%s\n",boy2.num,boy2.name);
    printf("Sex=%c\nScore=%f\n",boy2.sex,boy2.score);
}
```

程序运行结果

```
Number=102
Name=Zhangping
Sex=M
Score=78.500000
```

程序提示：本例中，boy2，boy1 均被定义为外部结构变量，并对 boy1 做了初始化赋值；在 main 函数中，把 boy1 的值整体赋予 boy2，然后用两个 printf 语句输出 boy2 各成员的值。

值得注意的是，如果定义变量时没有赋初值，之后再赋值，必须逐个成员赋值，或用某一同一结构体类型的变量整体赋值。不能写成形如 boy2={102,"Zhang ping",'M',78.5}的形式。

10.2.5 使用 typedef

C 语言中，可以用 typedef 关键字为系统已有的数据类型定义别名，该别名与标准类型名一样，可以用来定义相应的变量。typedef 定义的一般形式为：

typedef　原类型名　新类型名

例如：

```
typedef int INTEGER    /*指定别名INTEGER代表int*/
```

声明后，“INTEGER x,y;”就等价于“int x,y;”。

同样，我们可以声明一个新的别名来代表一个结构体类型，例如：

```
typedef struct stu
{ char name[20];
    int age;
    char sex;
} STU;
```

定义 STU 表示 stu 的结构体类型，然后可用 STU 来定义结构体变量，例如：

```
STU body1,body2;
```

10.3 结构体数组

10.3.1 结构体数组的定义

1. 结构体数组的引入

一个结构体变量只能存放一个对象(如一个学生)的一组数据,如果存放一个班(30 人)的有关数据,就要设 30 个结构体变量。例如:

struct stu boy1,boy2,boy3,...,boy30

显然,这样很不方便,由此,我们想到了数组。C 语言可以使用结构体数组,即数组中的每一个元素都是一个结构体变量。

2. 结构体数组的定义

定义结构体数组的方法和定义结构体变量的方法基本上类似,也可以采用三种方法。

(1)先定义结构体类型,再定义结构体数组。例如:

```
struct stu
{
    int num;
    char *name;
    char sex;
    float score;
    };
strcut  stu  boy[30];
```

以上定义了一个结构体数组 boy。它有 30 个元素,每一个元素都是 struct stu 类型的。这个数组在内存中占连续的一段存储单元,数组中各元素值如图 10-3 所示。

	num	name	sex	score
boy[0]				
boy[1]				
…	…	…	…	…
boy[29]				

图 10-3 结构体数组中各元素在内存中的存储

(2)在定义结构体类型的同时定义结构体数组。例如:

```
struct stu
{
    int num;
    char *name;
    char sex;
    float score;
    }boy[30];
```

(3)直接定义结构体变量而不定义结构体名。例如：

```
struct
{
    int num;
    char *name;
    char sex;
    float score;
    } boy[30];
```

10.3.2 结构体数组的引用与初始化

1. 结构体数组的引用

(1)结构体数组的引用形式。

一个结构体数组的元素相当于一个结构体变量,因此引用结构体变量的规则也适用于结构体数组元素,例如对于上面定义的结构体数组 boy,可以如下形式引用：

```
boy[i].num
```

表示序号 i 为数组元素中的 num 成员。

(2)结构体数组引用时应注意的问题。

①可以将一个结构体数组元素赋值给同一结构体类型的数组中的另一个元素,也可以赋给同一类型的变量。例如：

```
struct  stu boy[3],boy1;
```

下面的赋值都是合法的：

```
boy1=boy[0];
boy[0]=boy[1];
boy[1]=boy1;
```

②不能把结构体数组元素作为一个整体进行输入输出,只能以单个成员为对象进行输入输出。下面的语句是不合法的：

```
printf("%d",boy[0]);
scanf("%d",&boy[0]);
```

只能这样输入输出：

```
scanf("%s",boy[0].name);
printf("%s",boy[0].name);
```

2. 结构体数组的初始化

结构体数组初始化的一般形式是在定义数组的后面加上"={初始值表列};",例如：

```
struct stu boy[3]={ {101,"Li ping","M",45},
                    {102,"Zhang ping","M",62.5},
                    {103,"He fang","F",92.5}};
```

结构体数组初始化应注意,如果赋初值的数据组的个数与所定义的数组元素相等,则数组元素个数可以省略。如上面的赋值语句可写为：

```
struct stu boy[]={ {101,"Li ping","M",45},
                   {102,"Zhang ping","M",62.5},
                   {103,"He fang","F",92.5}};
```

10.3.3 结构体数组应用举例

【例 10-3】 计算学生的平均成绩和不及格的人数。

```
struct stu                                  /*创建结构体及变量并赋初值*/
{
    int num;
    char *name;
    char sex;
    float score;
}boy[5]={
        {101,"Li ping",'M',45},
        {102,"Zhang ping",'M',62.5},
        {103,"He fang",'F',92.5},
        {104,"Cheng ling",'F',87},
        {105,"Wang ming",'M',58},
      };
main()
{
    int i,c=0;
    float ave,s=0;
    for(i=0;i<5;i+ + )                          /*求总分*/
    {
      s+ =boy[i].score;
      if(boy[i].score<60) c+ =1;
    }
    printf("s=%f\n",s);
    ave=s/5;                                  /*求平均分*/
    printf("average=%f\ncount=%d\n",ave,c);
}
```

程序运行结果:

```
s=345.000000
average=69.000000
count=2
```

程序提示:本程序定义了一个外部结构数组 boy,共 5 个元素,并做了初始化赋值。在 main 函数中用 for 语句逐个累加各元素的 score 成员值且存于 s 之中,如 score 的值小于 60(不及格)即计数器 c 加 1,循环完毕后计算平均成绩,并输出全班总分、平均分及不及格人数。

【例 10-4】 建立同学通信录。

```
#include"stdio.h"
#define NUM 3
struct mem                              /*定义结构体*/
{
    char name[20];
```

```
    char phone[10];
};
main()
{
    struct mem man[NUM];            /*定义结构体变量*/
    int i;
    for(i=0;i<NUM;i+ + )               /*从键盘给各变量成员赋值*/
      {
      printf("input name:\n");
      gets(man[i].name);
      printf("input phone:\n");
      gets(man[i].phone);
      }
    printf("name\t\t\tphone\n\n");
    for(i=0;i<NUM;i+ + )               /*输出*/
    printf("%s\t\t\t%s\n",man[i].name,man[i].phone);
}
```

程序运行结果：

```
input name:
zhangsan
input phone:
18978934567
input name:
lisi
input phone:
18978933456
input name:
wangwu
input phone:
18978933557
```

程序提示：本程序定义了一个结构体 mem，它有两个成员 name 和 phone，用来表示姓名和电话号码；在主函数中定义 man 为具有 mem 类型的结构体数组；在 for 语句中，用 gets 函数分别输入各个元素中两个成员的值；然后又在 for 语句中用 printf 语句输出各元素中两个成员值。

10.4 结构体与指针

10.4.1 结构体指针

一个指针当用来指向一个结构体变量时，称为结构体指针。结构体指针的值是所指向的结构体变量的首地址。通过结构体指针即可访问该结构体变量，这与数组指针和函数指针的情况是相同的。

结构体指针定义的一般形式为：

struct　结构体名　*结构体指针变量名

例如，要定义一个指向 stu 的指针变量 pstu，可写为：

```
struct stu *pstu;
```

当然，也可在定义 stu 结构体时同时定义 pstu。

与前面讨论的各类指针相同，结构体指针也必须要先赋值后才能使用。赋值是把结构体变量的首地址赋予该指针变量，不能把结构体名赋予该指针变量。如果 boy 是被定义为 stu 类型的结构体变量，则

pstu=&boy

是正确的，而

pstu=&stu

是错误的。

结构体名和结构体变量是两个不同的概念，不能混淆。结构体名只能表示一个结构形式，编译系统并不对它分配内存空间。只有当某变量被定义为这种类型的结构时，才对该变量分配存储空间。因此，上面 &stu 这种写法是错误的，不可能去取一个结构体名的首地址。有了结构体指针，就能更方便地引用结构体变量的各个成员。

其引用的一般形式为：

(*结构体指针).成员名

或

结构体指针->成员名

例如：(*pstu).num 或者 pstu->num。

应该注意(*pstu)两侧的括号不可少，因为成员符"."的优先级高于"*"。如去掉括号写作 *pstu.num，则等效于 *(pstu.num)，这样意义就完全不对了。

【例 10-5】 结构体指针的使用。

```
struct stu
    {
      int num;
      char *name;
      char sex;
      float score;
    } boy1={102,"Zhang ping",'M',78.5},*pstu;   /*定义结构体指针*/
main()
{
    pstu=&boy1;                                  /*指针指向 boy1 首地址*/
    printf("Number=%d\nName=%s\n",boy1.num,boy1.name);
    printf("Sex=%c\nScore=%f\n\n",boy1.sex,boy1.score);
    printf("Number=%d\nName=%s\n",(*pstu).num,(*pstu).name); /*用指针引用成
员*/
    printf("Sex=%c\nScore=%f\n\n",(*pstu).sex,(*pstu).score);
    printf("Number=%d\nName=%s\n",pstu- > num,pstu- > name);
    printf("Sex=%c\nScore=%f\n\n",pstu- > sex,pstu- > score);
}
```

程序运行结果：

```
Number=102
Name=Zhangping
Sex=M
Score=78.500000

Number=102
Name=Zhangping
Sex=M
Score=78.500000

Number=102
Name=Zhangping
Sex=M
Score=78.500000
```

程序提示：本程序定义了一个指向 stu 类型的结构体指针 pstu；在 main 函数中，pstu 被赋予 boy1 的地址，因此 pstu 指向 boy1；然后在 printf 语句内用三种形式输出 boy1 的各个成员值。可以看出：结构体变量.成员名，（*结构体指针）.成员名，结构体指针－>成员名，这三种用于表示结构体成员的形式是完全等效的。

10.4.2 指向结构体数组的指针

前面学过，数组名可以代表数组的起始地址，同样结构体数组的数组名也可以代表结构体数组的起始地址。一个指针变量可以指向一个结构体数组，也就是将该数组的起始地址赋给此指针变量。

例如：

```
struct
{
  int a;
  float b;
}arr[3],*p;
p=arr;
```

此时，p 指向 arr 数组的第一个元素（见图 10-4）。若执行 p++；则指针的状况如图 10-4 中 p2 所示，指针变量 p 此时指向 arr[1]。

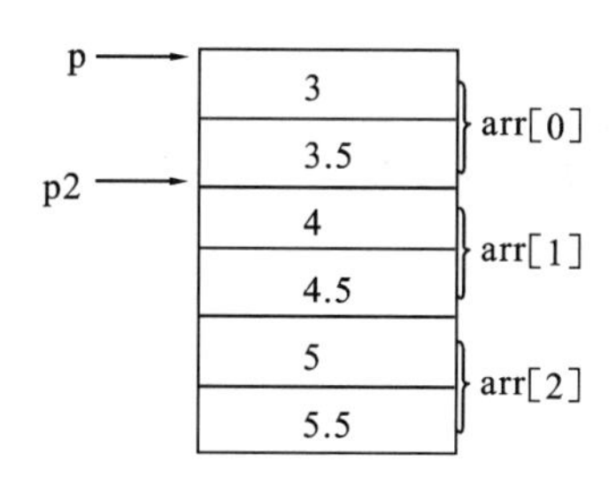

图 10-4　指向结构体数组的指针

【例 10-6】 用指针变量输出结构体数组。

```
struct stu
{
    int num;
    char *name;
    char sex;
    float score;
}boy[3]={
            {101,"Zhou ping",'M',45},
            {102,"Zhang ping",'M',62.5},
            {103,"Liu fang",'F',92.5}
        };
main()
{
struct stu *ps;   /*定义结构体指针*/
printf("No\tName\t\t\tSex\tScore\t\n");
for(ps=boy;ps<boy+ 3;ps+ + )                    /*将结构体指针指向数组 boy 首地址*/
printf("% d\t% s\t\t% c\t% f\t\n",ps- > num,ps- > name,ps- > sex,ps- >
score);
/*将数组各元素成员依次输出*/
}
```

程序运行结果：

```
No    Name              Sex         score
101   Zhou ping         M           45.000000
102   Zhang ping        M           62.500000
103   Liu fang          F           92.500000
```

程序提示：本程序定义了 stu 结构体类型的外部数组 boy 并做了初始化赋值；在 main 函数内定义 ps 为指向 stu 类型的指针，在循环语句 for 的表达式 1 中，ps 被赋予 boy 的首地址，然后循环 3 次，输出 boy 数组中各成员值。

应该注意的是，一个结构体指针虽然可以用来访问结构体变量或结构体数组元素的成员，但是，不能使它指向一个成员。因此，下面的写法是错误的：

```
ps=&boy[1].sex;
```

而只能是：

```
ps=boy; /*赋予数组首地址*/
```

或者

```
ps=&boy[0]; /*赋予 0 号元素首地址*/
```

10.5 结构体与函数

10.5.1 结构体变量作为函数的参数

C 语言允许用结构体变量作为函数参数，即直接将实参结构体变量的各个成员的值全部传递给形参的结构体变量。不言而喻，实参和形参类型应当完全一致。

【例 10-7】 有一个结构体变量 stu，内含学生学号、姓名和 3 门课程的成绩。要求在

main 函数中赋值，在另一个函数 list 中将它们输出。

```
#include <stdio.h>
#include <string.h>
struct student
{
  int num;
  char name[20];
  float score[3];
};
void list(struct student);
void main()
{
  struct student stu;                        /*定义结构体变量*/
  stu.num =12345;                          /*给结构体变量各成员赋值*/
  strcpy(stu.name,"Li Li");
  stu.score[0]=67.5;
  stu.score[1]=89;
  stu.score[2]=78.6;
  list (stu);                              /*调用 list 函数*/
}
void list(struct student stu)          /*注意:stu 是按值传递的*/
{
  printf("num\t\t%d\nname\t\t%s\nscore1\t\t%f\nscore2\t\t%f\nscore3\t\t%f\
n",
  stu.num,stu.name,stu.score[0],stu.score[1],stu.score[2]);
  printf("\n");
}
```

程序运行结果：

```
num             12345
name            LiLi
sore1           67.500000
score2          89.000000
score3          78.599998
```

程序提示：在程序中，list 函数的参数为结构体 student 的结构体变量，调用函数时，将已经赋值的结构体变量 stu 作为实参传给形参，这时，此结构体的所有成员变量的值也就传给了形参的成员变量。

10.5.2 结构体指针作为函数的参数

前面介绍了将整个结构体变量直接传给函数参数，但是这种方式占用内存较多，传递速度较慢，可以用结构体指针作为函数的参数，这样可以不额外占用内存，提高传递速度。

【例 10-8】 用结构体指针做函数参数重做例 10-7。

```
#include <string.h>
struct student
```

```
{
    int num;
    char name[20];
    float score[3];
}stu={12345,"Li Li",67.5,89,78.6};
void list(struct student *);                          /*参数为结构体指针*/
void main()
{
    list(&stu);                                      /*调用 list 函数时结构体变量首地址为实
参*/
}
void list(struct student *p)
{
    printf("num\t\t%d\nname\t\t%s\nscore1\t\t%f\nscore2\t\t%f\nscore3\t\t%
f\n",
    p- > num, p- > name, p- > score[0], p- > score[1], p- > score[2]);
    printf("\n");
}
```

程序提示：该程序的运行结果与例 10-7 的完全相同。当 main 函数调用 list 函数时，程序把实参 stu 的地址传给了形参变量 p，也就是使指针 p 指向结构体变量 stu，此时 p 占有存储单元以存放地址，而没有向上面的题目那样开辟新的结构体变量，节省了内存。

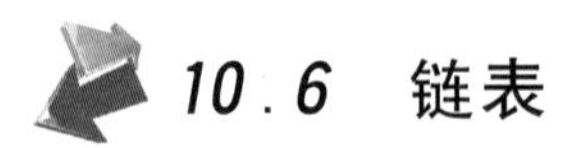

10.6 链表

10.6.1 链表的概念

1. 动态存储分配

在数组一章中，曾介绍过数组的长度是预先定义好的，在整个程序中固定不变。C 语言中不允许动态数组类型。例如：

```
int n;
scanf("%d",&n);
int a[n];
```

用变量表示长度，想对数组的大小做动态定义，这是错误的。但是在实际的编程中，往往会发生这种情况，即所需的内存空间取决于实际输入的数据，而无法预先确定。对于这种问题，用数组的办法很难解决。为了解决上述问题，C 语言提供了一些内存管理函数，这些内存管理函数可以按需要动态地分配内存空间，也可把不再使用的空间回收待用，为有效地利用内存资源提供了手段。

常用的内存管理函数有以下三个：

(1)分配内存空间函数 malloc。

调用形式：(类型说明符 * malloc(size)；

功能：在内存的动态存储区中分配一块长度为“size”字节的连续区域。函数的返回值为该区域的首地址。

说明："类型说明符"表示把该区域用于何种数据类型；(类型说明符 *)表示把返回值强制转换为该类型指针；"size"是一个无符号数。

例如：pc=(char *)malloc(100)；表示分配 100 个字节的内存空间，并强制转换为字符数组类型，函数的返回值为指向该字符数组的指针，把该指针赋予指针变量 pc。

(2)分配内存空间函数 calloc。

calloc 也用于分配内存空间。

调用形式：(类型说明符 *)calloc(n，size)；

功能：在内存动态存储区中分配 n 块长度为"size"字节的连续区域。函数的返回值为该区域的首地址。

说明：(类型说明符 *)用于强制类型转换。calloc 函数与 malloc 函数的区别仅在于一次可以分配 n 块区域。

例如：

```
ps=(struet stu*)calloc(2,sizeof(struct stu));
```

其中，sizeof(struct stu)是求 stu 的结构长度。因此该语句的意思是：按 stu 的长度分配 2 块连续区域，强制转换为 stu 类型，并把其首地址赋予指针变量 ps。

(3)释放内存空间函数 free。

调用形式：free(void * ptr)；

功能：释放 ptr 所指向的一块内存空间，ptr 是一个任意类型的指针变量，它指向被释放区域的首地址。被释放区应是由 malloc 或 calloc 函数所分配的区域。

【例 10-9】 分配一块区域，输入一个学生数据。

```
main()
{
    struct stu
    {
      int num;
      char *name;
      char sex;
      float score;
    }  *ps; /*定义结构体及指针 ps*/
    ps=(struct stu*)malloc(sizeof(struct stu));          /*申请内存空间*/
    ps-> num=102;                                       /*使用内存空间赋值*/
    ps-> name="Zhang ping";
    ps-> sex='M';
    ps-> score=62.5;
    printf("Number=%d\nName=%s\n",ps-> num,ps-> name);
    printf("Sex=%c\nScore=%f\n",ps-> sex,ps-> score);
    free(ps);                                          /*释放内存空间*/
}
```

程序运行结果：

```
num=102;
name=Zhang ping
sex=M
score=62.500000
```

程序提示:本例中,分配一块 stu 内存区,并把首地址赋予 ps,使 ps 指向该区域;再以 ps 为结构体指针对各成员赋值,并输出各成员值;最后用 free 函数释放 ps 指向的内存空间。整个程序包含了申请内存空间、使用内存空间、释放内存空间三个步骤,实现存储空间的动态分配。

2. 链表的概念

例 10-9 采用了动态分配的办法为一个结构体分配内存空间。每一次分配一块空间可用来存放一个学生的数据,我们可称之为一个结点。有多少个学生就应该申请分配多少块内存空间,也就是说,要建立多少个结点。当然用结构体数组也可以完成上述工作,但如果预先不能准确把握学生人数,也就无法确定数组大小。而且当学生留级、退学之后也不能把该元素占用的空间从数组中释放出来。

用动态存储的方法可以很好地解决这些问题。有一个学生就分配一个结点,无须预先确定学生的准确人数,某学生退学,可删去该结点,并释放该结点占用的存储空间,从而节约了宝贵的内存资源。另一方面,用数组的方法必须占用一块连续的内存区域。而使用动态分配时,每个结点之间可以是不连续的(结点内是连续的)。结点之间的联系可以用指针实现,即在结点结构中定义一个成员项,用来存放下一结点的首地址。这个用于存放地址的成员,常称为指针域。

可在第一个结点的指针域内存入第二个结点的首地址,在第二个结点的指针域内又存放第三个结点的首地址,如此串连下去,直到最后一个结点。最后一个结点因无后续结点连接,其指针域可赋为 NULL(空)。这样一种连接方式,在数据结构中称为链表。

图 10-5 为单链表的示意图。

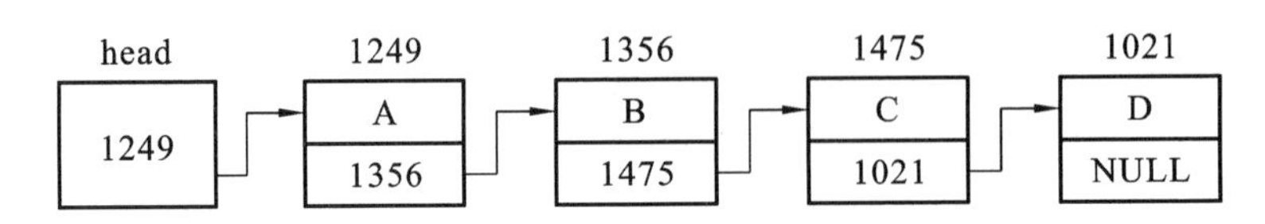

图 10-5 单链表示意图

其中,第 0 个结点称为头结点,它存放第一个结点的首地址,它没有数据,只是一个指针变量。以下的每个结点都分为两个域:一个是数据域,存放各种实际的数据,如学号 num、姓名 name、性别 sex 和成绩 score 等;另一个为指针域,存放下一结点的首地址。链表中的每一个结点都是同一种结构类型。

【例 10-10】 建立一个简单链表,如图 10-6 所示,它由 3 个存放学生数据(包括学生学号和成绩)的结点组成,然后输出各结点数据。

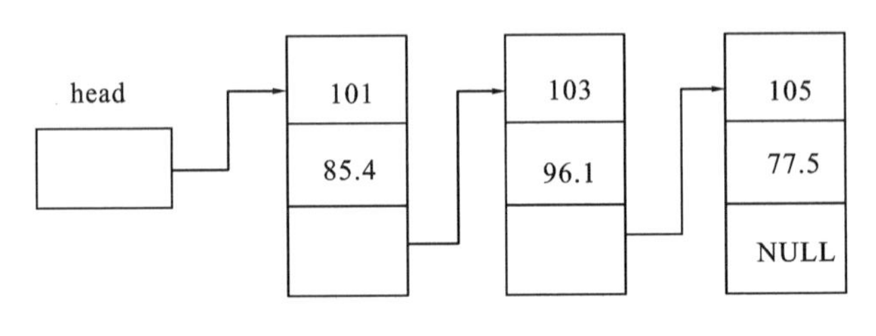

图 10-6 简单链表

```
#define NULL 0
struct node                                  /*定义结构体类型*/
{
    int num;                                  /*学号*/
    float score;                              /*成绩*/
    struct node *next ;                       /*指向 struct node 类型的指针*/
}
main()
{
    struct node a,b,c,*head,*p;
    a.num=101;
    a.score=85.4;
    b.num=103;
    b.score=96.1;
    c.num=105;
    c.score=77.5;
    head=&a;                                  /*头结点*/
    a.next=&b;
    b.next=&c;
    c.next=NULL;                              /*尾结点为空*/
    p=head;
    do
    {
      printf("num: %d\tscore: %5.2f\n",p->num,p->score);
      p=p->next;
    }while(p!=NULL);
}
```

程序运行结果：

```
num: 101              score: 85.40
num: 103              score: 96.10
num: 105              score: 77.50
```

程序提示：主函数定义了3个结构体变量a、b、c，对每一个变量的前两个成员赋值，头指针head中存放第一个变量的地址，第一个变量的next成员存放第二个变量的地址，第二个变量的next成员存放第三个变量的地址，最后一个变量的next成员存放NULL。本程序链表的结点是在程序中定义的，不是临时开辟的，这种方法称为静态链表，我们可以通过前面所述的动态存储分配函数来建立更有意义的动态链表。

10.6.2 创建动态链表

创建动态链表是指在程序执行中，建立起一个一个结点，并将它们连接成一串，形成一个链表。

【例10-11】 编写一个create()函数，建立一个图10-6所示的三个结点的链表，存放学生数据。

基本思路：首先向系统申请一个结点空间，然后输入结点数据域中的数据项，并将指针域置为空(即链尾标志),接下来,继续申请空间,创建新结点,并将新结点插到链表尾,对于链表的第一个结点,还要设置头指针变量。

本题可设置3个指针变量 head、new1 和 tail。

head:头指针,指向链表的第一个结点,用作函数的返回值。

new1:指向新申请的结点。

tail:指向链表的尾结点,用 tail—>next=new1,实现将新申请的结点插到链表尾,使之成为新的尾结点。

源程序如下:

```
#define NULL 0
#define LEN sizeof(struct student)                /*定义结点长度*/
struct student                                   /*定义结点结构*/
{
    int num;
    float score;
    struct student *next;
};

struct student *create()                         /*使用 create()函数创建单链表*/
{
    struct student *head=NULL,*new1,*tail;
    int count=0;                                 /*链表中结点个数*/
    new1=tail=(struct student*)malloc(LEN);      /*向系统申请一新结点空间*/
    scanf("%d%f",&new1->num,&new1->score);
    while((new1->num)!=0)                        /*如果输入的学号为零则退出*/
    {
        count++;
        if(count==1)    /*如果新申请的结点是第一个结点*/
        head=tail=new1;
        /*head和tail都要指向该结点(因为该结点也是当前状态中的尾结点)*/

        else tail->next=new1;    /*非首结点,将新结点插到链表尾*/
        tail=new1;              /*设置新的尾结点*/
        new1=(struct student*)malloc(LEN);
        scanf("%d%f",&new1->num,&new1->score);
    }
    tail->next=NULL;
    return(head);               /*返回链表头指针*/
}
```

程序提示:在输入学号时,我们随时可以输入0来结束链表的建立操作。所以使用 create 函数可以建立一个数目不定的单向链表。

10.6.3 输出动态链表

在例10-11中,我们讲解了建立单向链表的方法,到底所建立的链表是否正确,该如何验证呢？我们要验证建立的链表是否正确，那就在屏幕上输出链表的内容，看看输出的内容是否和我们输入的内容一致。

链表的输出相对比较简单。只要我们知道了链表第一个结点的地址(即头指针 head 的值)，设一个指针变量 p，先指向第一个结点，输出 p 所指向的结点，然后使 p 后移一个结点再输出，直到尾结点，这样就可以按顺序输出每个结点的数据域的值了。

【例 10-12】 创建一函数，将例 10-11 中所建立的链表输出。

```
void output (struct student *head)
{
  struct student *p;
  p=head;
  if(head! =NULL)                /*链表非空*/
      do
      {
          printf("num: %d\tscore: %5.1f\n",p-> num,p-> score);
          p=p-> next;            /*p 指向下一个结点*/
      }while(p! =NULL);          /*p! =NULL,表明 p 指向了一个具体的结点*/
}
```

【例 10-13】 创建 main 函数，调用例 10-11 和例 10-12 的两个函数，建立和输出一个链表。

```
void main()
{
  struct student *head;           /*定义指针变量 head*/
  head=create();   /*调用 create 函数,建立链表,并使 head 指向建立的链表*/
  output(head);    /*调用 output 函数输出所建立的链表*/
}
```

程序运行结果：

```
101  85.4
103  96.1
105  77.5
0    78
num: 101               score: 85.4
num: 103               score: 96.1
num: 105               score: 77.5
```

10.6.4 动态链表的删除

相对于数组来说，在链表中删除一个结点就容易多了。假设删除结点 103(指学号 103 所占的结点)，删除前，结点 103 在结点 105 的前面，我们称结点 103 是结点 105 的前驱结点，结点 103 在结点 101 的后面，我们称结点 103 是结点 101 的后继结点，如图 10-7 实线所示。删除结点 103 后我们将把结点 101 和结点 105 直接连接起来，也就是说，结点 101 成为结点 105 的前驱结点，结点 105 成为结点 101 的后继结点，如图 10-7 虚线所示。

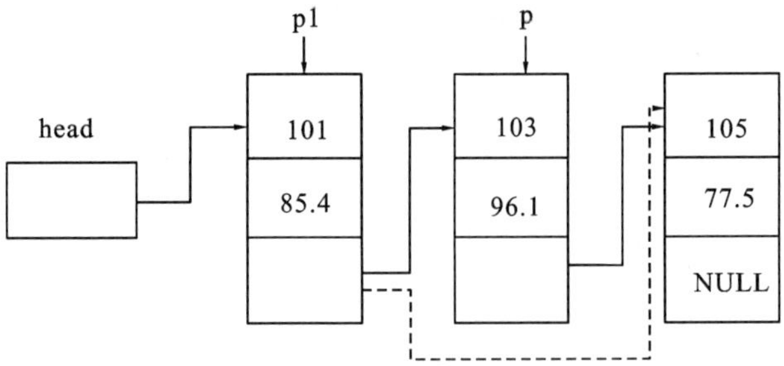

head 101 85.4 103 96.1 105 77.5 NULL p1 p

图 10-7 结点删除示意图

我们必须按以下步骤进行：

(1)找到要删除的结点，并使指针变量 p 指向要删除的那个结点，p1 指向要删除结点的前一个结点。

(2) 让 p1 的指针域存放 p 指针域的内容，然后释放 p 所指结点的空间，即 p1 的指针域指向 p 的指针域所指的结点(见图 10-7 虚线部分)，则 p 所指的结点就从链表中分离出去，并把所占空间还给了系统，所执行的代码如下：

```
p1-> next=p-> next;  /*删除当前指针 p 指向的要删除的结点 103*/
free(p);             /*释放结点 103 所占的空间*/
```

由此可见，只要找到要删除的结点和它前面的结点，则删除操作就可以很容易完成，并且不用像数组那样通过大量移动数组元素来完成删除。

【例 10-14】 编写一个 dele()函数，删除链表中学号为 num 的指定结点。

```
struct student *dele(struct student *head ,int num)
{
  struct student *p1,*p;
  if(head==NULL)
{
    printf("空链表\n");
    return head;
  }
  p=head;
  while(p-> num! =num&&p-> next! =NULL)
    /*当前结点如果不是要删除的结点，也不是最后一个结点时，继续循环*/
  {
    p1=p;
    p=p-> next;
}  /*p1 指向当前结点，p 指向下一个结点*/
if(p-> num==num)
{
    if(p==head)
      head=p-> next;
    /*如果找到要删除的结点，并且是第一个结点，则 head 指向第二个结点*/
    else
```

```
      p1-> next=p-> next;
     free(p);
     printf("结点已经被删除\n");
   }
   else
     printf("没找到要删除的结点\n");
   return head;
 }
```

结合前面例题中所做的函数，创建主函数验证 dele()函数。

```
 void main()
 {
   struct student *head; /*定义指针变量 head*/
   head=create();       /*调用 create 函数，建立链表，并使 head 指向建立的链表*/
   output(head);        /*调用 output 函数输出所建立的链表*/
   dele(head,103);      /*调用 dele 函数删除学号为 103 的结点*/
   output(head);       /*调用 output 函数输出删除 103 结点后的链表*/
   }
```

程序运行结果：

```
101  76.8
103  78.9
105  69.3
0   0
num: 101              score  76.8
num: 103              score:  78.9
num: 105              score:  69.3
结点已经被删除
num: 101              score  76.8
num: 105              score:  69.3
```

10.6.5 动态链表的插入

结点的插入是在一个已有链表中的指定位置插入一个新结点。这里还是以原来的链表为例，插入结点的原理如图 10-8 所示（虚线所标示的功能是把 p 所指的结点连接到 p1 所指的结点之后）。

从图 10-8 可以看出，假定要在某个结点（比如 101 结点）之后插入一个新的结点（p 所指向的结点即 102 结点），则可以进行下面的操作（实现虚线所标识的功能）：

p－＞next＝p1－＞next；该命令把 p 的指针域存放 p1 指针域的内容，即 p 的指针域指向图 10-8 所示链表中的 103 结点。

p1－＞next＝p；该命令使 p1 的指针域存放 p 的值，即 p1 的指针域指向 p 所指的那个结点即 102 结点。

【例 10-15】 编写一个 insert()函数，完成在指定学号的结点后面插入一个新结点的操作。

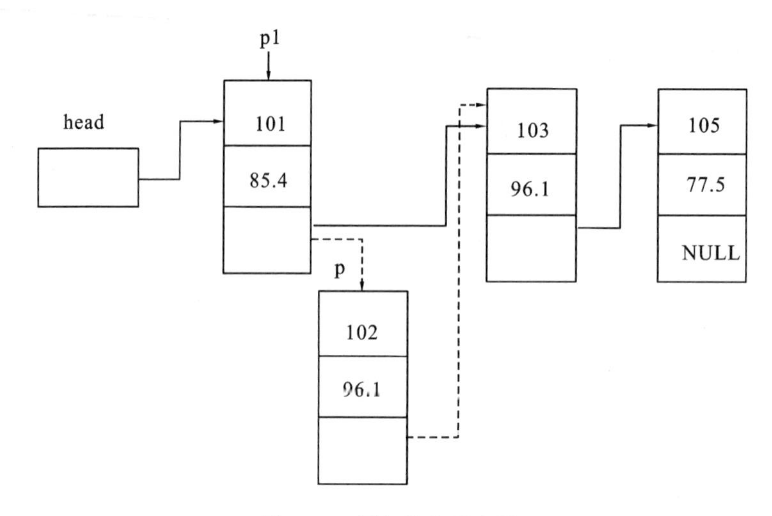

图 10-8　插入结点示意图

```
int  *insert (struct student *head ,int num,struct student *p)
{
struct student *p1=head; /*p1 用来指向当前结点,p1 的初值为链表中第一个数据结点*/
    while(p1! =NULL)  /*当 p1 指向具体结点时*/
{
   if(p1-> num==num)  /*如果当前结点是要找的结点*/
   {
    p-> next=p1-> next;   /*把 p 的指针域存放找到的结点后面结点的地址*/
    p1-> next=p;          /*把找到的结点的指针域存放 p 所指结点的地址*/
    return 1;             /*结束本函数,并返回成功标志 1*/
   }
    p1=p1-> next ;        /*如果当前结点不是要找的结点,则 p1 指向下一个结点*/
 }
 return 0;                /*结束本函数,并返回失败标志 0*/
 }
```

主函数写法如下：

```
void main()

{
 struct student *head,*p;       /*定义指针变量 head*/
 head=create();                  /*调用 create 函数,建立链表,并使 head 指向建立的链表*/
 output(head);                  /*调用 output 函数输出所建立的链表*/
  p=(struct student *)malloc(sizeof(struct student)); /*为要插入的结点申请空间,并使 p 指向它*/
  printf("请输入插入结点的学号和成绩:\n");
  scanf("%d%f",&p-> num,&p-> score);
 if(insert(head,102,p)==0)              /*如果函数值为 0,则没有成功*/
  {
   printf("没有 102 这个结点,新结点没有插到链表中\n");
```

```
    }
  else                                      /*插入成功的情况*/
    {
      printf("新结点插入成功,新的链表为:\n");
      output(head); //调用函数,输出新的链表
    }
}
```

程序运行结果：

```
101     98.3
102     89.3
105     78.3
0       0
num: 101            score:  98.3
num: 102            score:  89.3
num: 105            score:  78.3
请输入插入结点的学号和成绩：
89.5
新结点插入成功,新的链表为：
num: 101            score:  76.8
num: 102            score:  89.3
num: 103            score:  89.5
num: 105            score:  69.3
```

程序提示：程序中，首先将指针指向 head，然后顺着结点指针找到 num 为 102 的结点，最后将新结点插到此结点后面。

10.7 共用体

10.7.1 共用体的定义

有时，需要使几种不同类型的变量存放在同一段内存单元中。如图 10-9 所示，可以把一个整型变量、一个字符型变量、一个实型变量放在同一个内存中，这 3 个变量所占的内存字节数不同，但都从同一地址(设地址为 1000)开始存放，使用覆盖技术，几个变量相互覆盖，从而达到使几个不同的变量共同占用同一段内存的目的。这种结构类型称为共用体。

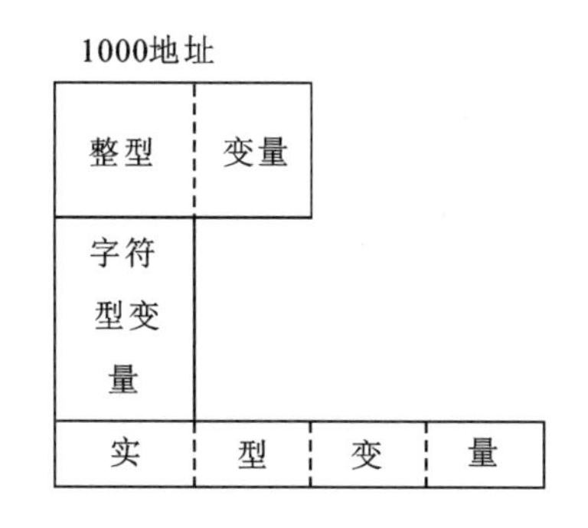

图 10-9　共用体示意图

共用体类型的定义与结构体类型的定义类似，定义形式如下：

union 共用体名

{成员列表;} 变量表列;

如：

```
union data
     {  int i;
        char ch;
        float f;
     }a,b,c; /*定义共用体类型 data 的同时定义了三个共用体变量 a,b,c*/
```

也可将类型声明和变量定义分开，例如：

```
union data
{ int i;
    char ch;
    float f;
    };
union data a,b,c;
```

可以看出，共用体与结构体的定义形式相似，但它们的含义不同：结构体变量所占内存长度是各成员的内存长度之和，每个成员分别占自己的内存单元；而共用体变量多占的内存长度等于最长的成员的长度。例如上面定义的共用体变量 a、b、c 各占 4 个字节(1 个实型变量的长度)，而不是占 2+1+4=7 个字节。

10.7.2 共用体变量的使用

只有先定义了共用体变量才能使用它，而且只能引用共用体变量中的成员，不能只引用共用体变量。例如，前面定义了 a、b、c 为共用体变量，下面的使用方式是错误的：

```
printf("%d",a);
```

a 的存储区有好几种类型，分别占有不同长度的存储区，仅写共用体变量名 a，难以使系统确定究竟输出的是哪一个成员的值，应该写成 printf("% * 3]d",a.i)。

使用共用体变量应该注意以下问题：

(1)共用体变量在定义时，不能进行初始化。如 union data a={24,'A',56.78};是错误的。

(2)一个共用体变量占用的内存空间，取决于共用体成员中占用内存空间最大的成员。如前面定义的 data 共用体，其占用的内存空间大小为成员 f 所占空间。

(3)同一个共用体变量可以存储不同类型的成员，但每一时刻只能有一个成员起作用，其他成员不起作用。起作用的成员是最后一次赋值的成员，在存储一个新的成员后，原有成员将失去作用。

(4)共用体变量不能做函数参数，函数返回值也不能是共用体类型。但其指针可做函数参数和返回值，其成员也可做函数参数和返回值。

【例 10-16】 设有一个教师与学生通用的表格。教师数据有姓名、年龄、职业、教研室四项，学生有姓名、年龄、职业、班级四项。编程输入人员数据，再以表格输出。

分析：在通用表格中，教师和学生的四项数据中有三项(姓名、年龄、职业)的数据类型是一样的，只有一项(教研室或班级)是不同的，不同的这一项我们可以定义成一个共用体类型data，它包含两个共用体成员：office和classno。然后，我们可以设定一个结构体Stu_Tea，包括姓名、年龄、职业和共用体data四个成员项。

```
# include <stdio.h>
struct Stu_Tea
{
  char  name[10];                       /*姓名*/
  int   age;                            /*年龄*/
  char  job;                            /*职业,s表示学生,t表示教师*/
  union data                            /*定义共用体类型*/
  {
    int  classno;                       /*学生班级号*/
    char office[10];                    /*教师教研室名*/
  } depart;
};
void main ( )
{
  struct Stu_Tea body[2];
  int  i;
  for (i =0; i <2; i+ + )                   /*输入学生或教师信息*/
  {
    printf ("input name,age,job and department\n");
    scanf ("%s %d %c", body[i].name,
                &body[i].age, &body[i].job);
    if (body[i].job =='s')                /*是学生,输入班级号*/
      scanf ("%d", &body[i].depart.classno);
    else                                  /*是教师,输入教研室名*/
      scanf ("%s", body[i].depart.office);
  }
    printf ("name\tage job class/office\n"); /*显示输入的学生、教师信息*/
    for (i =0; i <2; i+ + )
    {
      if (body[i].job =='s')
        printf ("%s\t%3d%3c%d\n", body[i].name,
                      body[i].age, body[i].job, body[i].depart.classno);
      else
        printf ("%s\t%3d %3c %s\n", body[i].name, body[i].age,
                      body[i].job,  body[i].depart.office);
    }
}
```

程序运行结果：

```
input name, age, job and department
张三    22   s   102
input name, age, job and department
李四    34   4   计算机教研室
name    age   job    class/office
张三      22     s      102
李四      34     4      计算机教研室
```

10.8 枚举类型数据

枚举类型是ANSIC新标准增加的类型。如果一个变量只有几种可能的值,可以将其定义为枚举类型。所谓"枚举"是指将变量的值一一列举出来,变量的值只限于所列举范围的值。

1. 枚举类型的定义

枚举类型定义的一般格式:

enum 枚举类型名{枚举值表};

在枚举值表中应罗列出所有可能会用的值,这些值也称为枚举元素。例如:

```
enum  week{sun,mon,tue,wed,thu,fri,sat};
```

其中,enum是C语言中的关键字。"sun,mon,tue,wed,thu,fri,sat"这7个枚举元素称为枚举常量,系统把它们当作常量来使用。

2. 枚举类型变量的定义和引用

枚举变量的定义同样也有3种方式,例如:

```
enum    week    workday, weekday;
```

或

```
enum    week{sun,mon,tue,wed,thu,fri,sat}workday,weekday;
```

或

```
        enum{sun,mon,tue,wed,thu,fri,sat}workday,weekday;
```

以上定义的枚举变量workday,weekday的值只能是sun到sat其中之一,不能超出这个范围。例如以下赋值语句是正确的:

```
workday=thu;
weekday=sun;
```

说明:

(1)C语言编译系统对枚举元素按常量处理,故称枚举元素为枚举常量。它们不是变量,不能对它们赋值。例如:sun=0; mon=1;是错误的。

(2)枚举元素作为常量,它们是有值的,C语言编译系统按定义时的顺序使它们的值设为0,1,2,…。在上面的定义中,sun的值为0,mon的值为1,…,sat的值为6。如果有赋值语句:

```
workday=mon;
```

workday变量的值为1。这个整数是可以输出的。如:printf("%d", workday);将输出整数1。也可以改变枚举元素的值,在定义时由程序员指定,如:

```
enum  weekday{sun=7,mon=1,tue,wed,thu,fri,sat}workday,weekend;
```

定义 sun 为 7,mon=1,以后顺序加 1,sat 为 6。

(3)枚举值可以用来做判断比较。如:

```
if(workday==mon)…
if(workday > sun)…
```

枚举值的比较规则是按其在定义时的顺序号比较。如果定义时未人为指定值,则第一个枚举元素的值默认为 0,那么 mon>sun,sat>fri。

(4)一个整数不能直接赋给一个枚举变量。如:workday=2;是不对的。它们属于不同的类型。应先进行强制类型转换才能赋值。如:

```
workday=(enum  weekday)2;
```

它相当于将顺序号为 2 的枚举元素赋给 workday,相当于

```
workday=tue;
```

甚至可以是表达式。如:

```
workday=(enum  weekday)(5-3);
```

【例 10-17】 输入一个学生成绩,并由百分制转换成等级制。

```
#include<stdio.h>
main()
{  enum  grade{Fail=5,Pass,Middle,Fine,Excellent}g;
   int  score;
   printf("请输入学生的分数:");
   scanf("%d",&score);
   g=enum  grade(score/10);
   if(g<5)g=5;
   if(g > 9)g=9;
   printf("\n该学生的等级分为:");
   switch(g)
   {
      caseFail: printf("不及格");break;
      casePass: printf("及格");break;
      caseMiddle: printf("中等");break;
      caseFine: printf("良好");break;
      caseExcellent: printf("优秀");break;
   }
   printf("\n");
   }
```

程序运行结果:

```
请输入学生的分数:75
该学生的等级分为:中等
```

该程序输入 75 分时,变量 g 的值为 7,与枚举常量元素 Middle 的值相等,故输出中等。

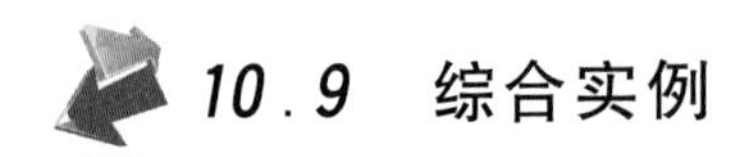

10.9 综合实例

【例 10-18】 利用结构体实现此程序：某大学要选一名学生会主席，假定有三个候选人：Limei，Zhangsan，Sunqi。参加选举的人总共有 20 人，编程统计这三个人各得票多少张。

问题分析：首先定义结构体包含两个结构体成员 name 和 count，分别表示姓名和对应的票数，将三个候选人的票数的初值设为 0，然后根据输入的名单统计票数，最后输出。

```
# include<string.h>
struct person     /*定义结构体*/
{
  char name[20];
  int count;
};
main()
{
  struct person leader[3]={{"Limei",0},{"Zhangsan",0},{"Sunqi",0}};  /*定义
结构体变量,并赋初值*/
  int i,j;
  char xm[20];
  printf("请输入投票人名:\n");
  for (i=0;i<20;i+ + )      /*统计票数*/
  {
    gets(xm);
    for (j=0;j<3;j+ + )
    if (strcmp(xm,leader[j].name)==0)
    leader[j].count+ + ;
  }
  for (i=0 ;i<3;i+ + )      /*输出票数*/
  printf("\n%s:%d\n",leader[i].name,leader[i].count);
}
```

程序运行结果：

```
请输入投票人名:
Limei
Zhangsan
Sunqi
Sunqi
Limei
…
Limei:4
Zhangsan:5
Sunqi:4
```


【例 10-19】 将例 10-18 设计得更加复杂一些，在投票中不设候选人，参加选举的同学可以选举学校内的任何一个学生来做学生会出席。编写程序，统计选票，并按票数从高到低输出每个被选举者的姓名和得票数。

问题分析：本题由以下三个步骤组成：

(1)录入选票并统计数量；

(2)根据每个人的得票数量排序；

(3)输出每个人的姓名和得票数。

本题使用链表实现最合适，链表对选票的数量没有限制。本题的结点数据类型的定义如下：

```
typedef struct lnode      /*定义结构体数据类型*/
{
    char name[30];        /*代表被选举人的姓名*/
    int num;              /*代表被选举人的得票数量*/
    struct lnode *next;
}LNODE;
```

下面我们对每个步骤进行分析，并给出相关函数代码：

(1)录入选票并统计数量。

录入选票并统计数量的过程实质上是一个链表建立的过程，所不同的是本题在输入一个名字时，必须在链表中查找这个名字的结点是否存在。如果存在，则为该结点的票数增加1票；如果不存在，则新申请结点，使该结点的票数为1，并把该结点链到链表中。

以下是录入选票的函数 inputballot，代码中用了两层循环的嵌套，最外层的循环是循环每张选票名字的录入，而内循环是在已有的链表中查找和刚录入的名字一致的结点。

下列代码中的 p 指针变量作为循环变量用，循环指向链表中的每个结点，以便比较新输入的名字的结点是否存在。当新输入名字的结点不存在时，则 p 指向新建立的结点。

```
LNODE *inputballot() /*采用把新结点链到链表尾部的建立方法，建立一个带头结点的链表
*/
{
    LNODE *head,*p,*tail;  /*tail 用来指向链表中的尾部结点*/
    char name[30];
    tail=head=(LNODE *)malloc(sizeof(LNODE)); /*申请表头结点，使 tail 和 head
都指向它*/
    head->next=NULL;
    printf("请输入选票的名字(按回车结束统计):");
    gets(name);  /*此处输入第一张选票的名字*/
    while(strcmp(name,"")!=0)  /*外层循环，当输入的选票名字不为空时*/
    {
      p=head->next;              /*p 指向链表中的首个候选人结点*/
       while(p!=NULL)            /*内层循环，当 p 指向的结点存在时*/
       {
        if(strcmp(p->name,name)==0)  /*对结点的名字和新输入的名字进行相等比
较*/
        {
        p->num++;                     /*名字相等，则该人增加 1 票*/
```

```
            break;                    /*跳出内层循环*/
            }
        p=p-> next;   /*结点的名字和新输入的名字不等,则 p 指向下一个结点,以便继续比
较*/
        }  /*内循环体结束处*/
        if(p==NULL) /*当内循环不满足循环条件时结束,则说明新输入的名字在链表中不存
在*/
        {
            p=(LNODE *)malloc(sizeof(LNODE)); /*为新输入的名字申请结点*/
            strcpy(p-> name,name);    /*把名字放到结点的 name 域*/
            p-> num=1;              /*把得票数置 1*/
            p-> next =NULL;         /*把结点的指针域置 NULL,因为该结点可能是最后的结
点*/
            tail-> next =p;            /*尾指针变量 tail 的指针域指向新输入的结点(新结
点链到尾部)*/
            tail=p;                /*尾指针 tail 指向链表的新结点(尾结点)*/
        }
        printf("请输入选票的名字(按回车结束统计):");
        gets(name);            /*重复回到外循环开始处,重复上述过程*/
      }
    return  head;
  }
```

(2)根据每个人的得票数量排序。

第 7 章的排序是对数组进行排序,而此处的排序则是对链表进行排序,其目的是把得票数最高的结点的数据作为第一个数据结点的数据,得票数次高的结点数据作为第二个数据结点的数据,依次类推,即按得票数降序排列链表的结点。此处的排序并不是重新连接结点,只是交换结点数据。

用选择法对链表结点排序的原理:从第一个数据结点开始,依次拿出每个结点和其后的所有结点比较,并把得票数较高的结点数据域内容逐个换到前面。

下面是排序函数 sortballot,该函数采用选择法的排序原理,按得票数升序排列各个结点。代码如下:

```
  void sortballot(LNODE *head)
  {
      LNODE *p1,*p2;
      char name[30];                     /*定义变量,用于交换结点中的姓名*/
    int num;                 /*定义变量,用于交换结点中的得票数*/
    for(p1=head-> next; p1-> next! =NULL; p1=p1-> next)
      {
          for(p2=p1-> next; p2! =NULL; p2=p2-> next)
          {
  /*下面的 if 语句判断 p1 所指的结点票数是否小于 p2 所指的结点票数,如果小于,则交换两个
结点数据域的内容 */
```

```
            if(p1-> num<p2-> num)
            {
            strcpy(name,p1-> name);
              strcpy(p1-> name,p2-> name);
              strcpy(p2-> name,name);
              num=p1-> num;
              p1-> num=p2-> num;
              p2-> num=num;
            }
        }
    }
    }
```

(3)输出每个人的姓名和得票数。

该功能就是输出链表的数据，和前面讲述的有关例题输出一样，没有新的方法，代码如下：

```
    void outputballot(LNODE *head)
    {
        LNODE *p;
      p=head-> next ;
      if(p==NULL)
      {
          printf("你还没有统计选票\n");
          return;
      }
      printf("姓名       得票数\n");
      while(p! =NULL)
      {
         printf("%- 10s%d\n",p-> name,p-> num);
        p=p-> next;
      }
    }
```

下面是主函数调用有关函数的程序代码：

```
    void main()
    {
        LNODE *head;
        head=inputballot();   /*调用函数 inputballot 以便建立选票链表,并使 head 指向
它*/
        sortballot(head);      /*调用函数 sortballot 对选票链表进行排序*/
        outputballot(head);    /*调用函数 outputballot,输出选票数据*/
    }
```

程序运行结果：

```
    请输入选票的名字(按回车结束统计):张三
    请输入选票的名字(按回车结束统计):李四
```

```
请输入选票的名字(按回车结束统计):王五
...
姓名            得票数
王五            4
张三            2
李四            1
```

习　　题

一、填空题

1. 在C语言中,将各项分别定义的互相独立的简单变量组织成一个组合项,称为________类型。
2. 结构体中的每一个变量称为一个________________。
3. C语言中,不能将一个结构体变量作为一个________________进行输入和输出。
4. 结构体可以嵌套,即一个结构体的成员又可以是另外一个________________变量。

二、选择题

1. 以下叙述中错误的是(　　)。
   A. 用typedef可以增加新类型
   B. typedef只是将已存在的类型用一个新的名字来代表
   C. 用typedef可以为各种类型说明一个新名,但不能用来为变量说明一个新名
   D. 用typedef为类型说明一个新名,通常可以增加程序的可读性
2. 当声明一个结构体变量时系统分配给它的内存是(　　)。
   A. 各成员所需内存量的总和
   B. 结构中第一个成员所需内存量
   C. 成员中占内存量最大者所需的容量
   D. 结构中最后一个成员所需内存量
3. 当声明一个共用体变量时系统分配给它的内存是(　　)。
   A. 各成员所需内存量的总和
   B. 结构中第一个成员所需内存量
   C. 成员中占内存量最大者所需的容量
   D. 结构中最后一个成员所需内存量
4. 设有以下声明语句:

```
typedef  struct
{
     int n;
     char  ch[8];
}PER;
```

   则下面叙述中正确的是(　　)。
   A. PER是结构体变量名
   B. PER是结构体类型名
   C. typedef struct是结构体类型

D. struct 是结构体类型名

5. 在下面的结构体中，对域引用不合法的是(　　)。

```
struct student
{   int num;
    char name[8];
    float score;
}
struct student stu,*p;
p=&stu;
```

A. stu. num　　B. stu－＞name　　C. p－＞score　　D. p－＞name

6. 以下对结构体类型变量的定义中错误的是(　　)。

A. typedef struct student
```
{
    int num;
    float age;
} STUDENT;
STUDENT stdl;
```
B. struct student
```
{
    int num;
    float age;
} stdl;
```
C. struct
```
{
    int num;
    float age;
} stdl;
```
D. struct
```
{
    int num;
    float age;
} student;
struct student stdl;
```

7. 若结构体变量 x 中的出生日期是 1986 年 5 月 18 日，则下列对出生日期的赋值正确的是(　　)。

A. year＝1986；
month＝5；
day＝18；

B. birth. year＝1986
birth. month＝5；
birth. day＝18；

C. x. year＝1986；

x. month=5;

x. day=18;

D. x. birth. year=1986;

x. birth. month=5;

x. birth. day=18;

8. 根据以下结构体的定义及初始化,能输出字母 w 的语句是(　　)。

```
stuct teachertype
{   char name[10];
    char sex;
    int age;
};
struct teachertype  sch[8]={"zhang",'w',40,"wei",'m',35,"fang",'m',30};
```

A. printf("%c",sch[1]. name);

B. printf("%c",sch[2]. name[1]);

C. printf("%c",sch[1]. name[0]);

D. printf("%c",sch[1]. name[1]);

9. 若有以下程序段:

```
int a=1,b=2,c=3;
struct abc
{   int *x;
    int y;
}m[3]={{&a,21},{&b,22},{&c,23}};
struct abc *p=m;
⋮
```

则以下值为 2 的表达式是(　　)。

A. (p++)->x　　B. *(p++)->x

C. (*p). x　　D. *(++p)->x

10. 在 C 语言中,对共用体描述错误的是(　　)。

A. 一个共用体变量不能同时存放多个域

B. 对一个共用体变量名可以直接赋值

C. 共用体类型中可以出现结构体类型

D. 共用体类型中可以嵌套定义共用体类型

11. 下面程序的运行结果是(　　)。

```
typedef union
{   char a[16];
    long int b[4];
    int c[8];
}AB;
void main()
{   AB s;
    printf("%d",sizeof(s));}
```

A. 48　　　　B. 16　　　　C. 32　　　　D. 28

三、编程题

1. 定义一个结构体变量(包括年、月、日)。计算该日在本年中是第几天,注意闰年问题。
2. 定义一个日期结构体变量,计算该日期是星期几。
3. 利用结构体类型编写程序,实现输入一个学生的C语言的平时成绩和期末成绩,然后计算并输出该学生的平均成绩。
4. 编写一个函数print,输出一个学生的成绩数组,该数组中有5个学生的数据记录,每个记录包括num,name,score[3],用主函数输入这些记录,用print函数输出这些记录。

第11章 位 运 算

位运算是C语言实现低级语言的功能的一个重要方法。本章介绍了位运算的概念、位运算符和位的逻辑运算、位的复合运算和位段的概念与运用。通过本章的学习,读者应重点掌握各种位运算符的功能,能够灵活地运用位运算符进行程序设计。

11.1 位运算概述

前面介绍的各种运算,都是以字节为基本单位进行的,但为了节省内存空间,在系统软件中常将多个标志状态简单地组合在一起,存储到一个字节(或字)中,因此常常要求在位一级进行运算和处理。C语言提供了将标志状态从标志字节中分离出来的位运算功能,从而使得C语言能像汇编语言一样可用于编写系统程序。

11.1.1 计算机内数据的表示方法

位(bit)是指二进制中的位,它是计算机能处理的最小单位。计算机存储器的基本单位是字节。每个字节由8个二进制位(8bit)构成,每位的取值为0或1。字节是大多数计算机中最小的可寻址的单位,这意味着计算机给每一个字节都赋予一个地址,并且一次只能存取一个字节的信息。一个字节中有8位,可存放256($2^8=256$)个不同的值。8位这样的长度非常适合于存放表示ASCII(the American Standard Code for Information Interchange)字符的数据。通常,最右端的位称为"最低位",编号为0;最左端的位称为"最高位",而且按从最低位到最高位的顺序依次编号。图11-1是1个字节中二进制位的编号。

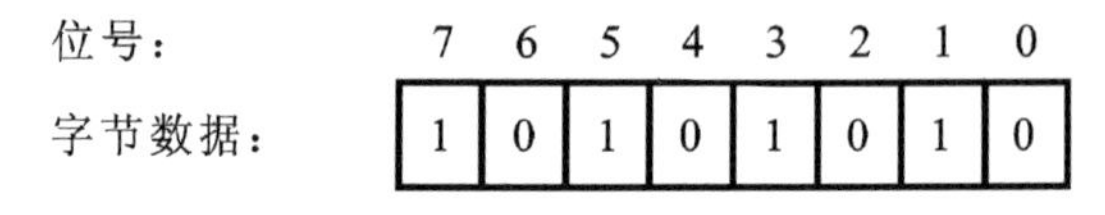

图11-1 一个字节中二进制位的编号

在计算机中数据是用二进制来表示的,数据的符号也是用二进制表示的,这通常称为符号的数值化。一般用最高位作为符号位,用0表示正数,用1表示负数。在计算机中,数据的表示形式有原码、反码、补码等多种形式,大多数计算机是以补码的形式存放数据的。

(1) 补码的正数形式,符号位为0,其余部分表示数的绝对值。例如,+9的补码是00001001(见图11-2)。

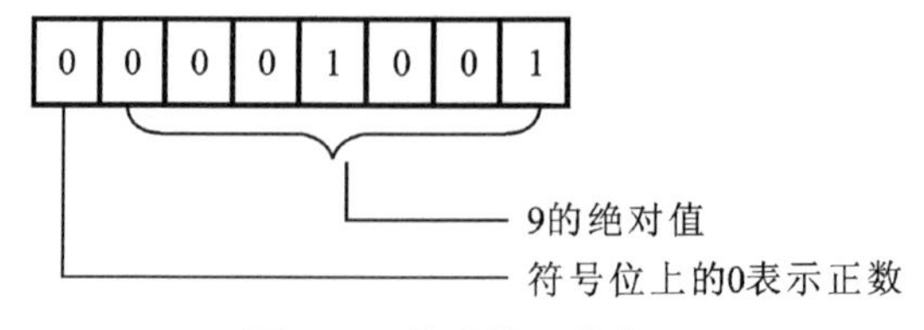

图11-2 补码的正数表示

(2) 补码的负数形式:符号位为1,其余位为该数绝对值的反码(0转换为1,1转换为

0)；然后整个数加 1。例如，−9 的补码是 11110111(见图 11-3)。

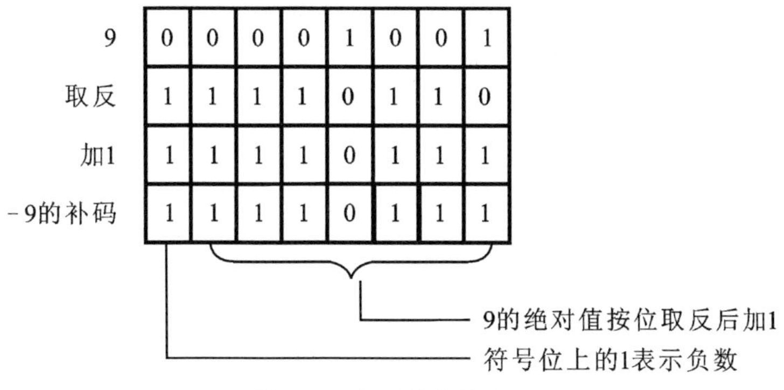

图 11-3　补码的负数表示

由于不同的计算机字长不同(一般为字节的整倍数)，为方便描述，人们约定用一个字节表示一个整数。

11.1.2　位运算及其运算符

所谓位运算是指以二进制位为单位的运算，即从具有 0 或 1 的运算对象出发，计算得出具有 0 或 1 的运算结果。C 语言的位运算仅限于整数(整型和字符型数据)，分为按位操作和移位操作(见表 11-1)。位操作包括按位与、按位或、按位异或和按位求反，移位操作包括左移和右移。位运算是对运算量的每一个二进制位分别进行的。

表 11-1　位运算符

运　算　符	含　　义	运算对象个数	优　先　级
~	按位求反	单目运算符	1
<<	按位左移	双目运算符	2
>>	按位右移	双目运算符	2
&	按位与	双目运算符	3
|	按位或	双目运算符	4
^	按位异或	双目运算符	5

 11.2　位运算

11.2.1　按位与

按位与运算符“&”是一个双目运算符。其运算规则是将参与运算的两数(二进制补码形式)对应的二进制位相与，只有在对应的两个二进制位同时为 1 时，结果才为 1，否则结果为 0。例如，11&18 的运算式如下。

```
   11：0 0 0 0 1 0 1 1
&  18：0 0 0 1 0 0 1 0
----------------------
    2：0 0 0 0 0 0 1 0
```

清零是 & 运算的功能之一。根据 & 运算的运算规则可知,只要将一个数的相应位与二进制位“0”按位与,就可以将对应位置零。例如:将 int 型变量 a 的最低位清零,可用 a&0xfffe 实现;把 a 的高八位清 0,保留低八位,可做 a&255 运算(255 的二进制数为 0000000011111111)。

与运算的主要功能是取(或保留)一个数中的某(些)位不变,其余各位置 0,这就是 & 运算的位屏蔽作用。

【例 11-1】 判断变量 a 是正数还是负数。

可以将变量 a 与二进制数 1000000000000000(0x8000)做 & 运算,即保持 a 的最高位不变,即有符号数的符号位不变,而其他位清 0,程序清单如下。

```
#include <stdio.h>
void main()
{
    int a;
    printf("Enter a:");
    scanf("%d",&a);
    if (a&0xf)
    printf("%d 是一个负数.",a);
    else
    printf("%d 是一个正数.",a);
}
```

运行该程序后,屏幕上显示下述信息:

```
Enter a:90↙
```

从键盘上输入 90 并回车结束输入后,结果如下所示。

```
90 是一个正数.
```

而当从键盘输入－90 时,输出结果为

```
-90 是一个负数.
```

11.2.2 按位或

按位或运算符“|”也是一个双目运算符。其运算规则是将参与运算的两数对应的二进制位相或,即只有在对应的两个二进制位同时为 0 时,结果才为 0,否则结果为 1。例如,11|18 的运算如下:

```
     11:00001011
|    18:00010010
----------------
     27:00011011
```

或运算可使一个数的指定位置 1,非指定位不变。例如,要使变量 a 的第 0、第 3 位置 1,其他位不变,可将 a 与 9(二进制形式为 00001001)做“|”运算。

11.2.3 按位异或

按位异或运算符“^”也是一个双目运算符。异或的运算规则是对应的两个二进制位相异时,结果为 1,否则结果为 0。例如,12^18 的运算式如下。

```
     11:00001011
^    18:00010010
----------------
     25:00011001
```

从以上运算结果可以看出，与 0 相异或的二进制位可保持不变，而与 1 相异或的那些二进制位则取反(即原来为 1 的位变为 0，为 0 的位变为 1)。异或运算可以使一个数的指定位反转，非指定位不变。

按位异或运算符的应用主要表现在以下三个方面。

(1) 使特定位反转。

设有二进制数 01111010，想使其低 4 位反转，即 1 变为 0，0 变为 1，可以将它与 00001111 进行^运算。运算结果的低 4 位正好是原数低 4 位的反转。

(2) 与 0 相^，保留原值。

例如，012^000＝012，因为原数中的 1 与 0 进行^运算得 1，0^0 得 0，故保留原数。

(3) 交换两个值，不用临时变量。

【例 11-2】 互换整型变量 a 和 b 的值。

```
#include <stdio.h>
void main()
{
   int  a,b;
   printf("请输入 a 和 b 的值:");
   scanf("%d%d",&a,&b);
   printf("输入的 a 和 b 的值为:\n");
   printf("a=%d,b=%d\n",a,b);
   a=a^b;
   b=b^a;
   a=a^b;
   printf("交换以后的结果:");
   printf("\na=%d,b=%d\n",a,b);
}
```

运行该程序后，结果如下所示。

```
请输入 a 和 b 的值:3 └┘ 4↙
输入的 a 和 b 的值为:
a=3,b=4
交换以后的结果:
a=4,b=3
```

赋值语句：

```
a=a^b;
b=b^a;
a=a^b;
```

等效于以下两步。

① 执行前两个赋值语句"a＝a^b;"和"b＝b^a;"相当于"b＝b^(a^b)"。

② 再执行第三个赋值语句：a＝a^b。由于 a 的值等于(a^b)，b 的值等于(b^a^b)，因此，相当于 a＝a^b^b^a^b，即 a 的值等于 a^a^b^b^b，等于 b。a 得到 b 原来的值。

11.2.4 按位取反

"～"运算是一个单目运算，其运算规则是将二进制数的各位反转，即原来为 1 的位变成 0，原来为 0 的位变成 1。例如～10110010 的结果为 01001101。运算式为：

~ 10110010
―――――――――
01001101

若a是一个16位的二进制整数,将其最低位置0,可用a&0xfffe(最低位为0,其余位为1)实现。将这一功能移植到32位系统时,其代码应修改为a&0xfffffffe。可见,这种运算方法的移植性较差。为了生成既能在16位系统又能在32位系统都适用的代码,变量a的最低位清零,可改用a &~1实现,因为在16位系统中,1是用0x0001表示的,~1的值则为0xfffe;而在32位系统中,1是用0x00000001表示的,~1的值则为0xfffffffe。

读者在学习按位运算时,要注意和对应逻辑表达式中的逻辑运算 &&、|| 和! 区分开。逻辑运算的值只有0或1这两个值,而按位运算可以是任意整数值,如4&&2的值为1,4&2的值为6。

11.2.5 按位左移

"<<"称为左移运算符,用来将一个数的各二进制位全部左移若干位。例如:"a=a<<2"是将变量a的所有二进制数向左移2位,最右端补0。执行左移运算后,最高位被移出,无论该位是0还是1,都被舍弃。若a=15(二进制数为00001111),左移两位后,a=00111100(十进制数的60)。左移运算见表11-2。

由上例可知,左移1位相当于该数乘以2,左移2位相当于该数乘以4($2^2=4$)。但这一结论只限于被移出的高位中不包含1的情况。

表 11-2 左移运算

a 的值	a 的二进制形式	a<<1	a<<2	a<<3
11	00001011	00010110(22)	00101100(44)	01011000(88)
60	00111100	01111000(120)	11110000(240)	11100000(224)

由于左移运算比乘法运算要快得多,因此有些C编译程序自动将乘2运算用左移一位来实现,而乘以2n的运算用左移n位来实现。

11.2.6 按位右移

表达式"x=x>>n"是使操作数的二进制位依次向右移n位,移出的低位舍弃,高位视情况不同进行补充。对无符号数,右移时左边高位移入0。对于有符号的值,如果原来符号位为0(该数为正),则左边也移入0;如果符号位原来为1(即负数),则左边移入0还是1,要取决于所用的计算机系统。有的系统移入0,有的系统移入1。移入0的称为"逻辑右移",即简单右移;移入1的称为"算术右移"。Turbo C和其他一些C编译采用的是算术右移,即对有符号数右移时,如果符号位原来为1,左面移入高位的是1。

从表11-3可知,由于在右移运算中,对于不同类型的数采用了不同的处理机制,因此一个整数除以2或除以2n的运算,可以用右移运算来实现。

表 11-3 右移运算

	a 的值	a 的二进制形式	a>>1	a>>2
无符号数	50	00110010	00011001(25)	00001100(12)
无符号数	144	10010000	01001000(72)	00100100(36)
有符号数正数	+50	00110010	00011001(+25)	00001100(+12)
有符号数负数	−50	11001110	11100111(−25)	11110011(−12)

【例 11-3】 取一个整数 a 从右端开始的 4～7 位(起始位为 0 位)。

本题的思路如下。

① 先使 a 右移 4 位(目的是使要取出的那几位移到最右端),即

a>>4

② 用下面表达式设置一个低 4 位全为 1、其余全为 0 的数,即

～(～0<<4)

③ 将上面①、② 得到的结果进行 & 运算,即

(a>>4) & ～(～0<<4)

```
#include <stdio.h>
void main()
{
    unsigned a,b,c,d;
    scanf("%x",&a);
    b=a>>4;
    c=~(~0<<4);
    d=b&c;
    printf("%x,%d\n%x,%d\n",a,a,d,d);
}
```

运行该程序后,结果如下所示。

```
F3↙
f3,243
f,15
```

输入的 a 的值为十六进制数 F3(11110011),即十进制的 243,取出的结果为 F(00001111)。

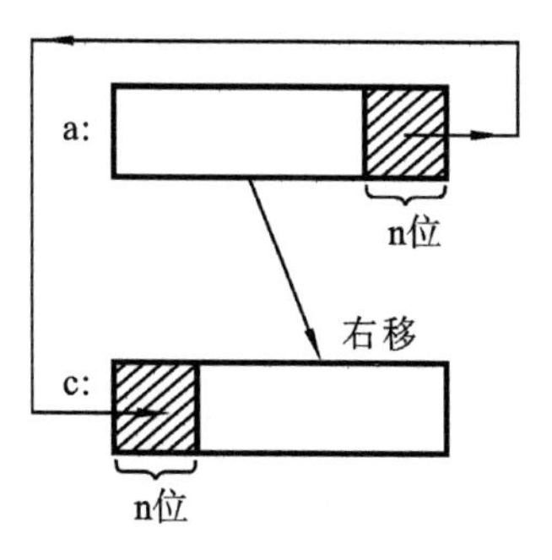

图 11-4 循环移位

【例 11-4】 将 a 进行右循环移位。

将 a 右循环移 n 位,如图 11-4 所示。

假设存储一个整数需用 2 个字节(短整型),则实现步骤如下。

① 将 a 的右端 n 位先放到 b 中的高 n 位中,即

b=a<<(16-n)

② 将 a 右移 n 位,其左面高 n 位补 0,即

c=a>>n

③ 将 c 与 b 进行按位或运算,即

c=c|b

```
#include <stdio.h>
void main()
{
    unsigned short a,b,c;
    int n;
    scanf("a=%x,n=%d",&a,&n);
    b=a<<(16-n);
    c=a>>n;
    c=c|b;
    printf("%x\n%x",a,c);
}
```

运行该程序后，结果如下所示。

```
a= FE,n= 3↙
fe
C01F
```

输入的 a 的值为十六进制数 FE(0000000011111110)，右移 3 位，结果为 C01F(1100000000011111)。

11.2.7 位复合赋值运算符

位运算与赋值运算符可以组成位复合赋值运算符(见表 11-4)。

表 11-4 位复合赋值运算符

对象数	名称	运算符	运算规则	运算对象	运算结果
双目	按位与赋值	&=	a&=b,等价于 a=a&b	整型或字符型	整型
	按位或赋值	|=	a|=b,等价于 a=a|b		
	按位异或赋值	^=	a^=b,等价于 a=a^b		
	位左移赋值	<<=	a<<=b,等价于 a=a<<b		
	位右移赋值	>>=	a>>=b,等价于 a=a>>b		

11.2.8 位运算符的优先级

位运算符自身的优先级从高到低为：

~、(<<、>>)、&、^、|

位运算符与其他运算符相比较的优先级从高到低为：

~、算术运算符、(<<、>>)、关系运算符、&、^、|、逻辑运算符、条件运算符、赋值(复合赋值)运算符、逗号运算符

11.2.9 不同长度的数据进行位运算

把两个数据长度不同(例如 long 型和 short int 型)的数据进行位运算(如 a & b，而 a 为 long 型，b 为 short int 型)，系统会将二者按右端对齐。如果 b 为正数，则左侧 16 位补满 0；若 b 为负数，左端应补满 1；如果 b 为无符号整数型，则左侧添满 0。

11.3 位段

在过程控制和数据通信等领域中，大部分控制信息往往只需用一个或几个二进制位表示即可，例如在存放一个开关变量时，只有 0 和 1 两种状态，用一位二进位即可。若存储一个这样的信息仍然以字节为单位，必然造成内存空间的浪费。为节省存储空间，并使处理简便，C 语言提供了一种数据结构，称为位域或位段。

11.3.1 位段的定义

所谓位段，是一种特殊的结构类型，其所有成员均以二进制位为单位定义长度，并称成员为位段，或称位域。位段类型的定义与结构体类型的定义类似，只不过定义成员的宽度以二进制位为单位。每个位域有一个域名，允许在程序中按域名进行操作，这样就可以把几个

不同的对象用一个字节的二进制位域来表示。

位域的定义形式为：

struct 位域结构名

{位域列表}；

其中位域列表的形式为：

类型说明符 位域名:位域长度

将一个 short int 型变量 data 分为四个部分，其中 a、b、c、d（见图 11-5）分别占 2 位、6 位、4 位和 4 位，按位段类型可定义如下。

```
struct packed_data
{ unsigned  short  a:2;
  unsigned  short  b:6;
  unsigned  short  c:4;
  unsigned  short  d:4;
};
struct  packed_data    data;
```

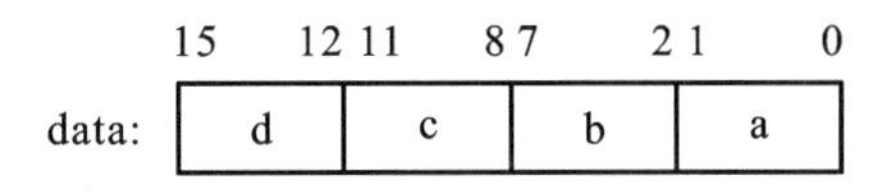

图 11-5　位段类型 packed_data

以上代码定义了位段类型 packed_data，它由四个位域组成。其中第 0～1 位为 a，第 2～7 位为 b，第 8～11 位为 c，第 12～15 位为 d，共占用两个字节的存储空间。位域变量的说明与结构体变量说明的方式相同，可采用先定义后说明、同时定义说明或者直接说明这三种方式。对位段中的数据进行引用和访问，也类似结构体类型，如：

```
data.a=2;
data.b=25;
data.c=15;
```

引用时，要注意位段允许的最大范围，如 data.c 的宽度为 4，则它的数据范围为 0～15（二进制数的 0000～1111）。

11.3.2　位段的引用

位段的引用需要说明如下几点。

(1) 位段成员的类型必须是 unsigned 或 int 类型，可以用%d、%u、%0 和%x 等格式字符，以整数形式输出位段。

(2) 位段赋值时要注意取值范围，通常长度为 n 的位段，其取值范围为 0～(2n－1)。

(3) 一个位段必须存储在同一个机器字中，不能跨两个机器字存储。如果第一个机器字空间不能容纳下一个位段，则该空间不用，而从下一个字起存放该位段。

因为位域不能跨越机器字，而且不同计算机中的机器字长也不同，所以一个使用了位域的程序在另一种计算机上很可能无法编译。位域是不可移植的。通常应该避免使用位域，除非计算机能直接寻址内存中的位并且编译程序产生的代码能利用这种功能，并且由此而提高的速度对程序的性能至关重要。

由于位域不允许跨两个机器字，因此位域的长度不能大于一个机器字的长度，也不能定义位段数组。

(4) 可以定义无名位段，表示相应空间不用，或定义长度为 0 的无名位段，表示下一个位段从下一个存储单元开始存放。如：

```
struct  packed_data
{  unsigned  a:2;
   unsigned  b:4;
   unsigned   :0;/*a、b存储在同一个单元,c、d另存在一个单元*/
   unsigned  c:3;
   unsigned   :3;/*这三位空间不用*/
   unsigned  d:2;
}  data;
```

若 data 是以上定义的位段类型变量,并有以下引用：

```
data.a=2;data.b=11;data.c=3;data.d=1;
```

则变量 data 的值如图 11-6 所示,其中 c 从下一字节开始存放,c 和 d 之间有三个二进制位是暂时不用的。

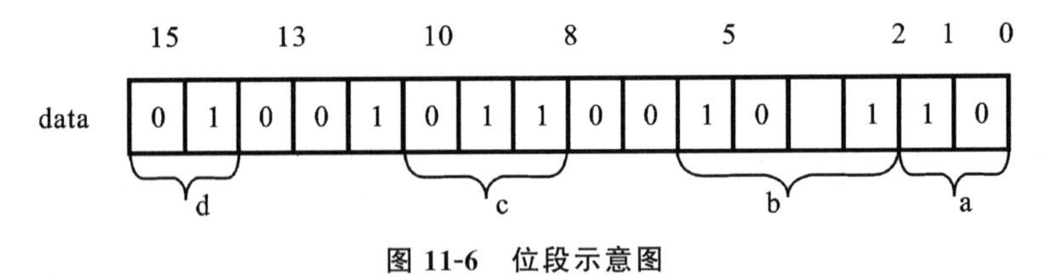

图 11-6　位段示意图

(5) 位段可以在数值表达式中引用,系统自动将它转换成整型数,如"data. b+5"是合法的。系统把 data. b 对应的值转换为 int 型数据,所以表达式"data. b+5"的值为 16。

(6) 位域只能作为结构体成员,不能作为共同体成员。

(7) 位域没有地址,不能对位域进行取地址运算。

【例 11-5】 分析下面程序：

```
#include <stdio.h>
void main()
{
    struct bs
    {
        unsigned a:1;
        unsigned b:3;
        unsigned c:4;
    } bit,*pbit;
    bit.a=1;
    bit.b=7;
    bit.c=15;
    printf("%d,%d,%d\n",bit.a,bit.b,bit.c);
    pbit=&bit;
    pbit->a=0;
    pbit->b&=3;
    pbit->c|=1;
    printf("%d,%d,%d\n",pbit->a,pbit->b,pbit->c);
}
```

该程序定义了位域结构 bs,三个位域为 a,b,c;说明了 bs 类型的变量 bit 和指向 bs 类型的指针变量 pbit。这表示位域是可以使用指针的。程序首先分别给三个位域赋值(赋值不能超过该位域的允许范围)。程序接着以整型变量格式输出三个位域的内容,把位域变量 bit 的地址送给指针变量 pbit,用指针方式给位域 a 重新赋 0。然后使用了复合的位运算符"&=",该行相当于

```
pbit->b=pbit->b&3;
```

位域 b 中原有值为 7,与 3 做按位与运算的结果为 3(111&011=011,十进制值为 3)。同样,程序第 17 行使用了复合位运算符"|=",相当于:

```
pbit->c=pbit->c|1
```

其结果为 15。程序第 18 行用指针方式输出了这三个位域的值。

 11.4 综合案例分析

位屏蔽的含义是从包含多个位集的一个或一组字节中选出指定的一(些)位。为了检查一个字节中的某些位,可以让这个字节和屏蔽字(bit mask)进行按位与操作——屏蔽字中与要检查的位对应的位全部为 1,而其余的位(被屏蔽的位)全部为 0。例如,为了检查变量 flags 的最低位,可以让 flags 和最低位的屏蔽字进行按位与操作:

```
flags&1;
```

为了置位所需的位,可以让数据和屏蔽字进行按位或操作。例如,可以这样置位 flags 的最低位:

```
flags=flags | 1;
```

或者这样:

```
flags |=1;
```

为了清除所需的位,可以让数据和对屏蔽字按位取反所得的值进行按位与操作。例如,可以这样清除 flags 的最低位:

```
flags=flags&~1;
```

或者这样:

```
flags&=~1;
```

有时,用宏来处理标志会更方便,下面的程序就是通过宏简化了的位操作。

【例 11-6】 分析下面程序:

```
/*用位屏蔽的方法使字母在大小写间切换*/
#define BIT_POS(N)         (1U<<(N))      /*屏蔽第 N 位所需的屏蔽字*/
#define SET_FLAG(N,F)         ((N)|=(F))         /*变量 N 的位 F 置 1*/
#define CLR_FLAG(N,F)         ((N)&=~(F))         /*变量 N 的位 F 清 0*/
#define TST_FLAG(N,F)         ((N)&(F))      /*测试变量 N 中位 F 的值*/
#define BIT_RANGE(N,M)        (BIT_POS((M)+1-(N))-1<<(N))/*产生与位 N 和位 M
之间的位对应的屏蔽字*/
#define BIT_SHIFTL(B,N)       ((unsigned)(B)<<(N))/*值 B 左移,移位到适当的区域
    (从位 N 开始)*/
#define BIT_SHIFTR(B,N)       ((unsigned)(B)>>(N))/*值 B 右移,移位到适当的区域
      (从位 N 开始)*/
#define SET_MFLAG(N,F,V)    (CLR_FLAG(N,F),SET_FLAG(N,V))/*先对变量 N 的位 F
清 0,再将变量 N 的位 V 置 1*/
#define CLR_MFLAG(N,F)       ((N)&=~(F))        /*变量 N 的位 F 清 0*/
```

```
#define GET_MFLAG(N,F)        ((N)&(F))      /*提取变量N的位F的值*/
#include <stdio.h>
void main()
{
  char ascii_char='a';     /*起始字符*/
  int test_nbr=10;
  printf("起始字符为:%c\n",ascii_char);
  /*位5的取值决定字母的大小写:
     位5为0——大写
     位5为1——小写      */
  printf ("\n位5置1=%c\n",SET_FLAG(ascii_char,BIT_POS(5)));
  printf ("位5清0=%c\n\n",CLR_FLAG(ascii_char,BIT_POS(5)));
  printf ("观察移位操作\n");
  printf ("================\n");
  printf ("当前值为:%d\n",test_nbr);
  printf ("左移1位为:%d\n",test_nbr=BIT_SHIFTL(test_nbr,1));
  printf ("右移2位为:%d\n",BIT_SHIFTR(test_nbr,2));
}
```

该程序运行的结果如下所示。

```
起始字符为:a
位5置1=a
位5清0=A
观察移位操作
==============================
当前值为:10
左移1位为:20
右移2位为:5
```

宏BIT_POS(N)能返回一个和N指定的位对应的屏蔽字(例如BIT_POS(0)和BIT_POS(1)分别返回最低位和倒数第二位的屏蔽字),因此可以用

```
#define A_FLAG BIT_POS(12)
#define A_FLAG BIT_POS(13)
```

代替

```
#define A_FLAG  4096
#define A_FLAG  8192
```

这样可以降低出错的可能性。

宏SET_FLAG(N,F)能置位变量N中由值F指定的位,而宏CLR_FLAG(N,F)则刚好相反,它能清除变量N中由值F指定的位。宏TST_FLAG(N,F)可用来测试变量N中由值F指定的位,例如:

```
if (TST_FLAG (flags,A_FLAG))
/*do something*/;
```

宏BIT_RANGE(N,M)能产生一个与由N和M指定的位之间的位对应的屏蔽字,因此可以用

```
#define FIRST_OCTAL_DIGIT     BIT_RANGE (0,2)  /*111*/
#define SECOND-OCTAL-DIGIT     BIT-RANGE(3,5)   /*111000*/
```

代替

```
#define FIRST_OCTAL_DIGIT 7     /*111*/
#define SECOND_OCTAL_DIGIT 56   /*111000*/
```

这样可以更清楚地表示所需的位。

宏 BIT_SHIFT(B,N)能将值 B 移位到适当的区域(从由 N 指定的位开始)。例如,如果用标志 C 表示 5 种可能的颜色,可以这样来定义这些颜色:

```
#define C_FLAG    BIT-RANGE(8,10)    /*11100000000*/
/*下面的值均是 C flag 能取到的* /
#define C_BLACK   BIT-SHIFTL(0,8)   /*00000000000*/
#define C-RED     BIT_SHIFTL(1,8)   /*00100000000*/
#define C-GREEN   BIT_SHIFTL(2,8)   /*01000000000*/
#define C-BLUE    BIT-SHIFTL(3,8)   /*01100000000*/
#define C_WHITE   BIT-SHIFTL(4,8)   /*10000000000*/
#define C-ZERO    C-BLACK
#define C-LARGEST  C-WHITE
#if C_LARGEST>C_FLAG    /*C_LARGEST>C_FLAG 情况*/
…;
#endif
```

宏 SET_MFLAG(N,F,V)先清除变量 N 中由值 F 指定的位,然后置位变量 N 中由值 V 指定的位。宏 CLR_MFLAG(N,F)的作用和 CLR_FLAG(N,F)是相同的,只不过换了名称,从而使处理多位标志的宏名字风格保持一致。宏 GET_MFLAG(N,F)能提取变量 N 中标志 F 的值,因此可用来测试该值,例如:

```
if (GET_MFLAG(flags,C_FLAG)==C_BLUE)
    …;
```

注意:宏 BIT_RANGE()和 SET_MFLAG()对参数 N 都引用了两次,因此语句

```
SET_MFLAG(* x++,C_FLAG,C_RED);
```

的行为是没有定义的,并且很可能会导致灾难性的后果。

习　　题

一、填空题

1. C 语言既有高级语言的特点,又有________的特点。
2. ________是指二进制中的位,它是计算机能处理的最小单位,而计算机系统的存储器是由________组成的。
3. 与运算的主要功能是取(或保留)一个数中的某(些)位不变,其余各位置 0,这就是“&”运算的________。
4. 按位异或运算符的应用有以下几个方面:________、________和________。
5. “~”是一个单目运算符,其运算规则是________。
6. Turbo C 和其他一些 C 编译采用的是________,即对有符号数右移时,如果符号

位原来为1,左面移入高位的是1。

7. 所谓________就是将一个机器字分成几段,以占用二进制位的数目来管理数据,它常常是用来表示和处理不需要整字节存储的信息。

8. 设二进制x的值为11001101,若想通过x&y运算使得x中的低4位不变,高4位清零,则y的二进制数是________________。

9. 设有语句:char x=3,y=6,z;z=x^y<<2;,则z的二进制值是________。

二、读程序

以下程序的运行结果是________。

```
#include <stdio.h>
void main()
{
    unsigned a=0112,x,y,z;
    x=a>>3;
    printf("x=%o",x);
    y=~(~0<<4);
    printf("y=%o",y);
    z=x&y;
    printf("z=%o",z);
}
```

第12章 文 件

12.1 文件概述

文件是程序设计中一个重要的概念，文件是指存储在外部介质(如磁盘)上数据的集合。操作系统就是以文件为单位对数据进行管理的。通过文件可以大批量地操作数据，也可以将数据长期存储。比如利用动态数据结构来建立一个学生成绩管理系统，对于输入的学生信息我们怎样把它们以文件的形式存储下来呢？本章将介绍文件的概念，以及利用C语言对文件进行操作的方法。

12.1.1 文件的基本概念

所谓"文件"是指一组相关数据的有序集合。这个数据集有一个名称，叫作文件名。实际上在前面的各章中我们已经多次使用了文件，例如源程序文件、目标文件、可执行文件、库文件(头文件)等。

文件通常是驻留在外部介质(如磁盘等)上的，在使用时才调入内存中。从不同的角度可对文件做不同的分类。从用户的角度看，文件可分为普通文件和设备文件两类。

普通文件是指驻留在磁盘或其他外部介质上的一个有序数据集，可以是源文件、目标文件、可执行文件；也可以是一组待输入处理的原始数据，或者是一组输出的结果。源文件、目标文件、可执行文件可以称为程序文件，输入输出的数据可称为数据文件。

设备文件是指与主机相关联的各种外部设备，如显示器、打印机、键盘等。在操作系统中，把外部设备看作是一个文件来进行管理，把它们的输入、输出等同于对磁盘文件的读和写。

通常把显示器定义为标准输出文件，一般情况下，在屏幕上显示有关信息就是向标准输出文件输出。如前面经常使用的printf、putchar函数就是要实现这类输出操作。

键盘通常被指定为标准的输入文件，从键盘上输入就意味着从标准输入文件上输入数据。scanf、getchar函数就属于这类输入操作函数。

在程序运行时，常常需要将一些数据(运行的最终结果或中间数据)输出到磁盘上存放起来，或者需要将一些数据从磁盘里输入到计算机内存中进行处理，这些都要用到磁盘文件。

文件是一个有序的数据序列。文件的所有数据之间有着严格的排列次序的关系(类似数组类型的数据)，要访问文件中的数据，必须按照它们的排列顺序，依次进行访问。C语言把每一个文件都看成是一个有序的字节流。

12.1.2 文件系统

在C语言中，根据操作系统对文件的处理方式的不同，文件系统分为缓冲文件系统和非缓冲文件系统。ANSI C标准采用缓冲文件系统。

缓冲文件系统(又称标准I/O)是指操作系统在内存中为每一个正在使用的文件开辟一个读写缓冲区。从内存向磁盘输出数据时，必须先送到内存缓冲区，装满缓冲区后才一起送到磁盘去。如果从磁盘向内存读入数据，则一次从磁盘文件将一批数据输入到内存缓冲区，然后再从内存缓冲区逐个地将数据送到程序数据区(变量)，如图12-1所示。

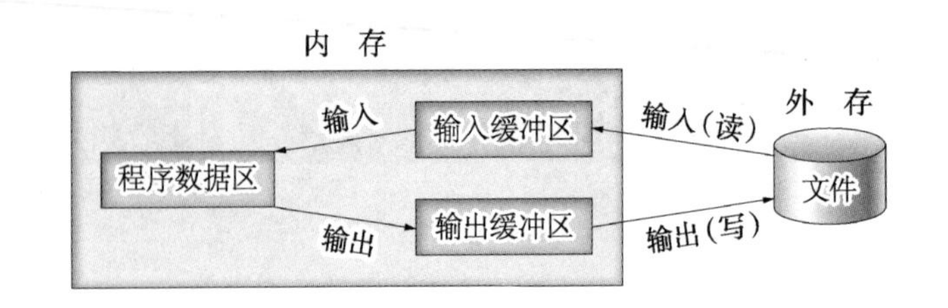

图 12-1 缓冲文件系统

缓冲文件系统解决了高速 CPU 与低速外存之间的矛盾,使用它延长了外存的使用寿命,也提高了系统的整体效率。

非缓冲文件系统(又称系统 I/O)是指系统不自动开辟确定大小的内存缓冲区,而由程序自己为每个文件设定缓冲区。

标准 I/O 与系统 I/O 分别采用不同的输入输出函数对文件进行操作。由于 ANSI C 只采用缓冲文件系统,因此本章所讲的函数也只是处理标准 I/O 的函数。

12.1.3 文件的编码方式

从文件编码的方式来看,文件可分为 ASCII 码文件和二进制码文件两种。ASCII 码文件也称为文本文件,这种文件在磁盘中存放时每个字符对应一个字节,用于存放对应的 ASCII 码。例如,数 6785 的存储形式为:

ASCII 码　00110110001101110011100000110101 ↓ ↓ ↓ ↓

十进制码　'6"7"8"5',共占用 4 个字节。

ASCII 码文件可在屏幕上按字符显示,例如源程序文件就是 ASCII 文件,用 DOS 命令 TYPE 可显示文件的内容。由于是按字符显示,因此能读懂文件内容。但这种形式占用空间较大,读写操作要进行转换。

二进制文件是按二进制的编码方式来存放文件的。例如,数 6785 的存储形式为 0001101010000001,只占两个字节。二进制文件虽然也可在屏幕上显示,但都是乱码,无法读懂,按二进制形式占用的空间小,读写操作效率高。C 语言系统在处理这些文件时,并不区分类型,都看成是字节流,按字节进行处理。输入输出的数据流的开始和结束只由程序控制,而不受物理符号(如回车符)的控制。也就是说,在输出时不会自动增加回车换行符作为记录结束的标志,输入时不以回车换行符作为记录的间隔(事实上,C 语言文件并不由记录构成)。因此,也把这种文件称为流式文件。本章讨论的是流式文件的操作。

12.1.4 文件指针

要调用磁盘上的一个文件时,必须知道与该文件有关的信息,比如文件名、文件的当前读写位置、文件缓冲区大小与位置、文件的操作方式等。这些信息被 C 语言系统保存在一个称作 FILE 的结构体中,它是在 stdio. h 头文件中定义的。

FILE 结构体的内容为(在使用文件操作时,一般不用关心 FILE 内部成员信息):

```
typedef struct
{   int level;                        /*缓冲区“满”或“空”的程度*/
    unsigned flags;                   /*文件状态标志*/
    char fd;                          /*文件描述符*/
    unsigned char hold;               /*如无缓冲区不读取字符*/
    int bsize;                        /*缓冲区大小*/
```

```
        unsigned char* buffer;              /*数据缓冲区位置*/
        unsigned char* curp;                /*文件定位指针*/
        unsigned istemp;                    /*临时文件指示器*/
        short token;                        /*用于有效性检查*/
    } FILE;
```

有了结构体 FILE 类型后，可以用它来定义若干个 FILE 类型的变量，以便存放若干个文件的信息。如“FILE f[4];”，定义了一个结构体数组 f，它有 4 个元素可以用来存放 4 个文件的信息。对于每一个要操作的文件，都必须定义一个指针变量，并使它指向该文件结构体变量，这个指针称为文件指针。通过文件指针找到被操作文件的描述信息，就可对它所指向的文件进行各种操作。定义文件指针的一般形式为：

FILE * 指针变量标识符；

如“FILE *fp;”表示 fp 是一个指向 FILE 类型结构体的指针变量。可以使 fp 指向某一个文件的结构体变量，从而通过该结构体变量中的文件信息访问该文件。如果有 n 个文件，一般应定义 n 个 FILE 类型的指针变量，使它们分别指向 n 个文件所对应的结构体变量。如：

```
    FILE *fp1, *fp2, *fp3, *fp4;
```

可以处理 4 个文件。

注意：FILE 是用 typedef 声明的文件信息结构体的别名，由 C 语言系统定义，用户只能使用，不能修改，并且 FILE 必须大写。

12.2 文件的打开与关闭

使用文件的一般步骤：打开文件→操作文件→关闭文件。

所谓打开文件就是建立用户程序与文件的联系，为文件开辟文件缓冲区，使文件指针指向该文件，以便进行其他各种操作。关闭文件就是切断文件与程序的联系，将文件缓冲区的内容写入磁盘，并释放文件缓冲区，禁止再对该文件进行操作。

C 语言通过标准 I/O 库(stdio.h)函数实现文件操作。

12.2.1 文件的打开(fopen 函数)

ANSI C 规定了标准输入输出函数库，用 fopen()函数来实现打开文件。fopen 函数的调用形式是：

FILE *fp;

fp=fopen(文件名，文件使用方式)；

文件名：需要打开的文件名称(字符串)。

文件使用方式：具有特定含义的符号。

函数功能：按指定的文件使用方式打开指定的文件。若文件打开成功，则返回值为非 NULL 指针；若文件打开失败，返回 NULL。例如：

```
    FILE *fp;
    fp=("filea","r");
```

其意义是在当前目录下打开文件 filea，"r"表示只允许进行“读”操作，并使文件指针 fp 指向该文件。

```
FILE *fp;
fp=("d:\fileb","rb");
```

其意义是打开 d 盘的根目录下的文件 fileb,这是一个二进制文件,"rb"表示只允许按二进制方式进行读操作。两个反斜线“\\”中的第 1 个表示转义引导字符,第 2 个表示根目录。

12.2.2 文件的使用方式

1. 文本文件的 3 种基本打开方式

“r”:只读方式,为读(输入)文本文件打开文件。若文件不存在,则返回 NULL。

“w”:只写方式,为写(输出)文本文件打开文件。若文件不存在,则建立一个新文件;若文件已存在,则要将原来的文件清空。

“a”:追加方式,在文本文件的末尾增加数据。若文件已存在,则保持原来文件的内容,将新的数据增加到原来数据的后面;若文件不存在,则返回 NULL。

2. 二进制文件的 3 种基本打开方式

“rb”:以只读方式打开一个二进制文件。

“wb”:以只写方式打开一个二进制文件。

“ab”:以追加方式打开一个二进制文件。

3. 文件的其他打开方式

“r+”:可以对文本文件进行读/写操作。这种方式下该文件应该已经存在,以便能向计算机输入数据。若文件不存在,返回 NULL;若文件存在,内容不会被清空。

“w+”:可以对文本文件进行读/写操作。新建立一个文件,先向此文件写数据,然后可以读此文件中的数据。若文件已经存在,则要先将文件原来的内容清空。

“a+”:可以对文本文件进行读/追加操作。文件内容不会清空,在文件末尾增加数据。

“rb+”:可以对二进制文件进行读操作。

“wb+”:可以对二进制文件进行写操作。

“ab+”:可以对二进制文件进行读/追加操作。

文件打开方式总结见表 12-1。

表 12-1 文件打开方式及其意义

<table>
<tr><td rowspan="3">ASCII
文件操作</td><td>只读</td><td>r</td><td>打开一个已经存在的文本文件</td></tr>
<tr><td>只写</td><td>w</td><td>建立并打开一个文本文件</td></tr>
<tr><td>追加</td><td>a</td><td>打开或建立一个文本文件,在末尾写入</td></tr>
<tr><td rowspan="3">二进制
文件操作</td><td>只读</td><td>rb</td><td>打开一个已经存在的二进制文件</td></tr>
<tr><td>只写</td><td>wb</td><td>建立并打开一个二进制文件</td></tr>
<tr><td>追加</td><td>ab</td><td>打开或建立一个二进制文件,在末尾写入</td></tr>
<tr><td rowspan="3">ASCII
文件操作</td><td>读写</td><td>r+</td><td>打开一个已经存在的文本文件</td></tr>
<tr><td>读写</td><td>w+</td><td>建立并打开一个文本文件</td></tr>
<tr><td>读写</td><td>a+</td><td>打开或建立一个文本文件,在末尾写入</td></tr>
<tr><td rowspan="3">二进制
文件操作</td><td>读写</td><td>rb+</td><td>打开一个已经存在的二进制文件</td></tr>
<tr><td>读写</td><td>wb+</td><td>建立并打开一个二进制文件</td></tr>
<tr><td>读写</td><td>ab+</td><td>打开或建立一个二进制文件,在末尾写入</td></tr>
</table>

常用下面的方法打开一个文件：

```
if((fp=fopen("file1.data","r"))==NULL)
{  printf("cannot open this file.\n");
   exit(0);
}
```

如果调用 fopen()成功，返回一文件类型指针，否则返回一空指针。

其中 exit()是一个进程控制库函数，它在 stdlib.h 中声明，其作用是关闭所有文件，终止程序运行。

用以上方式可以打开文本文件或二进制文件，这是 ANSI C 的规定，用同一种缓冲文件系统来处理文本文件和二进制文件，并且判断文件是否正常打开，若没有正常打开，则终止程序。

在向计算机输入文本文件时，将回车换行符转换为一个换行符，在输出时把换行符转换成为回车和换行两个字符。在用二进制文件时，不进行这种转换，在内存中的数据形式与输出到外部文件中的数据形式完全一致，一一对应。

在程序开始运行时，系统自动打开 3 个标准文件：标准输入文件、标准输出文件、标准出错输出文件。通常这 3 个文件都与终端相联系。系统自动定义了 3 个文件指针 stdin、stdout 和 stderr，分别指向终端输入、终端输出和标准出错输出。如果程序中指定要从 stdin 所指的文件输入数据，就是指从终端键盘输入数据。

12.2.3 文件的关闭(fclose 函数)

文件使用完后，一定要关闭文件，否则可能丢失数据。在关闭之前，首先将缓冲区的数据输出到磁盘文件中，然后再释放文件指针变量。用 fclose 函数关闭文件。格式：

fclose(文件指针)；

若文件关闭成功，则返回值为 0；若文件关闭失败，返回非 0 值。

【例 12-1】 以只写的方式打开一个当前目录下的 test1.txt，若成功输出“file open OK!”，则关闭文件，否则输出“file open error!”，终止程序。

```
#include <stdio.h>
#include <stdlib.h>
void main()
{    FILE* fp;
     fp=fopen("test1.txt","w");
     if(fp==NULL)
     {   printf("file open error! \n");
         exit(0);        /*终止程序*/
     }
     else
     {   printf("file open OK! \n");
         fclose(fp);
     }
}
```

12.3 文件的顺序读取

文件打开后，可以进行文件读写的操作，对文件的操作必须按照数据流的先后顺序进行。每读写一次后，文件位置指针自动指向下一个读写位置。C 语言的读写函数可以对字符、字符串和其他类型数据进行读写的操作。

12.3.1 字符的读写函数(fgetc 和 fputc)

1. 读字符函数 fgetc

格式:ch=fgetc(fp);

功能:从一打开的文件 fp 中读一个字符,返回该字符,赋给 ch。fp 为已经打开的文件的指针,文件中有一个指向当前位置的指针,自动后移一个字符,反复调用可一直读到文件结束。对于 ASCII 文件,文件结束时,返回文件结束标记 EOF(-1)。对于二进制文件,要使用 C 语言提供的一个检测文件结束的函数 feof 来判断文件是否结束。其原型为 int feof(FILE * fp),如果文件结束,feof(fp)的值为 1(真),否则为 0(假)。

2. 写字符函数 fputc

格式: fputc(ch,fp);

功能:将字符 ch 写到 fp 指向的文件中去,成功,则返回该字符,否则返回 EOF。

【例 12-2】 显示例 12-1 中 test1. txt 文件的内容。

```
#include <stdlib.h>
#include <stdio.h>
void main()
{   FILE *fp;
    char file name[20], ch;
    printf("Enter file name:");
    scanf("%s",filename);          /*输入文件名*/
    if((fp=fopen(filename,"r"))==NULL)        /*打开文件*/
    {   printf("file open error. \n");     /*出错处理*/
        exit(0);
    }
    while((ch=fgetc(fp))!=EOF)      /*从文件中读字符*/
    putchar(ch);      /*输出字符到屏幕显示*/
    fclose(fp);       /*关闭文件*/
}
```

假设文件 test1. txt 中的内容为"hello",程序执行时,屏幕等待输入文件名,输入 test1. txt,如果文件正常打开,while 语句将依次从 test1. txt 中读入字符到内存,并调用 putchar 函数在屏幕上输出"hello"。

【例 12-3】 以追加方式打开例 12-1 中的 test1. txt 文件,并添加新的内容。

```
#include <stdlib.h>
#include <stdio.h>
void main()
{   FILE *fp;
    char filename[20], ch;
    printf("Enter filename:");
    scanf("%s",filename);      /*输入文件名*/
    if((fp=fopen(filename,"a"))==NULL)        /*以追加方式打开文件*/
    {   printf("file open error.\n");        /*出错处理*/
        exit(0);
    }
```

```
    getchar();      /*接收前面 scanf 语句的回车符*/
    while((ch=getchar())!='\n')        /*从键盘读字符  */
    fputc(ch,fp);     /*将键盘读入的字符写到文件中*/
    fclose(fp);
    if((fp=fopen(filename,"r"))==NULL)      /*打开文件*/
    {  printf("file open error.\n");      /*出错处理*/
       exit(0);
    }
    while((ch=fgetc(fp))!=EOF)      /*从文件中读字符*/
    putchar(ch);
    fclose(fp);        /*关闭文件*/
}
```

假设文件 test1.txt 中的内容为"hello",程序执行时,屏幕等待输入文件名,输入 test1.txt,如果文件正常打开,通过键盘输入"everyone",屏幕上将输出"helloeveryone"。

对于二进制文件,如果想顺序读入一个二进制文件中的数据,可以用下面的形式:

```
while(!feof(fp))
{  c=fgetc(fp);
   …
}
```

当未遇文件结束时,feof(fp)的值为 0,! feof(fp)为 1,读入一个字节的数据赋给整型变量 c,并接着对其进行所需的处理。直到遇文件结束,feof(fp)值为 1,! feof(fp)值为 0,不再执行 while 循环。这种方法也适用于文本文件。

12.3.2 字符串的读写函数(fgets 和 fputs)

1. 读字符串函数 fgets

格式:fgets(buf,max,fp);

其中 buf 可以是字符串常量、字符数组名或字符指针。

功能:从 fp 指定的文件读取长度不超过 max−1 的字符串存入起始地址为 buf 的内存空间,自动加结束标志'\0',共占 max 个字符,返回值为地址 buf。

情况①:读入字符遇到\n,则 buf 中存入实际读入的字符,串尾为'\n''\0'。

情况②:读入字符遇到文件尾,则 buf 中存入实际读入的字符,EOF 不会存入数组,串尾为'\0'。

情况③:当文件已经结束时,继续读文件,则函数的返回值为 NULL,表示文件结束。

2. 写字符串函数 fputs()

格式:fputs(buf,fp);

其中 buf 可以是字符串常量、字符数组名或字符指针。

功能:将 buf 指向的字符串写到 fp 指定的文件。但不输出字符串结束符。写成功,则返回所写的最后一个字符,否则返回 EOF 值。

【例 12-4】 将例 12-1 的 test1.txt 中的文本复制到另一个文件 test.txt 中。

```
#include <stdio.h>
#include <stdlib.h>
void main()
{  FILE *fp1, *fp2;
```

```
    char  file1[20],file2[20],s[10];
    printf("Enter file name1:");
    scanf("%s",file1);
    printf("Enter file name2:");
    scanf("%s",file2);
    if((fp1=fopen(file1,"r"))==NULL)    /*只读方式打开文件 1*/
    {  printf("file1  open  error.\n");
       exit(0);
    }
    if((fp2=fopen(file2,"w"))==NULL) /*只写方式打开文件 2*/
    {  printf("file2  open  error.\n");
       exit(0);
    }
    while(fgets(s,10,fp1)!=NULL)     /*从 fp1 中读出字符串*/
    fputs(s,fp2);     /*将字符串写入文件 fp2 中*/
    fclose(fp1);
    fclose(fp2);
}
```

在程序执行中,输入 test1.txt,test.txt,将进行文本复制。

12.3.3 格式化的读写函数(fscanf 和 fprintf)

1. 输入函数 fscanf

格式:fscanf(fp,格式控制符,输入列表);

功能:从 fp 所指向的 ASCII 文件中读取字符,按格式控制符的含义存入对应的输入列表变量中,返回值为输入的数据个数。fscanf 与 scanf 类似,格式控制符相同。

2. 输出函数 fprintf

格式:fprintf(fp,格式控制符,输出列表);

功能:将输出列表中的数据,按照格式控制符的说明,存入 fp 所指向的 ASCII 文件中,返回值为实际存入的数据个数。

fprintf 与 printf 类似,格式控制符相同。

12.3.4 数据块的读写函数(fread 和 fwrite)

1. 数据块读函数 fread

格式:fread(buffer,size,count,fp);

功能:从二进制文件 fp 中读取 count 个数据块存入内存 buffer 中,每个数据块的大小为 size 个字节。操作成功,函数的返回值为实际读入的数据块的数量;若文件结束或出错,返回值为 0。

2. 数据块写函数 fwrite

格式:fwrite(buffer,size,count,fp);

功能:将内存 buffer 中的 count 个数据块写入二进制文件 fp 中,每个数据块的大小为 size 个字节。操作成功,函数的返回值为实际写入文件的数据块的数量;若文件结束或出错,返回值为 0。

【例 12-5】 从键盘输入 2 个学生的数据,将它们存入文件 student;然后再从文件中读出数据，显示在屏幕上。

```
#include <stdio.h>
#include <stdlib.h>
#define SIZE 2
struct student          /*定义结构体*/
{   long num;
    char name[10];
    int age;
    char address[10];
}stu[SIZE],out;
void fsave()
{   FILE *fp;
    int i;
    if((fp=fopen("student","wb"))==NULL)     /*二进制写方式*/
    {  printf("Cannot open file.\n");
       exit(1);}
       for(i=0;i<SIZE;i++)     /*将结构体以数据块形式写入文件*/
       if(fwrite(&stu[i],sizeof(struct student),1,fp)!=1)
       printf("File write error.\n");        /*写过程中的出错处理*/
       fclose(fp);     /*关闭文件*/
    }
    void main()
    {  FILE *fp;
       int i;
       for(i=0;i<SIZE;i++)      /*从键盘读入学生的信息(结构)*/
       { printf("Input student %d:",i+1);
         scanf("%ld%s%d%s",&stu[i].num,stu[i].name,&stu[i].age,stu[i].address);
       }
    fsave();       /*调用函数保存学生信息*/
    fp=fopen("student","rb");     /*以二进制读方式打开数据文件*/
    printf("No. Name Age Address\n");
    while(fread(&out,sizeof(out),1,fp))     /*以读数据块方式读入信息*/
    printf("%8ld%-10s%4d%-10s\n",out.num,out.name,out.age,out.address);
    fclose(fp);     /*关闭文件*/
}
```

12.4 文件的定位与随机读写

前面介绍的对文件的读写方式都是顺序读写，即读写文件只能从头开始，顺序读写各个数据。但在实际问题中常要求只读写文件中某一指定的部分。为了解决这个问题，可移动文件内部的位置指针到需要读写的位置，再进行读写，这种读写称为随机读写。随机文件的读写适合于具有固定长度记录的文件。

实现随机读写的关键是要按要求移动位置指针，这称为文件的定位。C语言库中提供了文件定位函数，可对文件的指针进行人工操纵。

12.4.1 文件定位函数

1. rewind 函数

格式：rewind(fp)；

功能：将 fp 所指向的文件的内部位置指针置于文件开头，并清除文件结束标志和错误标志。该函数没有返回值。例如：

rewind(fp)；表示强制将文件指针指向文件头。

2. fseek 函数

格式：fseek(fp,offset,base)；

其中，base 为文件位置指针的"起始点"，分别用 0、1、2 代表，其含义与名字如下：

文件开始	SEEK_SET	0
文件当前位置	SEEK_CUR	1
文件末尾	SEEK_END	2

offset 为位移量，是指以"起始点"为基点移动的字节数。位移量为负数，表示向文件头方向移动(也称后移)；位移量为正数，表示向文件尾方向移动(也称前移)。

功能：改变文件位置指针的位置。成功时返回 0，失败时返回－1(EOF)。例如：

fseek(fp,20L,0)；表示将文件指针从文件头向前移动 20 个字节。

fseek(fp,－100L,1)；表示将文件指针从当前位置向后移动 100 个字节。

fseek(fp,－30L,SEEK_END)；表示将文件指针从文件尾向后移动 30 个字节。

说明：fseek()函数一般用于二进制文件。因为文本文件要进行字符转换，故往往计算的位置会出现混乱或错误。

3. ftell 函数

格式：ftell(fp)；

功能：得到 fp 所指向的文件中的当前位置。该位置用相对于文件头的位移量来表示。成功时返回当前读写的位置，失败时返回－1L(EOF)。如：

```
long i;FILE *fp;i=ftell(fp);
```

随机文件的读写函数说明：

(1) 对文件进行定位之后，即在改变文件位置指针之后，即可用前面介绍的任一种读写函数对文件进行随机读写。

(2) 由于一般是读写一个数据块，因此常用 fread()和 fwrite()函数来进行随机文件的读写操作。

(3) 由于定位是否准确的原因，随机文件的操作一般是对二进制文件进行操作。

(4) 有的教材对随机文件的操作只介绍了定位函数和数据块读写函数，而对前面介绍的除数据块读写函数外的其他函数都认为是顺序文件函数。

12.4.2 文件的随机读写操作

在移动位置指针之后，即可用前面介绍的读写函数进行读写。由于一般是读写一个数据块，因此常用 fread 和 fwrite 函数。

【例 12-6】 对例 12-2 的文件 test1. txt 进行定位操作，再以数据块方式进行读操作并显示结果。

```c
#include <stdlib.h>
#include <stdio.h>
void main()
{   FILE  *fp;
    char filename[20],ch,da[6]="123";
    printf("Enter file name:");
    scanf("%s",filename);       /*输入文件名*/
    if((fp=fopen(filename,"r"))==NULL)      /*打开文件*/
    {   printf("file open error.\n");    /*出错处理*/
        exit(0);}
        fseek(fp,2L * sizeof(char),0);    /*将位置指针从文件开头偏移 2 个字符*/
        fread(da,sizeof(char),3,fp);    /*以块的形式读 3 个字符到数组 da 中*/
        printf("%s\n",da);
        fclose(fp);       /*关闭文件*/
}
```

本程序以读文本文件方式打开文件 test1.txt(假设包含文本"hello"),fseek 函数移动文件位置指针到第 3 个字符处(其 0 表示从文件头开始,移动 2 个 char 类型的长度),然后用 fread 函数随机读出 3 个字符的数据到数组 da 中,并显示 da 数组的内容为"llo"。

12.5 文件的出错检测

在调用各种输入输出函数(如 putc、getc、fread、fwrite 等)时,如果出现错误,例如,fread()函数从文件中读取 n 个数据项,如果文件中没有 n 个数据项,或者在读操作的中间出错,都可能导致返回的数据项少于 n 个的情况。这些出错状况除了函数返回值有所反映外,还可以用 ferror()函数检查。

1. 检测文件出错函数 ferror

格式:ferror(fp);

功能:若文件出错,返回值为非 0;若文件未出错,返回值为 0。

说明:对同一个文件每一次调用输入输出函数,均产生一个新的 ferror 函数值,因此,应当在调用一个输入输出函数后立即检查 ferror 函数的值,否则信息会丢失。在执行 fopen 函数时,ferror 函数的初始值自动置为 0。

2. 清除出错标记及文件结束标记函数 clearerr

格式:clearerr(fp);

功能:清除文件 fp 的出错标记和文件结束标记。假设在调用一个输入输出函数时出现错误,ferror 函数值为一个非零值。在调用 clearerr(fp)后,ferror(fp)的值变成 0。

每次打开文件成功后,出错标记都被置为 0,一旦出现错误将设置出错标记,并一直保持到调用 clearerr()函数或者 rewind()函数。

3. 文件结束检测函数 feof

格式:feof(fp);

功能:检测文件指针变量指向的文件是否结束。如果结束,返回一个非零值,否则返回 0。

习　题

一、选择题

1. 系统的标准输入文件是指(　　)。

A. 键盘　　B. 显示器　　C. 软盘　　D. 硬盘

2. 若要用 fopen 函数打开一个新的二进制文件,该文件要既能读也能写,则文件方式字符串应是(　　)。

A. "ab+"　　B. "wb+"　　C. "rb+"　　D. "ab"

3. fscanf 函数的正确调用形式是(　　)。

A. fscanf(fp,格式字符串,输出列表);

B. fscanf(格式字符串,输出列表,fp);

C. fscanf(格式字符串,文件指针,输出列表);

D. fscanf(文件指针,格式字符串,输入列表);

4. fgetc 函数的作用是从指定文件读入一个字符,该文件的打开方式必须是(　　)。

A. 只写　　B. 追加

C. 读或读写　　D. 答案 B 和 C 都正确

5. 函数调用语句:fseek(fp,-20L,2);的含义是(　　)。

A. 将文件位置指针移到距离文件头 20 个字节处

B. 将文件位置指针从当前位置向后移动 20 个字节

C. 将文件位置指针从文件末尾处后退 20 个字节

D. 将文件位置指针移到离当前位置 20 个字节处

6. 若 fp 是指向某文件的指针,且已读到此文件末尾,则库函数 feof(fp)的返回值是(　　)。

A. EOF　　B. 0　　C. 非零值　　D. NULL

7. 有以下程序(提示:程序中 fseek(fp,-2L * sizeof(int),SEEK_END);语句的作用是使位置指针从文件末尾向前移 2×sizeof(int)个字节):

```
#include <stdio.h>
void main()
{   FILE *fp;int i,a[4]={1,2,3,4},b;
    fp=fopen("data.dat","wb");
    for(i=0;i<4;i++)fwrite(&a[i],sizeof(int),1,fp);
    fclose(fp);
    fp=fopen("data.dat","rb");
    fseek(fp,-2L*sizeof(int),SEEK_END);
    fread(&b,sizeof(int),1,fp);/*从文件中读取 sizeof(int)字节的数据到变量 b 中*/
    fclose(fp);
    printf("%d\n",b);
}
```

执行后的输出结果是(　　)。

A. 2　　B. 1　　C. 4　　D. 3

8. 有以下程序：

```
#include <stdio.h>
void writestr(char *fn,char *str)
{   FILE *fp;
    fp=fopen(fn,"a");
    fputs(str,fp);
    fclose(fp);
}
main()
{   writestr("t1.dat","start");
    writestr("t1.dat","end");
}
```

程序运行后，文件 t1.dat 中的内容是(　　)。

A. start　　B. end　　C. startend　　D. enart

二、编程题

1. 使用 fopen()函数打开已存在的 ASCII 文件，读出其全部数据并将其显示在屏幕上。
2. 从键盘输入一个字符串，将其中的小写字母全部转换成大写字母，然后输出到一个磁盘文件"test"中保存。输入的字符串以"!"结束。
3. 有五个学生，每个学生有三门课程的成绩，从键盘输入学生数据(包括学号、姓名、三门课程成绩)，计算出平均成绩，将原有数据和计算出的平均成绩存放在磁盘文件"stud"中。

附录A　基本控制字符/字符与ASCII值对照表

ASCII值	控制字符	ASCII值	字　符	ASCII值	字　符	ASCII值	字　符
0	NUT	32	(space)	64	@	96	、
1	SOH	33	!	65	A	97	a
2	STX	34	”	66	B	98	b
3	ETX	35	#	67	C	99	c
4	EOT	36	$	68	D	100	d
5	ENQ	37	%	69	E	101	e
6	ACK	38	&	70	F	102	f
7	BEL	39	,	71	G	103	g
8	BS	40	(	72	H	104	h
9	HT	41	)	73	I	105	i
10	LF	42	*	74	J	106	j
11	VT	43	+	75	K	107	k
12	FF	44	,	76	L	108	l
13	CR	45	—	77	M	109	m
14	SO	46	.	78	N	110	n
15	SI	47	/	79	O	111	o
16	DLE	48	0	80	P	112	p
17	DCI	49	1	81	Q	113	q
18	DC2	50	2	82	R	114	r
19	DC3	51	3	83	S	115	s
20	DC4	52	4	84	T	116	t
21	NAK	53	5	85	U	117	u
22	SYN	54	6	86	V	118	v
23	TB	55	7	87	W	119	w
24	CAN	56	8	88	X	120	x
25	EM	57	9	89	Y	121	y
26	SUB	58	:	90	Z	122	z
27	ESC	59	;	91	[	123	{
28	FS	60	<	92	\	124	|
29	GS	61	=	93	]	125	}
30	RS	62	>	94	ˆ	126	~
31	US	63	?	95	—	127	DEL

附录B C语言操作符的优先级

<table>
<tr><th>优先级</th><th>操作符</th><th>说明</th><th>结合方向</th></tr>
<tr><td>1</td><td>()[] → .</td><td>圆括号，下标运算符，指向结构体成员运算符，结构体成员运算符</td><td>自左向右</td></tr>
<tr><td>2</td><td>! ~ ++ -- - (type) * & sizeof</td><td>逻辑非运算符，按位取反运算符，自增运算符，自减运算符，负号运算符，类型转换运算符，指针运算符，地址与运算符，长度运算符</td><td>自右向左</td></tr>
<tr><td>3</td><td>* / %</td><td>乘法运算符，除法运算符，取余运算符</td><td>自左向右</td></tr>
<tr><td>4</td><td>+ -</td><td>加法运算符，减法运算符</td><td>自左向右</td></tr>
<tr><td>5</td><td><< >></td><td>左移运算符，右移运算符</td><td>自左向右</td></tr>
<tr><td>6</td><td><= >=</td><td>关系运算符</td><td>自左向右</td></tr>
<tr><td>7</td><td>== !=</td><td>等于运算符，不等于运算符</td><td>自左向右</td></tr>
<tr><td>8</td><td>&</td><td>按位与运算符</td><td>自左向右</td></tr>
<tr><td>9</td><td>^</td><td>按位异或运算符</td><td>自左向右</td></tr>
<tr><td>10</td><td>|</td><td>按位或运算符</td><td>自左向右</td></tr>
<tr><td>11</td><td>&&</td><td>逻辑与运算符</td><td>自左向右</td></tr>
<tr><td>12</td><td>||</td><td>逻辑或运算符</td><td>自左向右</td></tr>
<tr><td>13</td><td>? :</td><td>条件运算符</td><td>自右向左</td></tr>
<tr><td>14</td><td>= += -= *= /= %= >>= <<= &= ^= |=</td><td>赋值运算符</td><td>自右向左</td></tr>
<tr><td>15</td><td>,</td><td>逗号运算符</td><td>自左向右</td></tr>
</table>

参 考 文 献

[1] 谭浩强.C程序设计[M].4版.北京:清华大学出版社,2010.

[2] 黄维通,等.C语言程序设计[M].2版.北京:清华大学出版社,2011.

[3] 赵秀岩,于晓强.程序设计案例教程(C语言版)[M].北京:高等教育出版社,2014.

[4] 李亮.C语言程序设计[M]. 武汉:华中科技大学出版社,2016.

[5] 瞿绍军.C++语言程序设计[M].2版.武汉:华中科技大学出版社,2009.

[6] 苏小红,王宇颖,等.C语言程序设计[M].北京:高等教育出版社,2011.

[7] 王敬华,林萍,等.C语言程序设计教程[M].北京:清华大学出版社,2009.

[8] Bruce Eckel. Thinking in C++[M]. England:Prentice Hall, Inc, 1995.

[9] Richard C. Leinecker Tom Archer. Visual C++ 6 宝典[M]. 张艳, 张谦, 尹岩青, 等,译.北京:电子工业出版社, 1999.

[10] Nell Dale. A Laboratory Course In C++[M]. 北京:北京大学出版社, 1999.

[11] 教育部考试中心.全国计算机等级考试二级教程——C语言程序设计(2016年版)[M]. 北京:高等教育出版社, 2015.